珠江水利委员会珠江水利科学研究院

珠江河口咸潮上溯规律及抑咸对策研究

王 琳　余顺超　刘 诚　卢 陈　苏 波　著

中国环境出版集团·北京

图书在版编目（CIP）数据

珠江河口咸潮上溯规律及抑咸对策研究/王琳等著. —北京：中国环境出版集团，2019.6

ISBN 978-7-5111-4095-1

Ⅰ. ①珠…　Ⅱ. ①王…　Ⅲ. ①珠江—盐水入侵—河口治理—研究　Ⅳ. ①P641.4②TV882.4

中国版本图书馆 CIP 数据核字（2019）第 193161 号

出 版 人　武德凯
责任编辑　殷玉婷
责任校对　任　丽
封面设计　宋　瑞

出版发行　中国环境出版集团
（100062　北京市东城区广渠门内大街 16 号）
网　　址：http://www.cesp.com.cn
电子邮箱：bjgl@cesp.com.cn
联系电话：010-67112765（编辑管理部）
发行热线：010-67125803，010-67113405（传真）

印　　刷　北京建宏印刷有限公司
经　　销　各地新华书店
版　　次　2019 年 6 月第 1 版
印　　次　2019 年 6 月第 1 次印刷
开　　本　787×1092　1/16
印　　张　15
字　　数　326 千字
定　　价　60.00 元

【版权所有。未经许可，请勿翻印、转载，违者必究。】
如有缺页、破损、倒装等印装质量问题，请寄回本集团更换

中国环境出版集团郑重承诺：
中国环境出版集团合作的印刷单位、材料单位均具有中国环境标志产品认证；
中国环境出版集团所有图书“禁塑”。

序

新中国成立以来，珠江三角洲地区多次遭遇咸潮危害，近年来，珠江河口磨刀门水道咸潮发生的频率明显增大，2003年、2004年、2005年、2006年、2009年、2010年、2011年、2012年、2014年、2015年、2016年、2017年枯季及2018年春节前后均出现不同程度的咸潮危害。研究咸潮、寻找抑咸措施是经济发展条件下的一项艰巨的科研任务，也是一项关注度极高的民生事业。

为保障居民饮水安全，水利部珠江水利委员会多次组织实施珠江枯水期水量调度，其主要目的就是降低磨刀门水道各取水口的盐度。在珠江枯水期水量调度实施过程中，珠江水利科学研究院采用原型观测、水文资料收集与分析、遥感影像分析、数值模拟及物理模型试验等技术手段，开展了大量的研究，初步掌握了珠江河口咸潮上溯规律，并有针对性地提出了珠江河口的抑咸对策。

全书资料丰富，数据翔实，是一本不可多得的关于珠江河口咸潮问题研究的专著。作者借助多种研究手段，开展了珠江河口咸潮上溯影响因子及变化分析，研究了珠江河口咸潮上溯规律及机理，建立了珠江河口咸潮一维数学模型、三维数学模型及一维-三维耦合数学模型，开展珠江河口咸潮遥感定量研究及磨刀门水道咸潮物理模型试验研究，在研究珠江河口咸潮问题的实践中不断思考咸潮上溯的机理，并努力将掌握的机理用于珠江河口咸潮的治理实践当中，广开思路，有针对性地提出了系统的抑咸对策，其中有些对策已实施并获得成功，这种研究与实践高度结合的做法值得提倡。

本书对于欲了解珠江河口、咸潮及河口数学模型、物理模型、遥感分析和抑制咸潮对策的工作者而言，是一本难得的好书。

王浩

2018年6月6日

前 言

珠江河口为我国最重要的河口之一，虽然面积仅占全国土地面积的 0.43%，GDP 总值却达 104 968 亿元（2018 年），占全国 9.2%，是国内经济迅速发展且极具潜力的地区。随着河口区经济的发展以及粤港澳大湾区建设规划的提出，一方面，淡水资源需求量迅速增长；另一方面，近年来珠江三角洲咸潮上溯日趋严重，加上水体污染，使河口区原本就短缺的淡水资源日益紧张，严重影响了珠海、澳门、广州、中山、深圳、香港和东莞等城市的饮用水安全。咸潮上溯对珠江三角洲地区供水安全的影响已经成为制约该区域经济社会发展的瓶颈，进而波及粤港澳大湾区和泛珠江三角洲区域经济的可持续发展。

珠江水利科学研究院近 10 多年来先后承担了“珠江河口磨刀门咸潮入侵机理研究”“珠江河口咸潮规律及抑咸对策研究”“珠江河口咸潮动态监测与预测预报”等专项研究工作，并在珠江水利委员会枯季水量调度过程中采用水文资料分析、物理模型、数学模型、遥感反演分析等技术手段开展了大量防咸抑咸应用研究，为本书的编写提供了丰富的素材和坚实的基础。

全书共 7 章。第 1 章介绍珠江河口概况；第 2 章主要从径流、潮汐、风、波浪、地形变化等方面介绍咸潮上溯影响因子及其变化；第 3 章介绍珠江河口咸潮活动的机理，主要分析了磨刀门河口咸潮上溯规律及机理；第 4 章介绍了咸潮一维数学模型和三维数学模型在珠江河口中的应用；第 5 章介绍了咸潮物理模型的实现方法与试验成果；第 6 章介绍了遥感定量分析模型在珠江河口表面盐度分析的应用情况；第 7 章介绍了珠江河口抑咸对策。

参加本书编写的有王琳、余顺超、刘诚、卢陈、苏波、侯堋、王世俊和彭石。其中第 1 章由王琳、刘诚、苏波、侯堋和卢陈编写；第 2 章由王琳、苏波、王世俊和刘诚编写；第 3 章由刘诚、彭石、苏波和王世俊编写；第 4 章由苏波、侯堋、王琳编写；

第5章由卢陈、彭石、高时友编写；第6章由余顺超编写；第7章由刘诚和王其松编写；王琳负责全书统稿，王世俊、高时友、丁晓英、何颖清、王其松、陈秀华、刘晓建和朱小伟等参加了本书编校工作，陈荣力、罗丹和吴小明也为本书做出了重要贡献。

本书研究工作及出版得到国家“十一五”水专项（2008年“珠江下游地区水源调控及水质保障技术研究与示范”课题之“多汊河口的水库-闸泵群联合调度咸潮抑制技术”）、水利行业公益性资金专项（2009年“咸潮动态监测与预测预报技术研究”）、国家自然科学基金项目（50909110，51579025）、水利部广东省科技计划项目（2013B020200008）的资助。

限于水平，本书的缺点和错误在所难免，衷心欢迎读者批评指正。

目 录

第 1 章　珠江河口概况

1.1　绪 论

河口是河流与海洋之间的交界过渡地带，是河流与海洋之间物质交换、能量耗散和信息交流的剧烈变动区域，是陆海相互作用的关键区域之一，同时也是全球物质通量研究的关键区域，涉及河口的问题已经成为目前国际上重大研究的焦点。

河口咸潮活动是河口的主要水文过程，河口盐淡水的混合过程既不同于河流系统，也有别于海洋系统，同时受人类活动的影响显著。研究河口咸潮上溯规律，有助于加深对河口水体混合的理解，促进河口物质输移、转运、交换及其通量过程的研究，提高对人为活动影响下陆海相互作用的认识，从而领悟全球气候变化情况下的河口变化过程。这对于促进河口学的发展，认识全球气候变化下的区域响应至关重要，也可从理论上加深对河口内涵及其陆海相互作用的认识。

珠江河口是我国最重要的河口之一，咸潮入侵对珠江三角洲地区供水安全的影响已经成为制约该区域经济社会发展的“瓶颈”，进而也将会波及泛珠三角区域经济的可持续发展。近年来，珠江三角洲咸潮影响强度越来越大，影响时段越来越长。每年冬春季节，珠海与澳门供水工程长期受咸潮影响的困扰，特别是担负珠海、澳门主要供水任务的挂定角引水闸、洪湾泵站、广昌泵站等取水工程。2004 年 2 月，珠海市主要泵站之一的广昌泵站泵机曾连续 29 天都无法开动，珠海市和澳门特别行政区的多数地区只能低压供水，且供水含氯度已达到 400 mg/L［根据《生活饮用水水源水质标准》（CJ 3020—1993），氯化物含量均应小于 250 mg/L］，澳门个别时期甚至达到 800 mg/L；三灶、横琴地区的供水水源主要靠平岗泵站、洪湾泵站及部分小型水库，供水自成体系，但自身调剂能力不足，导致 2004 年枯季，横琴岛及三灶地区 40 多天无水供应。广州石溪水厂停产 225 h，影响供水量 237 万 m^3，番禺沙湾水厂取水点咸潮强度及持续时间更是远超历年同期水平。

珠江三角洲及河口水道纵横交错，受人类活动和河口、河道的自然演变、外海动力等多种因素的影响，珠江河口水情、咸情异常复杂，迫切需要加强基础研究工作，以掌握上游径流、潮汐、河口地形、外海区盐度场、风浪、近海区沿岸流等多种因素共同作用下的珠江河口咸潮活动规律。因此，研究珠江河口区咸、淡水的混合和咸水的运动规律、预测河口区正在进行或将要进行的各种工程（如河口区围垦、港口航道建设、航道疏浚、引水工程及其他综合开发治理工程等）对河口区咸潮运动所产生的影响，提出有效的抑咸对策和措施，对港澳地区社会的稳定、珠江河口地区工农业生产和人民生活有着十分重要的现实意义。

1.2 珠江流域水系

珠江是我国七大江河之一，也是我国南方最大的河流。珠江流域是一个复合的流域，由西江、北江、东江及珠江三角洲诸河四大水系所组成。珠江流域跨云南、贵州、广西、广东、湖南、江西六省区，面积逾 45.4 万 km^2（包括流经越南的逾 1 万 km^2），整个水系支流众多，水道纵横交错。

西江发源于云南省曲靖市沾益县的马雄山，在广东省珠海市的磨刀门水道注入南海。西江水系由南盘江、红水河、黔江、浔江及西江等河段组成，主要一级支流有北盘江、柳江、郁江、桂江及贺江等。西江干流全长 2 214 km，流域面积 35.3 万 km^2，占珠江流域面积的 77.8%，总落差 2 130 m。

北江发源于江西省信丰县石碣大茅山，至思贤滘与西江汇合流入珠江三角洲。北江主要的一级支流有武水、滃江、连江、滨江和绥江等。北江干流全长 582 km，流域面积 4.67 万 km^2，占珠江流域面积的 10.3%。

东江发源于江西省寻乌县桠髻钵山的大竹岭，经广东省的虎门水道进入伶仃洋。东江主要的一级支流有新丰江、秋香江、西枝江等。东江干流长 523 km，流域面积 2.70 万 km^2，占珠江流域面积的 5.9%。如图 1-1 所示。

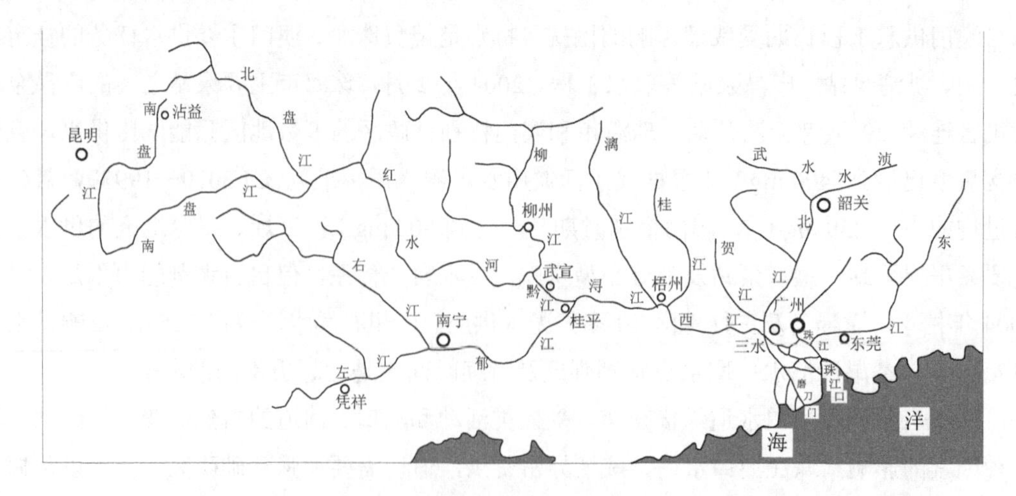

图 1-1 珠江水系示意

珠江三角洲，旧称粤江平原，是西江、北江共同冲积成的大三角洲与东江冲积成的小三角洲的总称。除西江、北江和东江的流量注入之外，还有流溪河、潭江、增江、深圳河等中小河流汇入。珠江三角洲面积 5.71 万 km^2。珠江三角洲冲积层一般厚度为 20～30 m，丘陵、山地和岛屿占三角洲总面积的 30%，珠江水系年均输沙量达 8 000 多万 t，为三角洲的发育提供了必要的物质，目前，河口附近三角洲仍在向南海延伸。

珠江河口因独特的“五江汇流、网河密布、八口入海、整体互动”水系结构和口门形态，使得径潮相互作用和相互影响十分复杂，是世界上水动力条件最复杂的河口之一。珠江三角洲前沿发育了径流动力占优的磨刀门口门及其两侧潮汐动力占优的伶仃洋和黄茅海河口湾，形成了潮优型河口与河优型河口相互依存、耦合共生的复合型河口（图 1-2）。

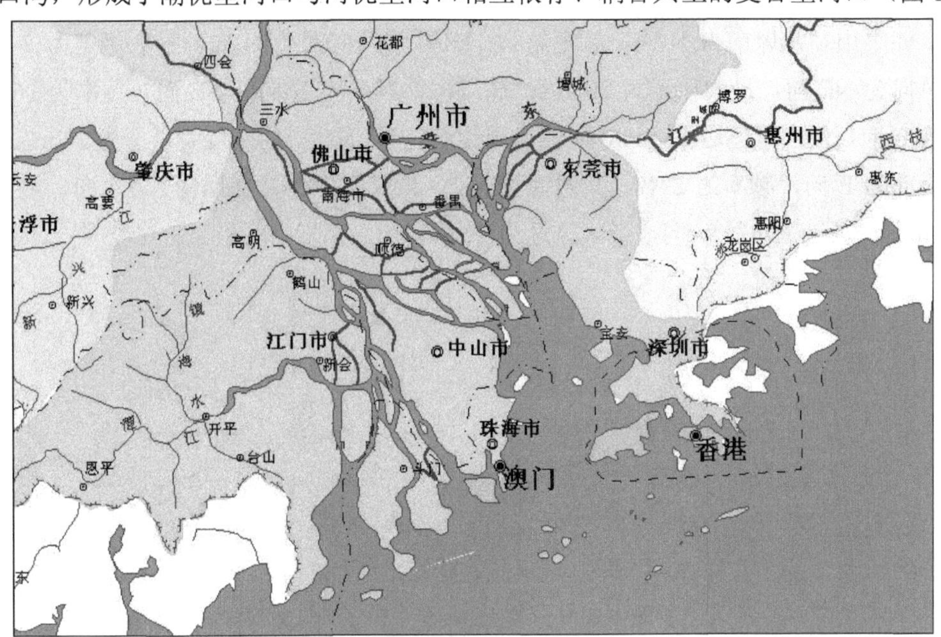

图 1-2　珠江河口区水系分布

1.3　珠江河口水文特性

1.3.1　风

大气运动（风）是重要的水文过程之一。珠江河口属于亚热带季风气候区，春夏季盛行偏南风，秋冬季盛行偏北风。珠江流域年平均风速为 0.7～2.7 m/s。珠江河口不同季节风向频率如图 1-3 所示。在河口区范围内，各地各月平均风速见表 1-1。由表可见，各地年平均风速相差较大，可达 2 倍左右，一般是临滨海区风速较大，离滨海较远则风速较小，年平均风速在 1.9～4.0 m/s。风速在季节上的变化一般相差较大，多数地方是冬季风速较大，夏季较小，但有些地方规律性并不十分明显。

珠江河口各地大风（≥8 级）日数一般也是滨海区较多，距滨海较远则较少，如三水、顺德等站为 2～5.5 d，番禺极少有 8 级风出现，而深圳、珠海 1 年内分别为 9 d 和 8.6 d，上川甚至为 16.2 d（表 1-2）。

河口区的风向一般在冬季由于北方强大而寒冷的极地大陆气团入侵，故盛行北风；但由于受沿海海岸地形的影响，风向又常偏于东北到东之间。夏季整个气压场形势与冬季相反，由于西太平洋副热带高压气流北上，而印度洋西南湿气流又异常活跃，盛行风向主要以东南风和西南风为主。春、秋转换季节风向极不稳定，常风向比较凌乱，各地往往差别较大。如中山站常风向为 N 向，频率约为 11%，强风向同为 N 向，最大风速为 24 m/s，次强风向为 NE 向，最大风速为 20 m/s；珠海站常风向为 N 向和 SE 向，频率为 16%，强风向为 E 向，最大风速达 25 m/s，次强风向为 SE 向、NNW 向，最大风速为 24 m/s；赤湾站常风向为 E 向，频率为 23%，其次为 SE 向，频率为 14%，强风向为 SE 向，最大风速达 30 m/s，次强风向为 W 向，最大风速为 27 m/s。

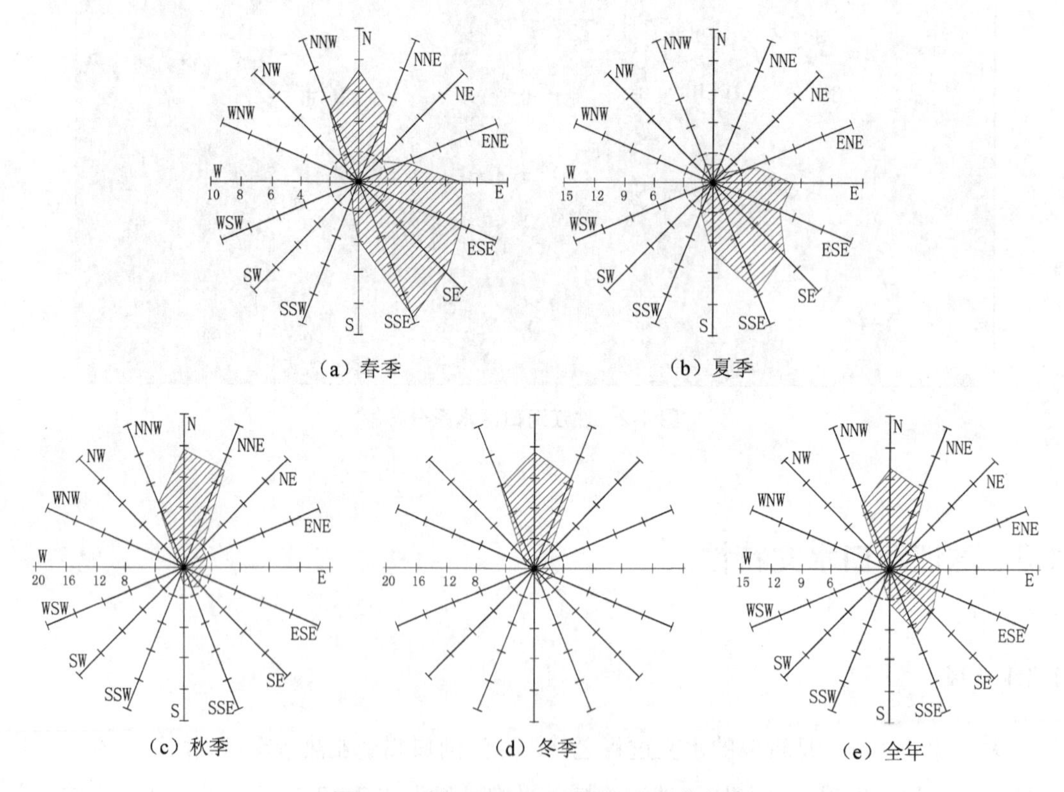

图 1-3 珠江河口不同季节风向频率变化

表 1-1　各月平均风速　单位：m/s

站名	月份												全年平均	记录年份
	1	2	3	4	5	6	7	8	9	10	11	12		
三水	3.1	3.2	2.9	2.6	2.4	2.2	2.5	2.2	2.4	2.5	2.9	3.0	2.7	1961—1970 年
广州	2.3	2.2	2.1	2.0	2.0	1.8	1.9	1.8	2.0	2.0	2.3	2.3	2.1	1951—1970 年
番禺	2.2	2.3	2.3	2.4	2.4	2.3	2.5	2.2	2.1	2.1	2.1	2.0	2.2	1960—1997 年
顺德	2.6	2.9	2.7	2.8	2.9	2.7	2.9	2.5	2.6	2.3	2.4	2.3	2.6	1961—1970 年
东莞	1.9	2.1	1.9	2.1	2.2	2.1	2.2	1.8	2.0	1.5	1.6	1.5	1.9	1961—1965 年
深圳	3.5	3.6	3.4	3.1	2.8	2.5	2.3	2.2	2.6	3.0	3.4	3.3	3.0	1953—1970 年
中山	2.3	2.5	2.4	2.3	2.3	2.2	2.5	2.2	1.9	1.7	1.9	1.9	2.2	1955—1959 年
珠海	3.5	3.4	3.3	3.8	3.9	3.7	3.9	3.2	3.7	3.7	3.7	3.2	3.6	1961—1970 年
上川	4.1	4.0	4.0	3.9	3.8	3.6	3.5	4.0	4.4	4.7	4.1	4.0	4.0	1958—1970 年

表 1-2　各月平均大风（≥8 级）日数表　单位：d

站名	月份												全年	记录年份
	1	2	3	4	5	6	7	8	9	10	11	12		
三水	0.1	—	0.1	0.1	0.8	0.7	0.9	1.7	0.8	0.1	0.1	0.1	5.5	1961—1970 年
广州	0.2	0.2	0.3	0.3	0.6	0.4	1.1	1.2	1.1	0.2	0.4	0.3	6.0	1951—1970 年
顺德	0.1	—	0.1	0.1	0.2	0.4	—	0.6	0.5	0.1	0.1	—	2.1	1959—1970 年
东莞	—	—	0.2	0.3	0.5	1.3	0.8	0.8	1.2	0.2	—	—	5.3	1961—1965 年、1970 年
深圳	0.6	0.5	0.7	0.5	0.4	0.7	1.3	1.3	1.0	0.6	0.8	0.6	9.0	1953—1970 年
中山	—	—	—	0.2	—	—	0.8	1.0	—	—	—	—	2.0	1965—1970 年
上川	1.2	0.6	0.9	1.2	0.8	0.7	1.5	1.8	2.8	1.8	1.3	1.6	16.2	1958—1970 年

1.3.2　降水

珠江河口区域温暖多雨，多年平均降水量为 1 771 mm，降水集中在 3—9 月，汛期的降水量占全年雨量的 70%～80%，且暴雨强度很大。降水量分布明显呈由东向西逐步减少，年内分配不均，地区分布差异和年际变化如图 1-4 所示。

在河口区范围内，各地各月平均降水量列于表 1-3。多年平均年降水量在 1 600～2 100 mm。4—9 月为雨水集中期，即汛期，其降水量占全年降水量的 81%～85%，7—9 月为台风暴雨期，并有雷暴。全年降水天数为 145～151 d，降水天数约占全年 40%，降水天数较多，其中大于 150 mm/d 的暴雨天数为 0.3～0.6 d。

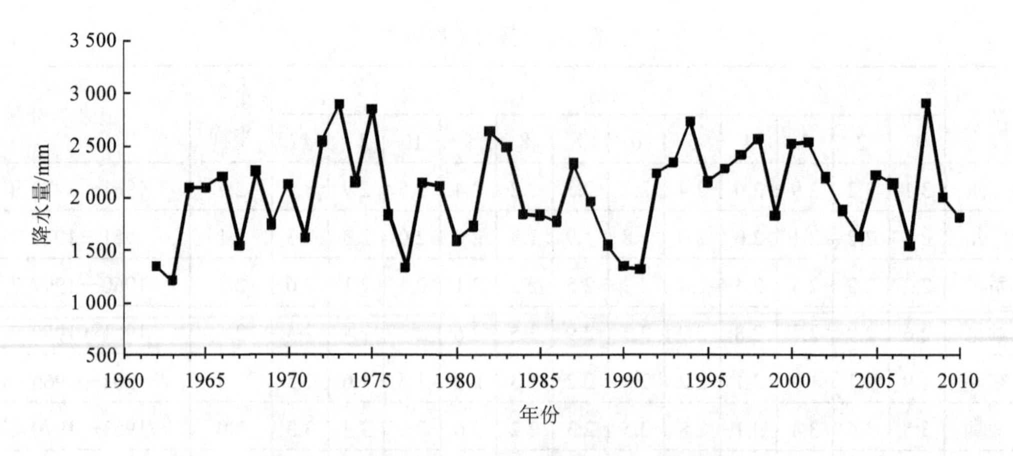

图 1-4 1962—2010 年珠江河口区的年降水量

年总降水量最大为 2 850 mm，最小为 1 000 mm 左右。一次连续最大降水量为 403.6 mm，历时为 44 h 40 min（顺德县站 1965 年 9 月 27—29 日）。24 h 最大降水量的典型为 1979 年 9 月 23—24 日，整个三角洲降水量在 300 mm 左右。

表 1-3 各月平均降水量

单位：mm

站名	月份												全年平均	记录年份
	1	2	3	4	5	6	7	8	9	10	11	12		
三水	42.7	65.6	98.0	157.4	263.6	295.8	206.3	225.8	203.3	59.5	41.3	18.3	1 677.6 1 687	1957—1970 年 1957—1997 年
广州	39.1	62.5	91.5	158.5	267.2	299.0	219.6	225.3	204.4	52.0	41.9	19.6	1 680.5 1 620	1951—1970 年 1951—1997 年
番禺	38.5	58.3	74.4	181.3	253.7	249.9	226.8	222.6	180.0	77.1	41.1	27.2	1 030.9	1960—1984 年
顺德	33.1	56.1	69.4	165.9	241.1	275.1	197.9	295.3	216.2	49.6	42.7	14.9	1 657.3	1959—1970 年
深圳	28.4	45.2	57.4	133.2	241.6	337.9	318.5	347.1	262.7	97.6	32.3	25.0	1 763	1956—1997 年
中山	32.7	57.1	60.2	140.1	247.5	301.7	220.1	241.9	218.8	54.3	42.1	17.3	1 633.7 1 785	1955—1970 年 1955—1998 年
珠海	26.2	49.2	57.9	126.3	191.7	399.7	252.4	298.0	278.1	91.9	27.0	17.0	1 825.3 2 042	1961—1970 年 1961—1999 年
上川	26.2	53.7	81.4	152.7	256.4	343.5	257.1	315.2	320.2	176.8	35.1	14.6	2 032.8	1958—1970 年

1.3.3 径流

珠江流域每年 4 月即进入汛期，降水主要集中在 4—10 月，但流域内西江、北江和东江径流年内分布略有差异，具体情况可以通过表 1-4 中 1961—2005 年 3 个重要干流水文站点的多年平均径流量在年内的分布来了解。西江马口站径流量主要集中在 5—9 月，占西江流域全年径流量的 69.7%，枯季为 10—次年 3 月，径流量仅占西江流域全年径流量的 23.2%。北江汛期较西江早，石角站径流量主要集中在 4—9 月，占北江流域全年径流量的 84.6%，枯季为 10—次年 3 月，径流量仅占北江流域全年径流量的 15.36%；东江博罗站的径流量也集中在 4—9 月，占东江流域全年径流量的 71.47%，枯季为 10—次年 3 月，占东江流域全年径流量的 28.53%。

表 1-4 各站径流年内分配 单位：%

站名	月份												多年平均
	1	2	3	4	5	6	7	8	9	10	11	12	
马口	2.73	2.88	3.80	7.04	11.98	16.91	16.58	14.37	9.90	6.08	4.64	3.09	100
三水	1.55	1.77	2.83	6.46	12.35	20.46	19.96	15.79	9.62	4.37	3.08	1.76	100
博罗	3.97	4.23	5.29	8.03	11.16	17.73	12.10	12.02	10.43	6.23	4.65	4.16	100

对洪水而言，珠江流域以每年 6 月、7 月和 8 月径流量最为集中，西江占全年径流总量的 47.86%；每年 6 月和 7 月水量最大，达到全年的峰值，占比为 16.9%。北江流域每年的 6 月、7 月和 8 月径流量占全年径流总量的 56.21%；6 月为全年月分配的高峰值，达 20.46%。东江流域 6 月、7 月和 8 月径流量占全年径流量的 41.85%；在 6 月达全年月分配峰值，为 17.73%。

由此可见，在汛期最大径流量的 3 个月内，以北江的径流最为集中，西江次之，相比较而言，东江的集中程度最低。自西、北江下游进入三角洲网河区后，汛期径流量在各月分配较西、北江干流相对均匀和平缓，峰态趋于扁平；西江马口站 4 月的径流分配值比干流的高要站略大，原因是由于北江较早进入汛期，而且北江水位较西江水位高，致使北江径流经思贤滘向西江分流。

对于咸潮常常出现的枯水期，西江高要站和马口站最枯月主要出现在 1 月，北江石角则出现在 12 月，而三水站却出现在 1 月，这与枯水期西江水过思贤滘进入北江有关。三水站、马口站及思贤滘站 1961—2005 年共 44 年实测枯季逐日流量数据表明，马口站、三水站、思贤滘站平均枯季流量多年变化均呈现不同程度的递增趋势，三水站增长趋势最明显，马口站最弱，思贤滘居中。

自 20 世纪 50 年代末以来，西、北江径流量年内分配不均匀性较东江径流量年内分配不均匀性大；东江径流量年内分配具有明显坦化趋势，东江年最小流量占年平均径流量比值有较明显增加趋势。根据各年径流资料统计，马口站丰枯比为 2.62，三水站丰枯比为 9.86，博罗站丰枯比为 4.62。前述为珠江流域主要水系径流的年内分布特性。同样重要的是主要水系的年际分布，图 1-5 是西江马口站、北江三水站、东江博罗站 1959—2010 年的年径流过程线。不难看出西江高要站年径流量最大，其次是北江石角站，东江博罗站年径流量最小。高要站的多年平均径流量大约是石角站的 5.4 倍，大约是博罗站的 9.7 倍。从 3 个站点的年径流量变化趋势分析，高要站与石角站的年际变化趋势（增大或者减小）一致性达到 76%，高要站与石角站的年际变化趋势一致性略低，为 70%，3 站一致性为 65%，可见 3 个水系年内降雨径流总量变化趋势大致相同。

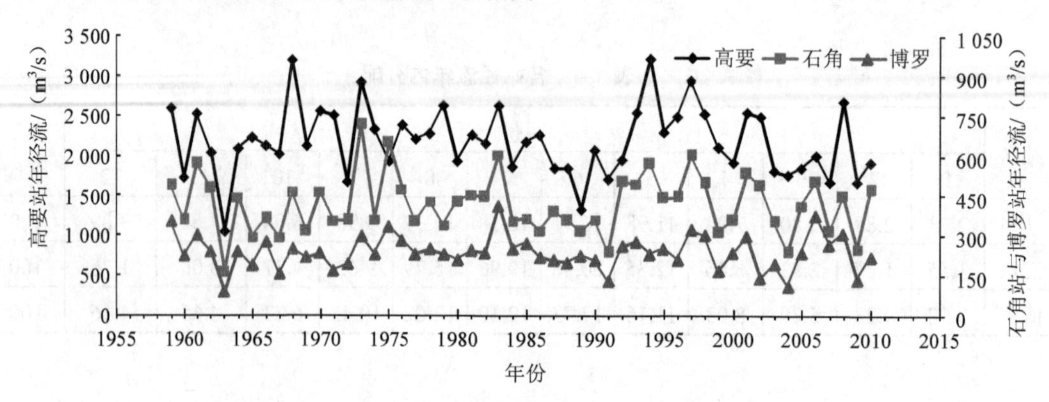

图 1-5　西江高要站、北江石角站和东江博罗站多年径流变化过程线

统计资料表明，西江枯季径流量较小，马口和三水站枯季径流量分别占年总量的 23.1% 和 15.2%。根据近几十年资料统计，珠江河口西江上游思贤滘站枯水期多年平均流量为 3 800 m^3/s，变化一般在 2 500～5 500 m^3/s。2003—2004 年、2004—2005 年、2005—2006 年枯水期平均径流量分别为 2 580 m^3/s、2 510 m^3/s、2 640 m^3/s，仅为枯水期多年平均流量的 66%～69%，相当于 10～15 年一遇的枯水年。

2006 年以来西江枯季径流量呈现交替变化，比如 2006—2007 年枯季西江径流频率约为 70%，径流量较大；2007—2008 年枯季约为 90%，径流量较小；2008—2009 年枯季西江径流频率为 50%，2009—2010 年枯季为 97%，2010—2012 年枯季为 75%。北江和东江枯季径流也出现类似变化。2006 年以后，经过上游水量枯季调度流量才基本达到 2 500 m^3/s 以上，具体情况如表 1-5 所示。

表 1-5　西江下游控制性站点的枯季径流流量　　单位：m^3/s

站名	统计时段	多年均值
思贤窖	枯水期	3 800
	最枯 4 个月	2 730
	最枯 1 个月	2 160
	最枯 10 d	1 900
梧州	枯水期	2 820
石角	枯水期	654

珠江河口分别由东四口门（虎门、蕉门、洪奇门及横门）和西四口门（磨刀门、鸡啼门、虎跳门及崖门）组成。东四口门的水流进入伶仃洋后注入南海，西四口门的磨刀门、鸡啼门直接注入南海，虎跳门和崖门在黄茅海顶端汇合后进入黄茅海，然后注入南海。八大口门多年平均径流量为 3 260 亿 m^3，各口门的径流量所占的分配比如表 1-6 所示。

表 1-6　八大口门径流量分配比的变化

年份	口门							
	虎门	蕉门	洪奇门	横门	磨刀门	鸡啼门	虎跳门	崖门
20 世纪 80 年代/亿 m^3	18.5	17.3	6.4	11.2	28.3	6.1	6.2	6.0
20 世纪 90 年代/亿 m^3	25.1	12.6	11.3	14.5	24.9	2.8	3.9	4.8
1999—2007 年/%	12.4	14.3	13.6	16.7	28.7	3.6	4.7	6.0
多年平均/亿 m^3	18.7	14.8	10.4	14.1	27.3	4.2	4.9	5.6

注：20 世纪 80—90 年代资料采用广东省水电设计院计算的分配比；1999—2007 年为实测资料，采用三水、马口逐级分配水量分配比。

1.3.4　潮汐

珠江河口的潮汐为不正规半日混合潮型，日潮不等现象显著，在一个太阴日里（约 24 h 50 min）有两涨两落，但潮差，涨、落潮历时不等，半个月中有大潮汛和小潮汛，历时各 3 d。月内有朔、望（初一、十五）大潮和上、下弦（初八、二十三）小潮，约 15 d 为一周期。在一年中夏潮大于冬潮，在径流量年际分布基本相同的条件下，最高、最低潮位分别出现在秋分和春分前后，且潮差最大，夏至、冬至潮差最小。若考虑径流量和台风暴潮对潮位的影响，最高潮位一般出现在汛期或台风高发的 6—10 月，最低潮位一般出现在 12 月—次年 2 月。此外潮位变化还有月周期和年周期，以及由于月球近地点和黄白交点变化所产生的 8.85 年和 18.61 年的长周期变化。

珠江八大口门平均潮差在 0.85～1.62 m，属于弱潮河口，其中以虎门的潮差最大，黄埔最大涨潮差达到 3.38 m。磨刀门、横门、洪奇门、蕉门等径流较强的河道型河口，潮差自口门向上游呈递减趋势，而伶仃洋、黄茅海河口湾，以湾口至湾顶潮差沿程增加，赤湾多年平均涨潮差为 1.38 m，到黄埔时达到 1.62 m。

根据近 20 年资料计算分析，八大口门多年平均山潮比为：虎门 0.38、蕉门 1.79、洪奇门 2.51、横门 3.68、磨刀门 6.22、鸡啼门 1.72、虎跳门 3.43、崖门 0.24。

珠江河口的潮流界、潮区界由于受径流和潮流的共同作用，变化较大，一般情况西江潮流界移动范围为 160 km，潮区界为 245 km，北江、东江移动范围小一些。

口门外的赤湾、三灶、荷苞岛站涨、落潮历时几乎相等，潮位过程呈对称型。口门以内，无论是洪季还是枯季，落潮历时均大于涨潮历时，越往上游此现象越明显。枯季涨潮历时较洪季长。

1.3.5 波浪

珠江河口附近沿海的大浪一般发生于夏季（5—9 月），由台风或者寒潮引起，大浪持续时间一般为 1 d 至数天不等。根据珠江口外大万山海洋站 1986 年波浪资料统计，出现 $H_{1/10}$ 大于 5.0 m 的大浪共计 3 次，波向分别为 SSW 向和 SE 向，均出现于台风影响期间。其中实测最大波高出现于 1986 年 7 月 12 日，最大 $H_{1/10}$ 为 9.1 m，H_{max} 为 11.9 m，t 为 12.6 s，波向为 SSW 向。由大万山站 1986 年资料统计得到的各级波高出现频率如表 1-7 所示。该站常浪向是 ESE 向和 SE 向，出现频率分别为 38.14%和 25.86%，强浪向为 SE-SSW 向。根据香港外海横澜岛测波站 1971—1977 年测波资料统计，横澜岛实测最大有效波高为 7.1 m，最大波高为 10.7 m，发生于 1976 年 9 月 19 日 7619 号台风期间，当时香港实测风速约 8 级，大万山风速 30 m/s。由上述资料可见，珠江口外海大浪主要是台风浪，台风大浪的波向主要为向岸的 SE-SSW 向。

表 1-7 大万山站各级波高出现频率

单位：%

波向	$H_{1/10}$/m							合计
	＜0.5	0.5～1.0	1.0～1.5	1.5～2.0	2.0～2.5	2.5～3.0	≥3.0	
N	0.07	0.41	0.48	0	0	0	0	0.97
NNE	0.14	0	0.14	0	0	0	0	0.28
NE	0	0.07	0.14	0.07	0	0	0	0.28
ENE	0.07	0.21	0.55	0.76	0	0	0	1.59
E	0.14	0.90	2.14	1.52	0.48	0.14	0	5.31
ESE	0.76	8.76	18.14	9.03	1.38	0.07	0	38.14
SE	1.03	10.41	8.76	3.66	0.69	0.28	1.03	25.86
SSE	0.21	1.38	1.10	0.28	0.48	0.07	0.21	3.72
S	0.69	5.72	4.00	1.17	0.28	0.76	0.34	12.97
SSW	1.93	3.52	2.00	0.48	0.21	0.07	0.28	8.48
SW	0	0.76	0.62	0.21	0	0	0	1.59
WSW	0	0	0	0	0	0	0	0
W	0	0	0	0	0	0	0	0
WNW	0	0	0	0	0	0	0	0
NW	0	0	0	0	0	0	0	0
NNW	0	0	0.07	0	0	0	0	0.07
C（方向不确定）	0.07	0.62	0.07	0	0	0	0	0.76
合计	5.11	32.76	38.21	17.18	3.52	1.39	1.86	100

珠江河口内伶仃洋水域缺乏长期实测波浪资料，只有澳门港务局所设九澳波浪观测站资料较完整，现有 1986—2001 年波浪观测资料（期间有个别年份和月份缺测），该站设于澳门路环岛九澳角，波浪仪位于澳门机场跑道南端以东 1.3 km。根据澳门九澳站 1986—2001 年波浪资料统计得到的各级波高出现频率如表 1-8 所示。该站常浪向是 SE 向、ESE 向和 S 向，出现频率分别为 20.02%、18.69%和 16.90%，强浪向为 ESE-S 向。实测最大有效波高 H_s 为 2.86 m，T_s 为 10.1 s，波向为 SE 向，出现于 1989 年 7 月 18 日 8908 号的 Gordon 台风期间；其次为 1993 年 9 月 17 日 9316 号的 Becky 台风期间，实测最大有效波高 H_s 为 2.65 m，T_s 为 8.3s，波向为 ESE 向。大于 2.0 m 的波高出现频率约为 0.05%。

表 1-8　澳门九澳站各级波高出现频率　单位：%

波向	H_s/m						合计
	<0.5	0.5～1.0	1.0～1.5	1.5～2.0	2.0～2.5	2.5～3.0	
N	0.058	0.037	0.004	0	0	0	0.099
NNE	0.832	1.873	0.054	0.004	0	0	2.763
NE	4.425	6.718	0.233	0.008	0.008	0	11.392
ENE	2.148	1.765	0.083	0.008	0.008	0	4.012
E	8.783	5.245	0.241	0.029	0.004	0	14.302
ESE	10.110	8.320	0.225	0.025	0.008	0.004	18.692
SE	11.030	8.624	0.350	0.029	0.004	0.004	20.041
SSE	6.822	3.754	0.345	0.054	0.012	0	10.987
S	10.497	6.189	0.166	0.046	0.004	0.004	16.906
SSW	0.425	0.237	0	0	0	0	0.662
SW	0.058	0.050	0	0	0	0	0.108
WSW	0.008	0.021	0	0	0	0	0.029
W	0.004	0	0	0	0	0	0.004
WNW	0	0	0	0	0	0	0
NW	0	0	0	0	0	0	0
NNW	0	0.004	0	0	0	0	0.004
合计	55.200	42.837	1.701	0.203	0.048	0.012	100.00

1.3.6　泥沙

根据 1954—1998 年实测资料统计，珠江流域多年平均输沙量为 8 872 万 t，其中西江高要站为 7 217 万 t，北江石角站为 579 万 t，东江博罗站为 262 万 t，分别占珠江流域输沙总量的 81.5%、6.5%和 3.0%。每年进入珠江三角洲的泥沙约有 80%输出口门外，约 20%留在网河区内。八大口门多年平均输出总沙量为 7 098 万 t，其中东四门为 3 389 万 t，占输出总沙量的47.7%，西四门为3 709万t，占52.3%。

珠江三角洲泥沙主要来自思贤滘以上的西江、北江，以西江的泥沙较多，并以悬移质泥沙输移为主。从平均含沙量和输沙率可以看出，西江的来水来沙量最大、北江次之、东江最小。马口站多年平均含沙量为0.28 kg/m^3，多年平均输沙量为6 555万t，约占珠江三角洲泥沙来量的81.66%；三水站多年平均含沙量为0.191 kg/m^3，多年平均输沙量为891万t，约占珠江三角洲泥沙来量的11.1%；博罗站多年平均含沙量为0.1 kg/m^3，多年平均输沙量为245万t，约占珠江三角洲泥沙来量的3.05%。

表1-9为马口、三水、博罗等站的含沙及输沙量统计成果。从表中可见，自20世纪90年代以来，上游来水含沙量明显减少，其原因是继20世纪90年代以后上游各种类型水库的建设对泥沙有拦蓄作用，上游水土保持工程修建减少了水土流失等因素导致含沙量减少。

表1-9 主要测站含沙及输沙统计成果

站名	统计年份	多年平均径流量/（m^3/s）	多年平均含沙量/（kg/m^3）	多年平均年输沙量/万t
马口	1959—1969年	7 260	0.309	7 331
	1970—1979年	7 850	0.323	8 011
	1980—1989年	7 140	0.351	8 075
	1990—1999年	7 320	0.271	6 132
	2000—2008年	6 590	0.128	2 771
	1959—2008年	7 240	0.28	6 555
三水	1959—1969年	1 170	0.188	723
	1970—1979年	1 350	0.212	911
	1980—1989年	1 190	0.241	916
	1990—1999年	2 010	0.195	1 208
	2000—2008年	1 880	0.113	695
	1959—2008年	1 500	0.191	891
博罗	1954—1969年	700	0.137	317
	1970—1979年	780	0.104	257
	1980—1989年	790	0.105	264
	1990—1999年	750	0.062	154
	2000—2008年	760	0.07	181
	1954—2008年	750	0.1	245

受流域降水和来水条件的影响，输沙量的年内分配极不均匀。汛期含沙量较大，导致输沙量很集中。根据 20 世纪 50 年代至 2008 年实测资料统计得出各站的洪枯季水沙分配比如表 1-10 所示。

表 1-10　三角洲各测站洪、枯季水沙分配比　单位：%

项目		径流量			输沙量		
站名		马口	三水	博罗	马口	三水	博罗
季（月）	洪（4—9 月）	71.55	83.41	71.32	94.82	94.44	89.23
	枯（10 月—次年 3 月）	28.45	16.599	28.68	5.18	5.56	10.77

1.4　珠江河口咸潮活动现状

1.4.1　珠江河口咸潮活动特点

受河流动力和海洋动力共同影响，珠江河口地区水流往复回荡，水动力及物质输运关系复杂。珠江河口咸潮活动主要受径流和潮流影响，当南海大陆架高盐水团涨潮流沿着珠江河口向河道上游推进，盐水扩散、咸淡水混合造成上游河道水体变咸，即形成咸潮上溯。河口地区咸潮上溯是入海河口特有的自然现象，也是河口区的本质属性。一般含盐度的最大值出现在涨憩附近时刻，最小值出现在落憩附近时刻。

在潮汐和径流共同作用下，河口区盐度变化过程具有明显的日、半月和季节周期性。一日内两次高潮所对应的两次最大含盐度及两次低潮所对应的两次最小含盐度各不相同。含盐度的半月变化主要与潮流半月周期有关，一般朔望大潮氯度较大，上下弦氯度较小。季节变化取决于雨汛的迟早、上游径流量的大小和台风等因素。汛期 4—9 月降水量多，上游来量大，咸界被压下移，大部分地区咸潮消失。

珠江三角洲的咸潮一般出现在 10 月—次年 4 月。一般年份，南海大陆架高盐水团侵至伶仃洋内伶仃岛附近，磨刀门及鸡啼门外海区，黄茅海湾口。大旱年份咸水入侵到虎门黄埔以上，沙湾水道下段，小榄水道、磨刀门水道大鳌岛，崖门水道，咸潮线甚至可达西航道、东江北干流的新塘，东江南支流的东莞、沙湾水道的三善滘、鸡鸦水道及小榄水道中上部、西江干流的西海水道、潭江石咀等地。

新中国成立以来，珠江三角洲地区发生较严重咸潮的年份是 1955 年、1960 年、1963 年、1970 年、1977 年、1993 年、1999 年和 2004 年。1955 年春旱，盐水上溯和内渗造成滨海地带受咸面积达 138 万亩（1 公顷=15 亩，余同）。1960 年和 1963 年的咸灾给三角洲的农作物生长带来巨大损失，番禺受咸面积达 24 万亩，新会受咸面积达 15 万亩。20 世纪 80

年代以前，珠江三角洲沿海经常受咸潮灾害的农田有 68 万亩，大旱年份咸潮灾害更加严重。20 世纪 80 年代以后，珠江三角洲地区城市化进程加快，农业用地大幅减少，受咸潮危害的主要对象为工业用水和城市生活用水。自 20 世纪 90 年代以来，珠江三角洲地区咸潮上溯污染范围越来越大，持续时间越来越长，活动频率越来越强。在西江磨刀门水道，1992 年咸潮上溯至大涌口，1995 年至神湾，1998 年到南镇，1999 年上溯至全禄水厂，2003 年越过全禄水厂，2004 年越过中山市东部的大丰水厂，2009 年至平岗泵站。西江磨刀门水道咸潮造成中山市东西两大主力水厂同时受到侵袭，水中氯化物含量最高达到 3 500 mg/L，超过生活饮用水水质标准的 13 倍；承担珠海、澳门供水任务的广昌泵站连续 29 d 不能取水，部分地区供水中断近 18 h，供水不中断的地区饮用水中氯化物含量严重超过生活饮用水水质标准；在西北江水道和广州市珠江水道，1993 年 3 月，咸水进入前、后航道，广州市区黄埔水厂、员村水厂、石溪水厂、河南水厂、鹤洞水厂和西州水厂先后局部间歇性停产或全部停产。1999 年春，广州虎门水道咸水线上移至白云区的老鸦岗，沙湾水道首次越过沙湾水厂取水点，横沥水道以南则全受咸潮影响；在东江北干流，2004 年咸潮前锋已靠近新建的浏渥洲取水口，2005 年 12 月 15—29 日，东莞第二水厂连续 16 d 停水避咸；其上游不到 5 km 的第三水厂，日产自来水 110 万 m^3，取水口水中氯化物含量严重超过饮用水水质标准。

1980 年珠江三角洲地区总人口 1 259 万人，城镇化率不足 30%，城镇及工业供水量 9.5 亿 m^3；2000 年总人口增加到 1 956 万人、城镇化率达 77.5%（不含香港与澳门特别行政区约 700 万人），城镇及工业供水量 102.5 亿 m^3。由于人口规模不断扩大，城市化率提高，经济快速发展，城镇与工业供水不断扩大，而利用当地水资源的调剂来保障咸潮影响期间供水的调节能力相对不足。近年来，随着粤港澳大珠三角需水量的增加，珠江河口地区的咸潮对城镇供水影响就显得更加突出。珠江河口咸潮问题严重影响了珠三角 1 500 万群众正常的生产、生活秩序，妨碍了经济社会的可持续发展，恶化了水生态环境，咸潮问题已经成为珠江河口地区除洪、涝、台风之外的另一类严重自然灾害。2005 年春季，珠江水利委员会启动压咸补淡应急调水，2006 年 9 月至 2012 年连续实施珠江上游骨干水库统一调度，对缓解咸潮危害起到了十分显著的作用，随后又从 2014 年开始连续实施卓有成效的珠江枯水期水量调度，至 2018 年春共实施了 14 次水量调度，保障了澳门、珠海等地枯水期供水安全。

1.4.2 咸潮对珠江三角洲供水的影响

根据《生活饮用水水源水质标准》（CJ 3020—93），无论一级或二级生活饮用水，氯化物含量均应小于 250 mg/L。当河道水体含氯度超过 250 mg/L 时，就不能满足供水水质标准；因为饮用水中的盐度过高，就会对人体造成危害：含氯度超过 250 mg/L，老年人、高血压、心脏病、糖尿病等特殊人群不能饮用；盐度超过 400 mg/L，则不适合人类饮用。

近年来，咸潮对主要取水口的影响程度越来越大。图 1-6 为 2003—2004 年枯水期珠海挂定角、广昌、平岗泵站含氯度超标天数。图 1-7 为珠海市广昌泵站近年来连续不可取水（即每天 24 h 均不能取水）天数。从图中可知，越近下游，咸潮影响越强。近年来情况表明，咸潮影响强度越来越大，影响时段越来越长，其中对珠海的影响最为严重。

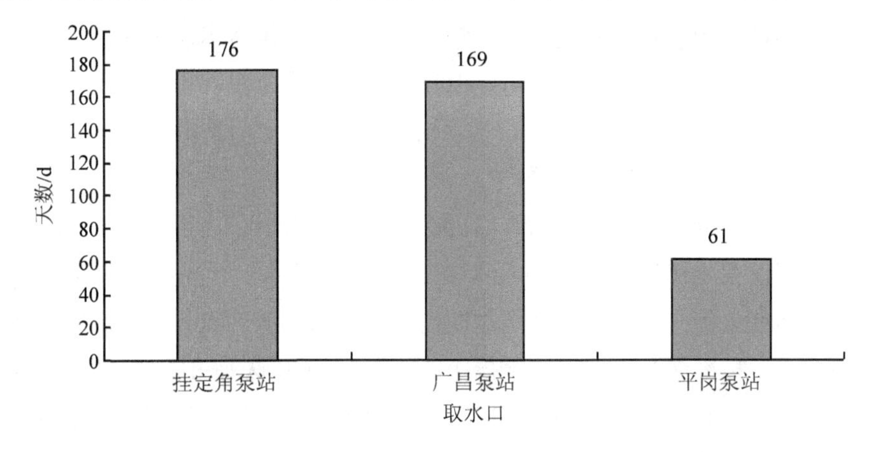

图 1-6　2003 年 10 月—2004 年 3 月挂定角、广昌、平岗氯度超标天数

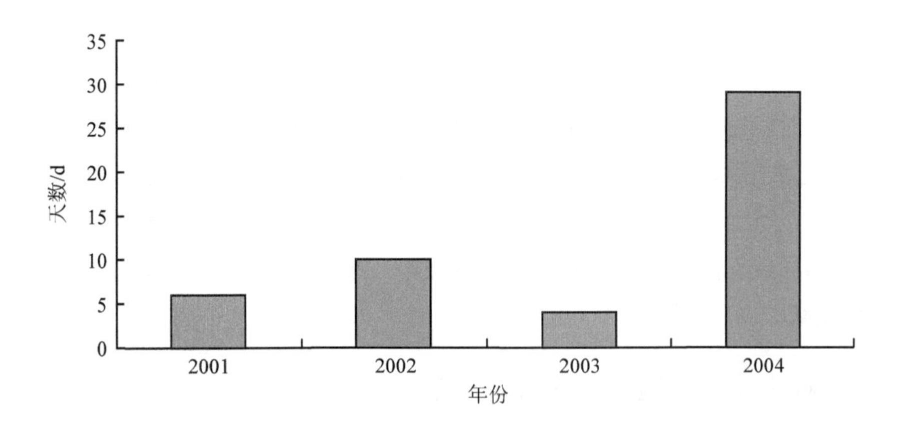

图 1-7　珠海市广昌泵站近年来连续不可取水天数比较

1998 年 10 月—1999 年 4 月，珠海市居民有相当长时间用的是“带咸味”的自来水。1999 年春虎门水道的咸水线上移到白云区的老鸦岗，农作物受灾严重，咸潮上溯也使得部分水厂的取水口被迫上移，如广州市的石溪、白鹤洞、西洲 3 水厂曾被迫间歇性停产，西洲水厂的取水口因此也上移至浏渥洲。自 2003 年 10 月以来，咸潮影响比以往更为严重。以磨刀门水道为水源的各水厂出水中的氯化物经常高达 800 mg/L。2004 年春广州番禺区沙湾水厂取水点咸潮强度及持续时间更是远远超过历年同期水平，横沥水道以南全部受咸潮影响，在东江北干流，咸潮前锋已靠近新建的浏渥洲取水口，2004 年 10 月 28 日浏渥洲含氯度已达 330 mg/L，咸潮比 2003 年同期提前 15 d 出现。珠海与澳门则长期受咸潮影响的困扰，特别是担负珠海、澳门主要供水任务的挂定角引水闸、洪湾泵站、广昌泵站等取水工程，因受咸潮影响，2004 年 2 月，珠海市主要泵站之一的广昌泵站泵机曾连续 29 d 都无法开动，珠海市和澳门多数地区只能低压供水，且供水含氯度标准提高到 400 mg/L，澳门的个别时期甚至提高到 800 mg/L；三灶、横琴地区的供水水源主要靠平岗泵站、洪湾泵站及部分小型水库。虽供水自成体系，但自身调剂能力不足，横琴岛及三灶地区 40 多天无水供应。广州石溪水厂停产 225 h，影响水量 237 万 m^3，番禺沙湾水厂取水点咸潮强度及持续时间更是远超历年同期水平。

2004 年 12 月—2005 年 1 月 27 日，珠海（包括澳门地区）连续 32 d 无法正常取水，珠海的蓄水水库仅存 1 500 万 m^3，而且其中 700 万 m^3 蓄水的含氯度高达 500 mg/L，超生活饮用水水质标准 1 倍；澳门地区个别时期甚至将供水水质的氯化物标准提到 800 mg/L，超生活饮用水水质标准 2.2 倍，严重影响澳门特别行政区和珠海市的居民生活和社会安定。

2005 年 1 月 9—12 日，正值大潮期间，咸潮上溯直抵广州西村水厂。2005 年 1 月 11 日，广州沙湾水道三沙口氯化物含量达 8 750 mg/L，是生活饮用水标准的 35 倍，造成部分地区间歇停水，严重影响了正常的生产和生活秩序，部分群众已对咸潮感到恐慌。

咸潮还会造成地下水和土壤内的盐度升高，给农业生产带来严重影响，危害当地的植物生存，我国规定在水稻育秧期，灌溉水中要求氯化物含量应低于 600 mg/L。受高含氯度水体的影响，广州市番禺区 2004 年全区早稻面积计划完成 6.5 万亩，同比减少 2.1 万亩，近 1/3 的稻田无法下插；计划完成甘蔗面积 5.2 万亩，同比减少 0.1 万亩；计划完成常年蔬菜面积 11 万亩，同比减少 1.8 万亩。2009 年 2 月，咸潮导致江门 10 000 亩农田受损；2009 年 11 月，咸潮导致珠江河口地区农作物产量减半；2011 年 12 月，咸潮导致珠江河口地区农作物产量锐减。

1.4.3 咸潮对珠江河口地区生态环境的影响

咸潮上溯严重影响河口地区水体中营养盐的浓度与分布，间接影响该区域的生态环境。中国科学院南海海洋研究所等研究单位在 2005 年年初的咸潮期间，在广州市区河段至伶仃洋的珠江主航道上共设置了 17 个站进行取样分析。结果表明，咸潮上溯使入海河段的盐度大幅提升，下游河段的硝化过程被很大程度地抑制，硝酸盐、亚硝酸盐和铵盐含量仅表现为随入海方向逐步稀释，与历史资料相比差异明显。从营养盐含量来看，与 2004 年的数据对比显示无机氮和硅酸盐有较大程度的下降，磷酸盐含量则有一定程度的上升，N/P 值显著下降；N/Si 值则升高为原来 2～4 倍，市区河段更高。水体中营养盐结构变化显著。溶解氧含量增加，表观耗氧量降低，其平衡点上移了 18 km；受输入减少及咸潮稀释等作用的影响，广州下游入海河段的 COD 含量有一定程度的下降，但严重污染的广州市区河段水体中的 COD 含量仍保持在很高的水平，存在明显的贫氧现象。

1.5　珠江河口咸潮运动及抑咸措施研究进展

国内对河口的研究起步较晚，直到 20 世纪 80 年代才进入河口研究的兴盛时期，珠江河口咸潮上溯研究集中于近期。早期的研究主要基于实测资料对珠江河口咸潮的盐度空间分布进行分析。应铁甫、陈世光等利用 1978—1979 年的现场实测资料，研究了珠江河口伶仃洋的咸淡水混合特征。廖喜庭利用多年实测资料的含氯度的时空分布，研究了珠江河口区的咸潮活动规律。黄方等利用 1992 年冬、夏季黄茅海盐度资料，研究了盐度的平面变化、垂直变化和日平均变化特征。朱三华等通过对大量实测水文、地形和含氯度等基础资料的分析，了解珠江三角洲及其河口地形变化及含氯度变化的规律。

近年来由于原型观测技术的不断进步，实测资料得到了丰富和完备，在此基础条件之上科研人员作了更为深入和细致的研究。陈水森等基于 2004—2006 年珠江口磨刀门水道咸潮资料，建立了珠江口地区磨刀门水道咸潮入侵的经验模型，并估算出咸潮入侵最大距离。吴宏旭等基于 2003 年 7 月珠江三角洲伶仃洋河口的现场观测资料，对洪季的盐度分布及盐淡水混合特征进行分析，研究成果表明盐度受径流和潮流影响具有明显的潮周期变化，垂线平均盐度与 0.6H（水深）处盐度相关度较高，洪季大潮伶仃洋盐淡水混合类型基本为缓混合型。刘杰斌和包芸等基于磨刀门水道天河以下至挂定角水闸之间 8 个水厂（水闸）的表层盐度数据进行了分析，结果表明磨刀门水道咸界运动有半月的周期，同时上半月和下半月又不完全一致。盐水在小潮期间向上游推进，在大潮期间向下游推移，每日咸界上溯最远点发生时间要比每日最高潮时延后 5 h。包芸等对 2007—2011 年 4 个年度磨刀门水道的大量观测盐度数据进行了分析，认为丰、枯水年的 0.5‰咸界半月周期运动存在不同的典型规律，即盐水都是在小潮期间快速上溯，但丰、枯水年的盐水上溯起点位置不同。胡溪等基于 2003—2008 年的枯水期含氯度实测资料研究了磨刀门水道咸水入侵规律，认为磨刀门水道含氯度变化周期为 15 d，并提出咸潮入侵系数 K 的概念，认为当 K 小于 0.2 时咸潮入侵程度小，K 大于 0.5 时咸潮入侵严重，K 为 0.2 和 0.5 时对应上游径流的临界流量分别为 2 450 m^3/s 和 1 930 m^3/s。袁丽蓉和卢陈等基于日潮平均的盐量输运方程，利用变量分离的方法分析实测资料，对日潮平均盐通量变化的驱动力进行了研究，认为磨刀门日潮平均盐度变化主要是平流输运和重力环流输运驱动。

随着对珠江河口咸潮活动规律认识的加深，一些专家学者陆续开展了一些数值分析和理论研究：包芸等改进了基于 Backhaus 的三维斜压模式中的盐度差分方程，采用具有二阶精度的中心差分格式、加入了原模式略去的物理扩散项、在求解上采用垂向半隐式格式，使盐度数值模拟更加符合和反映真实的物理特性。珠江水利委员会科学研究所建立了珠江三角洲河网区和八大入海口门的二维潮流、泥沙和含盐度耦合联解整体数学模型，对珠江三角洲的潮流、泥沙和含盐度进行了研究。危小艳等采用平面二维水流盐度数学模型手段对珠江河口的盐通量进行了计算和分析，认为咸潮上溯在大潮期间明显比小潮更严重。

另外一些学者开始研究风、海平面变化等气象水文因素影响下的咸潮活动规律。叶林宜通过典型的调查剖析，研讨分析海平面年均上升 2 mm，到 2030 年海平面上升 0.06 m，以及对珠江三角洲潮区水利工程和咸潮的影响。孔兰等利用一维动态潮流-含氯度数学模型，计算了海平面上升对咸潮上溯的影响，认为随着海平面的上升，咸潮上溯界线向上游方向移动明显。李越等采用一维、二维联解潮流含氯度数学模型，计算了在伶仃洋水域枯季 N 向、E 向、NE 向和 SE 向 4 种风况下对广州附近水道潮量、咸界的影响程度，认为在 4 种风况下广州附近水道的潮界和咸界均呈现下移趋势。刘雪峰等分析 2009 年秋季珠江口咸潮与潮位、风场变化的关系，结果表明咸潮的发生均对应着高潮位时期且风向偏东，低潮位时期且偏北风有利于补水。苏波和刘吉等分别分析了磨刀门一般风力条件和 2008 年强台风“黑格比”风暴潮对咸潮的影响，认为在强偏北风作用下，洪湾水道是盐分输入磨刀门水道的主要通道；在一般风力条件下，交杯沙水道水体盐分输运占主导作用，偏南风则显著增加交杯沙水道盐分输运强度，而“黑格比”风暴潮期间磨刀门水体盐度变化与增水过程基本一致，“黑格比”风暴潮对磨刀门水体盐度的影响表现为突发、单峰特征。

珠江三角洲流域在 2004 年冬至 2005 年春暴发严重咸潮，特别是近年来珠江河口咸潮上溯不断加剧，引发了相关科研人员对其上溯加剧原因的思考，并由此开始关注珠江河口特别是磨刀门咸潮上溯机理。

何慎术等利用实测资料初步分析了磨刀门水道咸潮上溯的一般规律，并对咸潮入侵的影响因素进行了探讨。韩志远等对磨刀门水道不同年份地形资料和多年枯季潮位资料进行了对比分析，认为磨刀门上游河段河床的大幅下切，口门围垦整治是使得咸潮上溯的重要原因。肖莞生和陈子燊等以河口区物质平衡原理为基础，应用物质输运机理对珠江三角洲河口区盐度净输运进行了分析，认为盐度净输运主要是由斯托克斯输运和平均流输运控制，其中斯托克斯输运是导致咸潮上溯最主要的动力因素。包芸等基于 2005 年初实测资料，发现珠江上游径流量较小时，由于分流比的变化，磨刀门水道在小潮期间有两天净泄量几乎为零，从而导致涨落潮的流动状态发生显著变异，使得盐水滞留在磨刀门水道，因而造成磨刀门水道发生异常的咸潮上溯和严重的咸潮灾害。陈荣力等通过分析磨刀门水道咸潮上溯实测资料，认为潮汐动力与咸潮运动密切相关，盐度梯度力是促进水道内咸潮上溯的主要动力，径流是抑制咸潮上溯的主要动力，咸淡水混合状态随潮差变化而变化。刘杰斌等对比分析了不同年份不同上游径流对磨刀门水道盐水上溯运动规律的影响，认为上游径流量的大小只影响磨刀门水道盐水上溯运动的速度和距离远近，不改变磨刀门水道中盐水上溯运动的半月周期规律。程香菊等采用有限体积模式对珠江西四口门的咸潮上溯现象进行了模拟计算，认为垂向环流对小潮后盐度迅速上涨起到不可忽视的作用，且在垂向环流时盐水分层明显，盐度垂向梯度大；在小潮低潮位时磨刀门水道存在明显的盐水分层现象，而复杂的地形加剧了盐水混合；盐通量变化规律与盐水的上溯规律一致。

水利部珠江水利委员会（以下简称珠江委）和珠江防汛抗旱总指挥部（以下简称珠江防总）于 2005—2011 年连续 7 年组织实施了珠江压咸补淡调度，有效缓解了澳门及珠江三角洲地区供水紧张的局面。关于珠江河口的抑制咸潮上溯的有效措施，管理部门提出了“调水压咸”措施，其中有关调水压咸流量和时机是研究人员关注和争论的焦点问题。闻平等依据实测资料和现场调研，对磨刀门水道咸潮上溯进行了研究，认为影响咸潮入侵的主要因素是径流，以及有利于咸潮入侵的风向为北风-东北风，分析了磨刀门水道最小压咸流量范围为 2 200～2 700 m^3/s，平均流量为 2 450 m^3/s，最佳压咸补淡的时机为大潮转小潮期。尹小玲等分析了枯季磨刀门水道的盐度监测资料，发现咸潮半月周期内存在入侵期和退落期，在咸潮入侵强烈时上游河段一般的来流量（＜4 000 m^3/s）难以保证取水要求，控制上游增加一定的径流量只有在咸潮退落期才具有压咸实际意义；认为利用三灶站加权日最低潮位过程可初步判断咸潮入侵期与退落期，同时可利用该潮位过程曲线谷值所对应的时间预报控制上游加大流量的最佳时机起点。

总体而言，珠江河口咸潮研究主要区域集中在伶仃洋和磨刀门河口，研究主要方法为原型观测分析和数值模拟研究，研究主要问题包括咸潮入侵的时空变化规律、咸潮上溯的影响因素、咸潮入侵机理及抑制咸潮上溯的措施。

参考文献

[1] 陈文彪，陈上群，等. 珠江河口治理开发研究[M]. 北京：中国水利水电出版社，2013.

[2] 应轶甫，陈世光. 珠江口伶仃洋咸淡水混合特征[J]. 海洋学报，1983，5（1）：1-10.

[3] 廖喜庭. 珠江三角洲河口区的咸潮活动规律[J]. 人民珠江，1987（2）：31-34.

[4] 黄方，叶春池，温学良. 黄茅海盐度特征及其盐水楔活动范围[J]. 海洋通报，1994，13（2）：33-39.

[5] 朱三华，沈汉堃，林焕新，等. 珠江三角洲咸潮活动规律研究[J]. 珠江现代建设，2007，12（6）：1-7.

[6] 陈水森，方立刚，李宏丽，等. 珠江口咸潮入侵分析与经验模型——以磨刀门水道为例[J]. 水科学进展，2007，18（5）：751-755.

[7] 吴宏旭，丁士，张蔚. 珠江三角洲伶仃洋河口洪季盐水入侵规律研究[J]. 江苏科技大学学报（自然科学版），2010，25（1）：83-88.

[8] 刘杰斌，包芸. 磨刀门水道枯季盐水入侵咸界运动规律研究[J]. 中山大学学报（自然科学版），2008，47（S2）：441-446.

[9] 包芸，黄宇铭，林娟. 三分法研究丰水年和枯水年磨刀门水道咸界运动典型规律[J]. 水运力学研究与进展（A辑），2012，5：561-567.

[10] 胡溪，毛献忠. 珠江口磨刀门水道咸潮入侵规律研究[J]. 水利学报，2012，43（5）：529-536.

[11] 袁丽蓉，卢陈，余顺超，等. 磨刀门日潮平均盐度变化及驱动力分析[J]. 人民珠江（增刊），2012，33（190）：8-12.

[12] 包芸，任杰. 采用改进的盐度场数值格式模拟珠江口盐度高度分层现象[J]. 热带海洋学报，2001，20（4）：28-34.

[13] 危小艳，诸裕良，张蔚，等. 珠江河口枯季盐通量数值模拟研究[J]. 热带地理，2012，32（2）：216-222.

[14] 叶林宜. 海平面上升对珠江三角洲潮区水利工程和咸潮的影响分析[J]. 人民珠江，2005，5：43-46.

[15] 孔兰，陈晓宏，杜建，等. 基于数学模型的海平面上升对咸潮上溯的影响[J]. 自然资源学报，2010，25（7）：1097-1104.

[16] 李越，张萍. 枯季不同风向对广州附近水道咸潮影响分析[J]. 广东水利水电，2009，12：14-18.

[17] 刘雪峰，魏晓宇，蔡兵，等. 2009年秋季珠江口咸潮与风场变化的关系[J]. 广东气象，2010，32（2）：11-13.

[18] 苏波，刘吉，冯业荣，等. 磨刀门咸潮中的风效应初探[J]. 人民珠江（增刊），2012：21-24.

[19] 刘吉，苏波，何贞俊，等. “黑格比”风暴潮对磨刀门水道沿岸取水的影响[J]. 人民珠江（增刊），2012：25-27.

[20] 何慎术，钱海强. 磨刀门水道咸潮入侵规律及影响因素初步分析[J]. 人民珠江，2008（3）：18-38.

[21] 韩志远，田向平，刘峰. 珠江磨刀门水道咸潮上溯加剧的原因[J]. 海洋学研究，2010，28（6），52-59.

[22] 肖莞生，陈子燊. 珠江河口区枯季咸潮入侵与盐度输运机理分析[J]. 水文，2010，30（3）：10-21.

[23] 包芸，刘杰斌，任杰，等. 磨刀门水道盐水强烈上溯规律和动力机制研究[J]. 中国科学（G辑：物理学力学天文学），2009（10）：1527-1534 .

[24] 陈荣力，刘诚，高时友. 磨刀门水道枯季咸潮上溯规律分析[J]. 水动力学研究与进展（A辑），2011，26（3）：312-317.

[25] 刘杰斌，包芸，黄宇铭. 丰、枯水年磨刀门水道盐水上溯运动规律对比[J]. 力学学报，2010，42（6）：1098-1103.

[26] 程香菊，詹威，郭振仁，等. 珠江西四口门盐水入侵数值模拟及分析[J]. 水利学报，2012，43（5）：554-563.

[27] 闻平，陈晓宏，刘斌，等. 磨刀门水道咸潮入侵及其变异分析[J]. 水文，2007，27（3）：65-67 .

[28] 尹小玲，张红武，方红卫. 枯季磨刀门水道咸潮活动与压咸控制分析[J]. 水动力学研究与进展（A辑），2008，23（5）：554-559.

[29] 尹小玲. 基于数字流域模型的珠江补淡压咸水库调度研究[D]. 北京：清华大学，2008.

第 2 章　珠江河口咸潮上溯影响因子及变化分析

2.1　咸潮活动的主要影响因素分析

咸潮是沿海地区一种特有的季候性自然现象，一般发生在冬至到次年立春或清明期间。在咸潮发生季节，沿海地区海水通过河流倒流到内陆区域就会引起咸潮，其主要指标是内陆水域中水体的含氯度达到或超过 250 mg/L。咸潮入侵主要受淡水径流及潮汐动力作用影响，除此之外，还受河口形状、河道水深、风力风向、海平面变化等因素的影响。受太阳及月球等天体引力的影响，潮汐动力具有一定周期性，主要表现在日周期及半月周期。珠江三角洲为不规则半日潮，每日均有两次潮涨潮落过程，在每月的朔、望两日，涨潮过程中的潮水位将达最大值。涨潮时，潮汐动力将高含盐度的水体向河流方向推进，形成咸潮上溯。河口形状对咸潮上溯也有重要影响。根据有关文献研究，伶仃洋—狮子洋和黄茅海—银洲湖的断面宽度均呈指数规律向上游递减，这种河口形状非常有利于潮波辐聚。另外，河道水深加深，有利于盐水楔的活动和咸潮上溯距离增加。风对本区咸潮影响非常大。风力和风向直接影响咸潮的推进速度，若风向与海潮的方向一致可以加快其推进速度，加大其影响范围。但风力风向在各地造成的效果极不相同，如东风和东北风可加重洪湾、坦洲一带的咸害。人类活动是通过对上述因子的影响间接影响咸潮活动变化。因此，影响珠江河口咸潮上溯的主要因素有径流、潮汐、河口地形、风、波浪等。

2.1.1　径流对咸潮活动的影响

（1）径流季节变化与咸潮上溯过程

径流量大小是影响咸潮上溯的直接因素，在下游潮差相同情况下，上游径流量越大，咸潮上溯距离越短，咸潮影响越小。

由于河口上游径流呈现季节性变化，河口盐度也相应地具有季节性变化的特点：洪季径流量大，珠江河口咸潮上溯的强度小；枯季径流量小，河口咸潮上溯的强度大。由于洪、枯季节入海径流量的巨大差异，导致河口盐度在其分布、混合、扩散等运动的物理机制有所不同。以磨刀门为例，洪季，上游下泄径流量大，磨刀门水道即被淡水控制，盐度向口外递增，口外等盐线相对比较密集。与洪水期不同的是，枯水期上游下泄的径流量小，主要是入海的河口冲淡水与涨潮流带进河口湾的高盐海水在潮流、底摩擦等因素作用下的进一步混合及运动的过程。若上游没有一定的淡水径流注入，冲淡水在与海水足够长时间的持续混合下，河口区域水体的盐度会持续增加，从平面分布来看，盐度较大的水体会陆续经口门向河道上游移动。以2005年为例，4月15日后，磨刀门水道各测站均未测到咸潮，咸潮消失。2005年9月下旬，咸潮大规模侵入磨刀门水道，2006年3月16日后才完全退出，表现出与径流的明显相关性。

通过历史文献记载分析、同步水文测验分析、供水公司调查资料分析及实地踏勘和调查资料分析，不同流量条件下大潮期珠江三角洲250 mg/L含氯度变化空间分布如图2-1所示。图中西江、北江三角洲咸潮线对应流量为进入珠江三角洲的综合控制断面思贤滘流量（即马口断面加三水断面流量），东江三角洲咸潮线对应的流量为东江石龙断面加增江麒麟咀断面的流量。

从图2-1可以看出，当思贤滘流量为1 000 m^3/s时，西江、北江三角洲咸界上溯至佛山、顺德、江门附近，广州、中山、珠海全面位于咸界内，珠江三角洲各取水口将受到全面影响；当上游来水达到 5 500 m^3/s 时，咸界基本退至各取水口以下；当思贤滘流量为2 500 m^3/s时，咸潮基本不影响广州市石门、沙湾、南洲等主力水厂，不影响佛山市桂州、容奇、容里水厂和中山市全禄、大丰水厂和江门市牛筋、鑫源水厂。由此可见，径流是咸潮上溯最主要的影响因素。

（2）磨刀门水道咸潮上溯对径流变化的响应

以磨刀门咸潮活动为例，进一步介绍咸潮活动与径流量之间的关系。为避免短周期因素的影响，如风、潮汐日变化等，统计分析以天文大潮周期（半个月）为统计单元，相关变量分别为日均超标历时和上游径流量，日均超标历时为分析单元内日超标历时的算术平均值。

以磨刀门水道广昌泵站、平岗泵站为研究对象。根据所有实测资料，广昌泵站采用2001—2004年、2005—2006年，平岗泵站采用1998—2006年逐日咸度超标历时数据。上游流量为马口加三水径流量（即思贤滘净泄量），潮差代表站为三灶站。

逐日咸度超标历时与马口加三水径流量（以下简称“马+三”）存在密切关系。在1998—2006年所有枯水期中，以2005—2006年咸潮强度最大，超标历时最长，对供水安全的影响最严重。因此，以 2005—2006 年枯水期数据作为确定水量与盐度超标历时关系的主要依据，同时兼顾其他年份。逐日超标历时—“马＋三”流量关系分析成果如图 2-2和图2-3所示。根据定线成果，可以1个潮周期日均超标历时—“马＋三”流量的关系式，计算出上游不同设计流量条件下，各测咸点1个潮周期的日均超标历时数据。

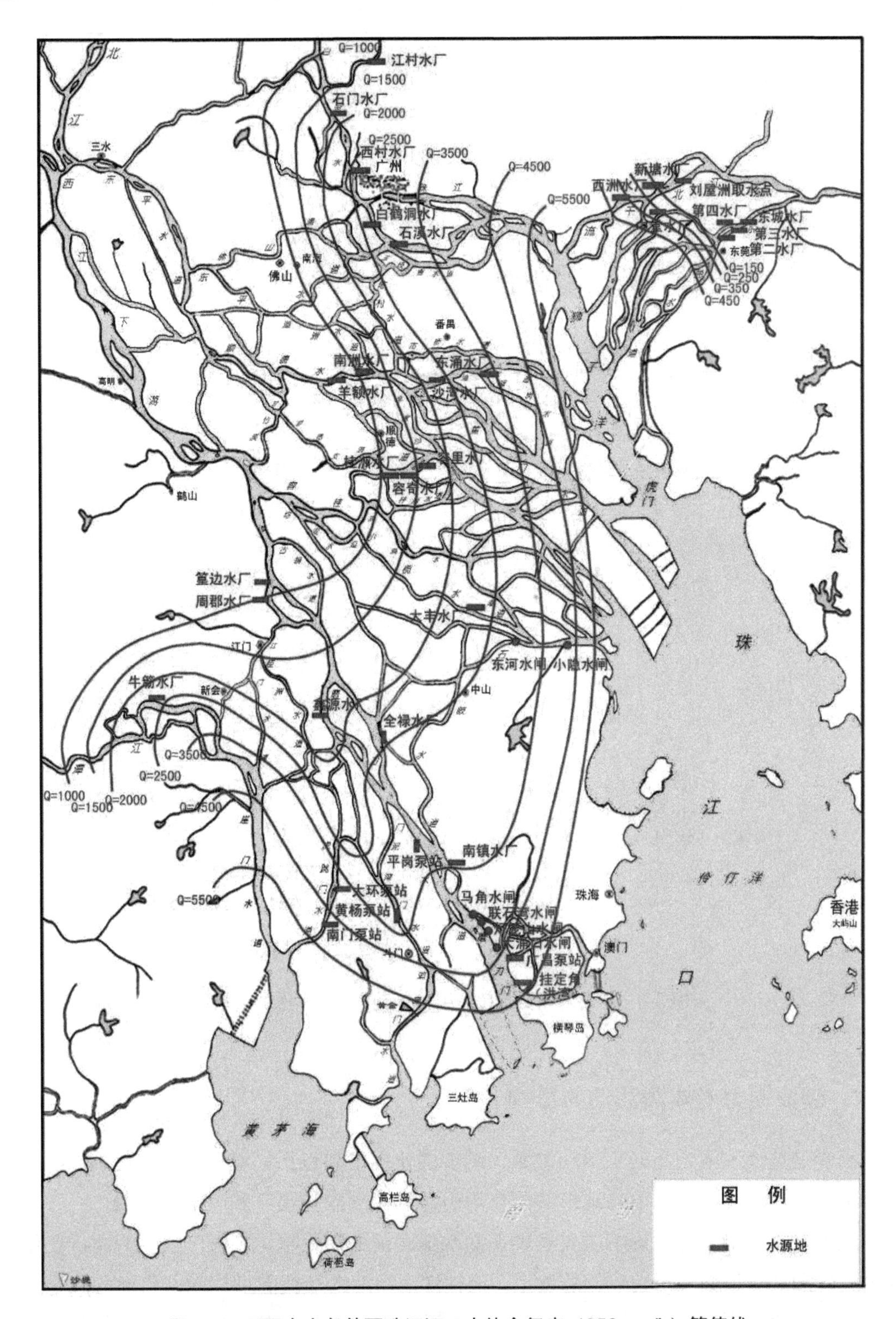

图 2-1　不同来水条件下珠江河口水体含氯度（250 mg/L）等值线

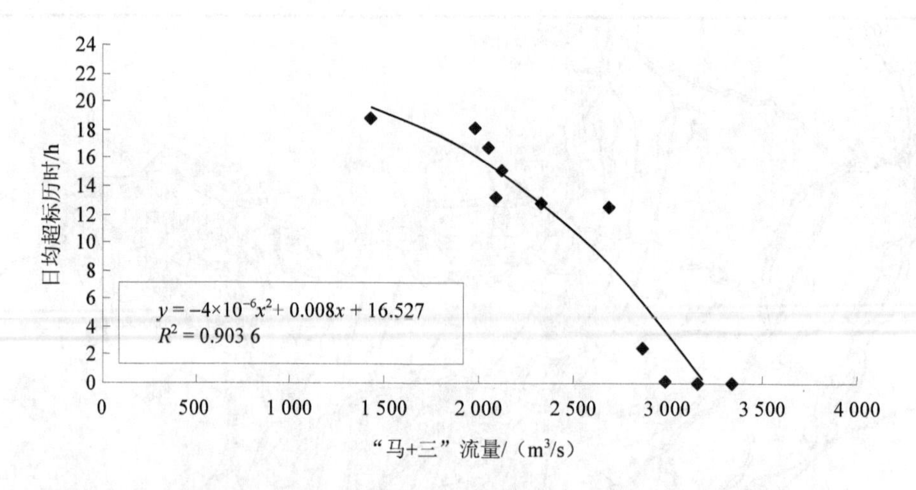

图 2-2 平岗泵站逐日超标历时与“马＋三”流量关系

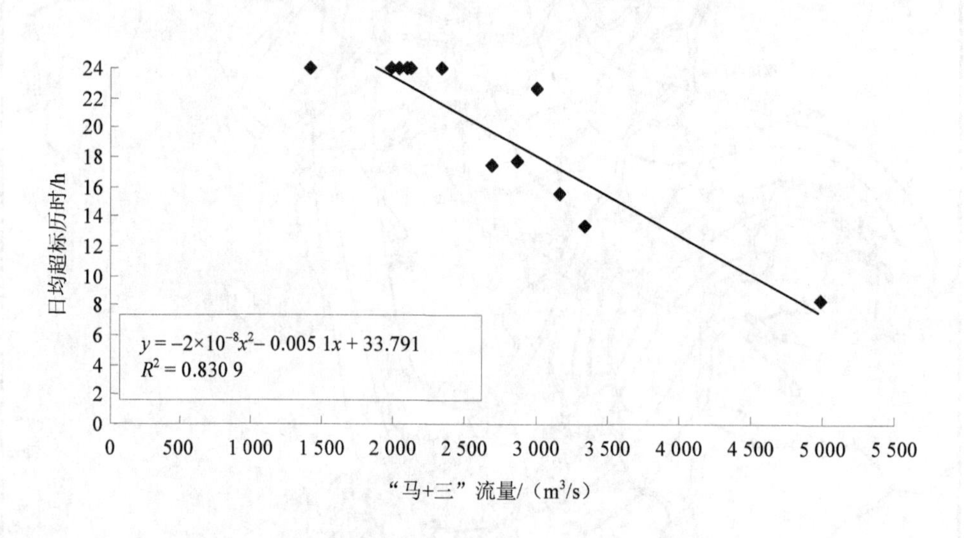

图 2-3 广昌泵站逐日超标历时与“马＋三”流量关系

2.1.2 潮汐动力对咸潮活动的影响

潮汐是盐淡水混合物的主要动力源。潮汐的作用主要包括：潮流对盐水的对流输运，潮汐引起的紊动混合，潮汐与地形共同作用引起的“潮汐捕集”和“潮汐抽吸”。

潮汐对盐度日变化的影响主要表现在盐水随潮流的对流输运。河口盐度的周日变化规律主要受潮波传播性质所控制。总体上，伶仃洋河口湾的盐度随潮位的涨落而相应增大或减小，其变化趋势和周期与潮位的变化基本一致，但略有相位差。一般来说，氯化物的最大值出现在涨憩时刻附近，最小值出现在落憩时刻附近。

珠江口各海区的盐度，还具有明显的半月周期变化，不论是洪水期还是枯水期。在上游径流量变化不大的情况下，潮汐的半月周期变化决定着盐度的半月周期变化，同一位置，大潮时盐度较高，小潮时盐度较低；在径流量变化大的情况下，盐度的月变化则受径流的控制。

河口咸潮变化随着潮汐动力的变化而变化，在半个月为周期的天文潮期中，由小潮转大潮期间含氯度明显增大，由大潮转小潮期间含氯度明显减小，而其变化在相位上较天文潮提前 3 d 左右，如图 2-4 所示。

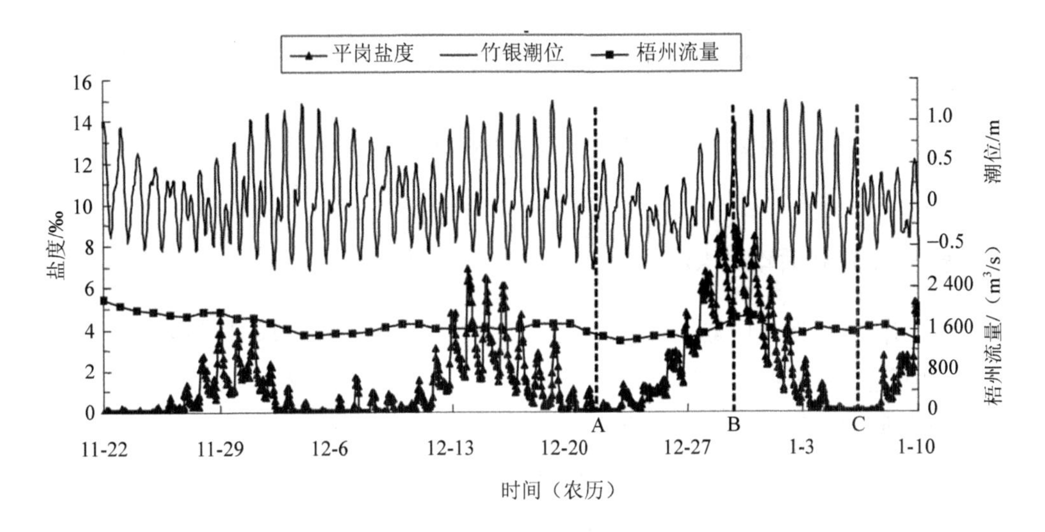

图 2-4　2005—2006 年平岗泵站含氯度、潮汐与梧州流量对照

2.1.3　风对咸潮活动的影响

风是咸潮影响因子中比较活跃的一个。不同的风力和风向直接影响咸潮的推进速度，若风向与海潮的方向一致可以加快咸潮的推进速度，加大影响范围。河口近海区的风力风向对于近海区表层水体的流场会产生影响，且会加大近海区的波浪。流场会改变口门区淡水团的移动，风浪会增加浅海区表层和深层水体的混合从而影响河口咸潮上溯。对 2004 年 12 月 5 日—2005 年 12 月 16 日磨刀门风力风向以及平岗站含氯度实测资料进行分析，发现东北风可增强磨刀门口门咸潮上溯的距离，东南风可减小咸潮上溯距离。这一发现较好地诠释了在 2005 年、2006 年两次调水后期咸潮强度加大的原因，详细情况如图 2-5 所示。

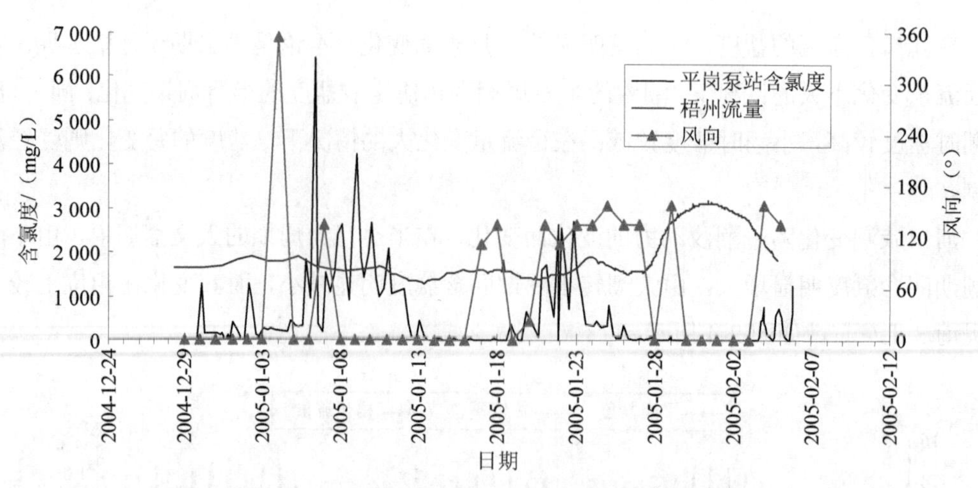

图 2-5 磨刀门风力、风向与平岗泵站含氯度变化

2.1.4 波浪对咸潮活动的影响

根据磨刀门枯水期的特点，通过对 1998—2001 年挂定角盐度、梧州流量、磨刀口门波浪实测数据进行数理统计分析，对盐度取自然对数，建立了盐度与径流量和波浪因子之间的多元线性回归方程，采用双重检验逐步回归进行处理得到：

$$\ln(S) = 7.82 - 0.001\,2Q + 2.096H \tag{2-1}$$

式中，S 表示含氯度，mg/L；Q 为流量，m^3/s；H 为波高，m；ln 为自然对数符号。

从式（2-1）中可以看出，流量与含氯度存在负相关关系，即在波高一定的情况下，流量越大，盐度越小。波浪因子与含氯度正相关，在流量一定的情况下，波高越大，含氯度越大，咸潮上溯越剧烈。图 2-6 为挂定角含氯度回归模型计算值与实测值的对比，从图中可以看出，模型计算值与实测值的总体变化趋势基本一致，可以认为，所采用的回归模型可以较好地反映水体含氯度-流量-波浪之间的多元相关关系。

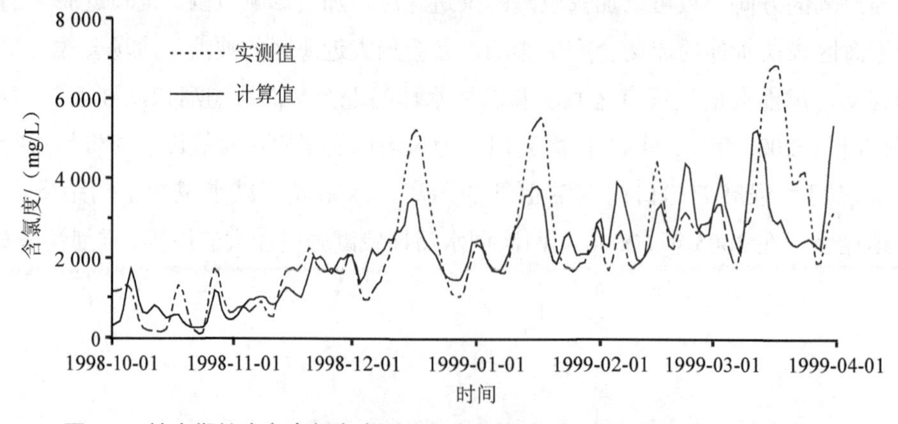

图 2-6 枯水期挂定角含氯度实测值与含氯度-流量-波浪回归模型计算值比较

2.1.5　河口地形演变对咸潮活动的影响

河口地形（包括河口河道几何形态、河道工程、水深条件、河道阻力等综合因素）也是决定咸潮上溯的关键因素。磨刀门河口枯水期外海高盐水体在潮流的作用下能更快地与河口冲淡水混合，若上游径流很小，盐水能在更短时间内上溯。

近 20 年来，由于河口地区经济的快速发展，出现大规模的河道采砂现象，造成西江、北江三角洲局部河床由总体缓慢淤积变为急剧、持续的下切，过水断面面积及河槽容积普遍增大，近期人类采砂活动对河床演变的影响远远超过自然演变。从 1985 年河道地形与 1999 年河道地形对比分析看，西江干流平均下切 0.8 m，河槽容积较 1985 年增加 18%，下切速度较大的河段主要集中在中游平沙尾—灯笼山约 94 km 长的河段；北江干流平均下切 2.8 m，容积较 1985 年增加 69%，下切速度较大的河段主要集中在上中游思贤滘—火烧头河段。从 1999 年河道地形与 2006 年河道地形对比看，西江干流平均下切 2.0 m，容积较 1985 年增加 29%，下切速度较大的为思贤滘—百顷头河段；北江干流平均下切速度 1.5 m，容积较 1985 年增加 36%，下切速度较大的为思贤滘—三槽口约 49 km 长的河段。1999—2006 年竹排沙以下河段冲淤变化较上段小，洪湾水道入口附近由微冲变微淤，拦门沙以上河道深槽变化很小。河道下切情况如图 2-7 所示。图 2-8 给出了不同水下地形条件（1985 年与 1999 年）下平岗泵站含氯度过程对比图，从图中可以看出，由于河床下切增加了三角洲河网的纳潮容积，提高了河道的泄洪能力，但同时也加重了磨刀门水道咸潮上溯程度。

2.2　珠江河口地区径流动力变化分析

珠江流域的控制性水文站有代表西江的梧州水文站、代表北江的石角水文站及代表东江的博罗水文站。梧州站是西江重要水文测站，汇水面积 32.7 万 km^2，占西江流域汇水面积的 94.6%，多年平均流量为 7 570 m^3/s。高要站也是西江的重要水文测站，汇水面积 35.2 万 km^2，占西江流域汇水面积的 99.6%，多年平均流量为 8 070 m^3/s。梧州和高要两站的径流资料能较好地反映西江下游水文情势变化。石角水文站是北江重要水文站，汇水面积为 3.8 万 km^2，占北江流域总面积的 82. 1%，多年平均流量为 1 330 m^3/s，径流资料能较好地反映北江下游水文情势变化。博罗站是东江重要水文站，汇水面积为 2.5 万 km^2，占东江流域面积的 71.7%，多年平均流量为 737 m^3/s，径流资料能较好地反映东江下游水文情势变化。

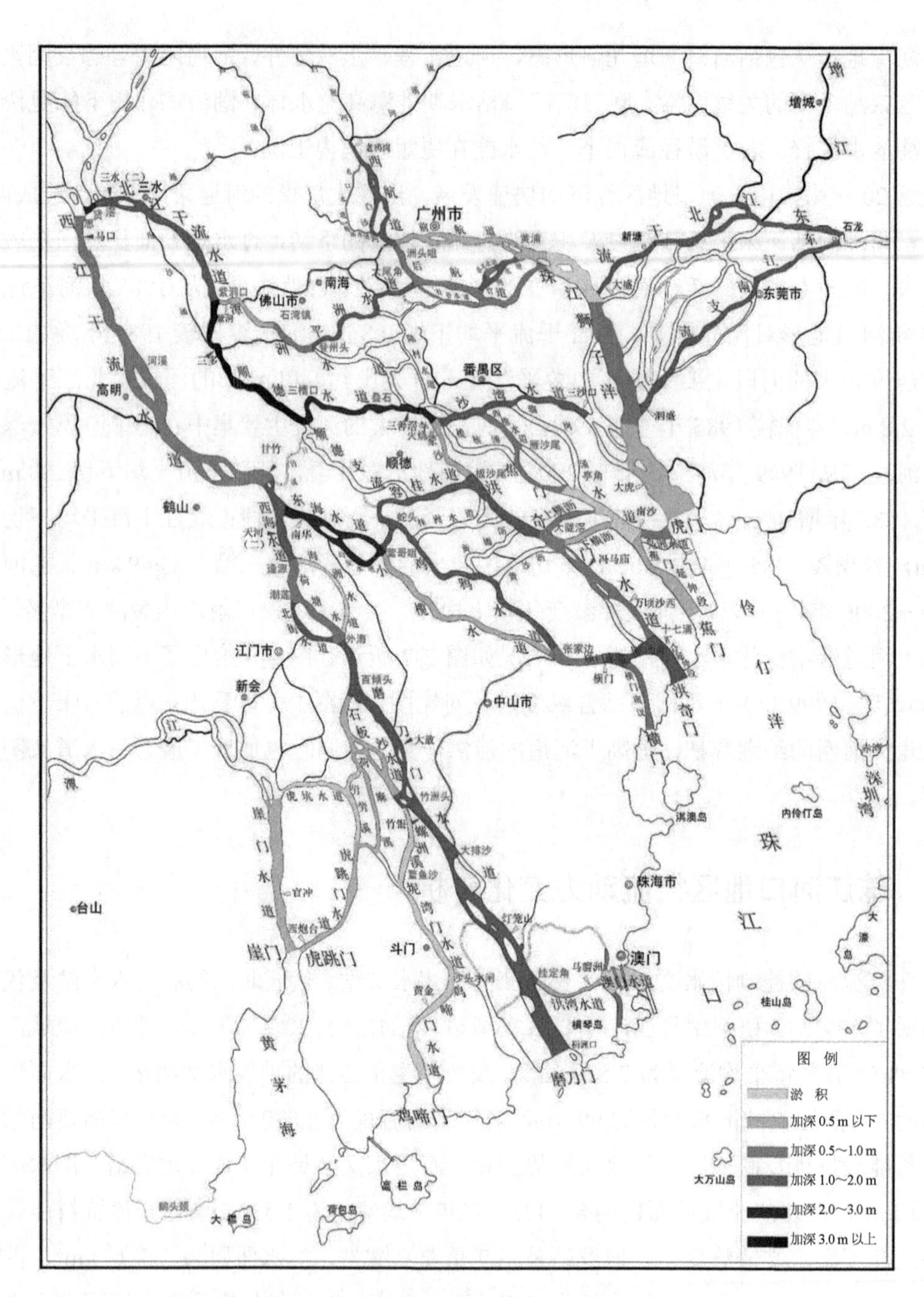

图 2-7 珠江三角洲河网区河道河床下切幅度分布平面示意

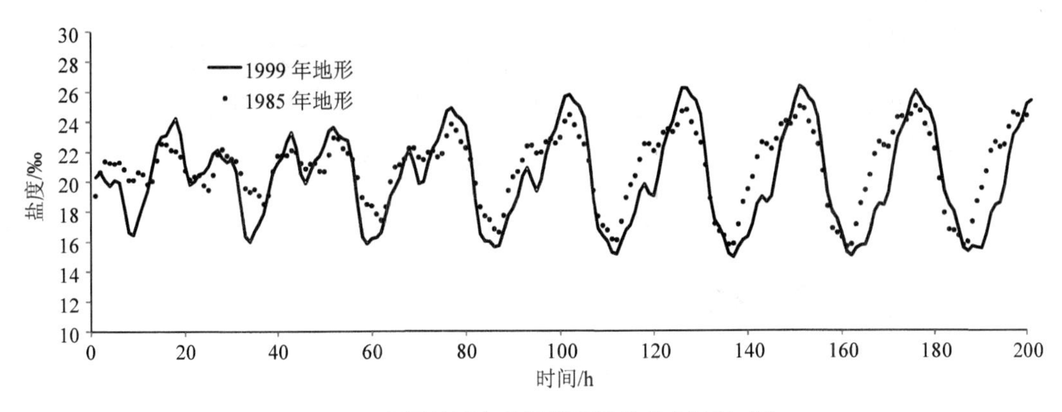

图 2-8　不同地形条件下平岗平均盐度过程对比

西江和北江径流在广东省佛山市三水区的思贤滘经过自然调节后，注入珠江三角洲网河区。马口水文站和三水水文站是西、北江进入珠江三角洲地区的主要控制水文站。东江流域相对较小，水文站点布置较少，一般以博罗站来作为东江径流进入珠江三角洲的控制水文站。

2.2.1　西、北、东江控制性水文站径流量的季节性变化

珠江流域干流的径流特征表现出明显的季节变化，即径流在年内的分配极不均匀，在汛期和非汛期各月的分配有明显的不同，各月在年内所占的百分比有较大差异。下面就多年平均条件下讨论年内径流的季节性分配，资料统计年限为 1960—2003 年。

西江下游高要、北江下游石角、东江下游博罗三站的流量在多年平均条件下的月分配见图 2-9，西江三角洲上游马口、北江三角洲上游三水及东江三角洲上游石龙三站的径流量在多年平均条件下的月分配见图 2-10、统计结果如表 2-1 所示。

由上述统计结果可见，珠江流域一般从每年 4 月始即进入汛期，降水量集中在 4—10 月，但 3 大子流域略有差异：西江高要站径流量主要集中在 5—9 月，占全年的 72.1%；北江汛期较西江早，石角站径流量主要集中在 4—9 月，占全年的 76.0%；东江博罗站径流量也集中在 4—9 月，占全年的 70.3%。北江流域、东江流域比西江流域提早 1 个月进入汛期，一般情况下在 4 月即进入汛期，而西江流域迟 1 个月即 5 月才进入汛期。北江流域以 4 月、5 月、6 月共 3 个月的径流量最为集中，占全年的 47.9%，6 月是全年月分配的高峰值，为 18.2%；东江流域和西江流域均以 6 月、7 月、8 月共 3 个月的径流量最为集中，分别占全年的 40%和 50.9%，东江在 6 月达全年月分配之峰值，达 16%，西江则以 7 月达全年的峰值，为 18.7%。由此可见，汛期最大径流量的 3 个月以西江的来水最为集中，北江次之，东江的集中程度最低。

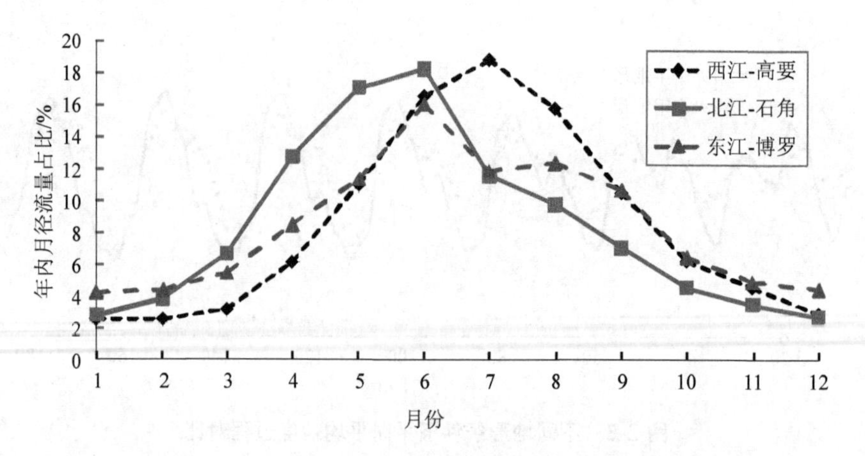

图 2-9 西江、北江和东江下游代表性站点的流量逐月分配

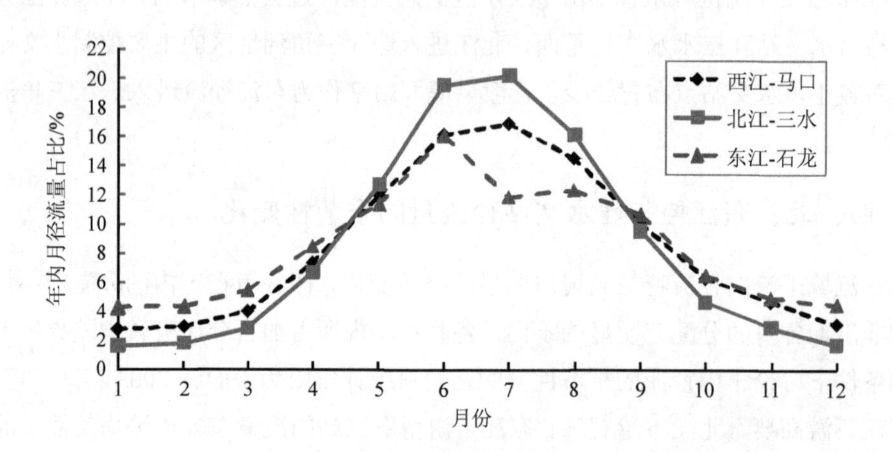

图 2-10 西江、北江和东江三角洲上游代表性站点的流量逐月分配

表 2-1 珠江流域代表性水文站流量逐月分配 单位：%

站名	月份											
	1	2	3	4	5	6	7	8	9	10	11	12
高要	2.5	2.5	3.1	6.1	10.9	16.5	18.7	15.7	10.4	6.2	4.5	2.9
石角	2.8	3.8	6.6	12.7	17.0	18.2	11.5	9.7	7.0	4.5	3.5	2.7
博罗	4.2	4.3	5.4	8.4	11.3	16.0	11.8	12.3	10.6	6.4	4.9	4.4
马口	2.7	2.9	3.9	7.3	11.9	16.1	16.8	14.5	10.0	6.2	4.6	3.1
三水	1.6	1.8	2.8	6.6	12.7	19.4	20.1	16.1	9.5	4.6	2.9	1.7

西、北江下游进入珠江三角洲网河区后，汛期径流量在各月分配较西、北江干流相对均匀和相对平缓，峰态趋于偏平；西江马口站 4 月的来水分配值比干流的高要站大，是由于北江较早进入汛期，北江水位较西江水位高，致使北江来水经思贤滘向西江分水。西江高要、马口站最枯月出现在 1 月，北江石角站则出现在 12 月，而三水站与西江类似出现在 1 月，与枯水期西江水过滘有关。

2.2.2　径流量的年际变化

珠江流域汇水总面积约为 45.4 万 km^2，各子流域特性如表 2-2 所示，其中西江流域占比 77.8%、北江流域占比 10.3%、东江流域占比 5.96%，因此珠江流域径流量以西江为主。首先以西江下游的梧州站为研究对象，分析其全年径流及枯季径流的年际变化情况，统计时段为 1950—2015 年，具体变化情况如图 2-11 所示。在统计时段内年内枯季径流量与年内总径流量之比在 0.1～0.758 浮动，多年平均枯季径流量大约是多年平均径流量的 0.31 倍，与西江高要站径流量主要集中在 5—9 月，洪季占全年的 72.1%，枯季占全年的 29.9%基本一致。

表 2-2　珠江流域及其主要子流域主要参数特性

流域名称	水系长度/km	流域面积/km^2	备注
珠江	2 320	453 690	河长指从西江源头至入海口的最长距离
西江	2 075	353 120	河长指从西江源头至思贤滘的距离
北江	468	46 710	河长指从北江源头至思贤滘的距离
东江	520	27 040	河长指从东江源头至石龙的距离

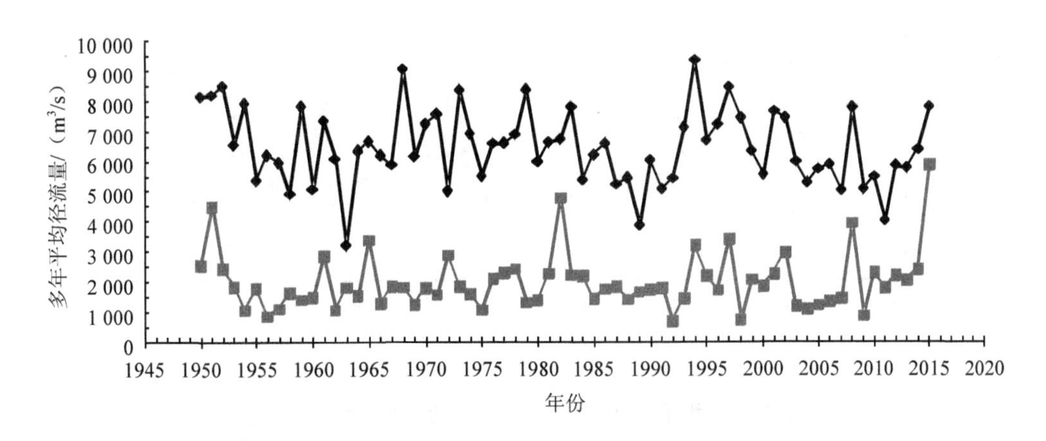

图 2-11　西江梧州站的年总径流量和枯季径流量逐年分配

通过多项式光滑，可以看出1950—2015年，年际径流分为3个丰水年-枯水年的循环周期，第一个周期是1950—1967年，第二个周期是1968—1993年，第三个周期是1994—2014年，如图2-12所示。

枯季径流量则分成2个丰水年-枯水年循环周期，第一个周期是1951—1981年，第二个周期是1982—2014年，如图2-13所示。珠江河口咸潮问题严重的1955年、1960年、1963年、1970年、1977年、1993年、1999年、2004年、2005年枯季，以及2006年9月—2015年珠江委实施枯季水量调度的年份都在图2-13的“W”形的波谷位置。北江、东江枯季径流量的分布与西江类似，但有所差别。

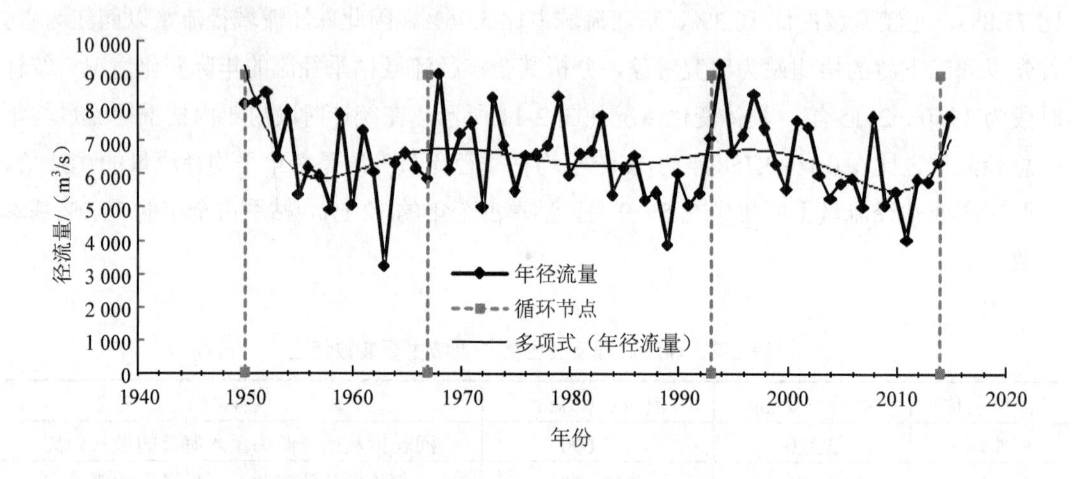

图2-12 西江梧州站的年总径流量和循环周期示意

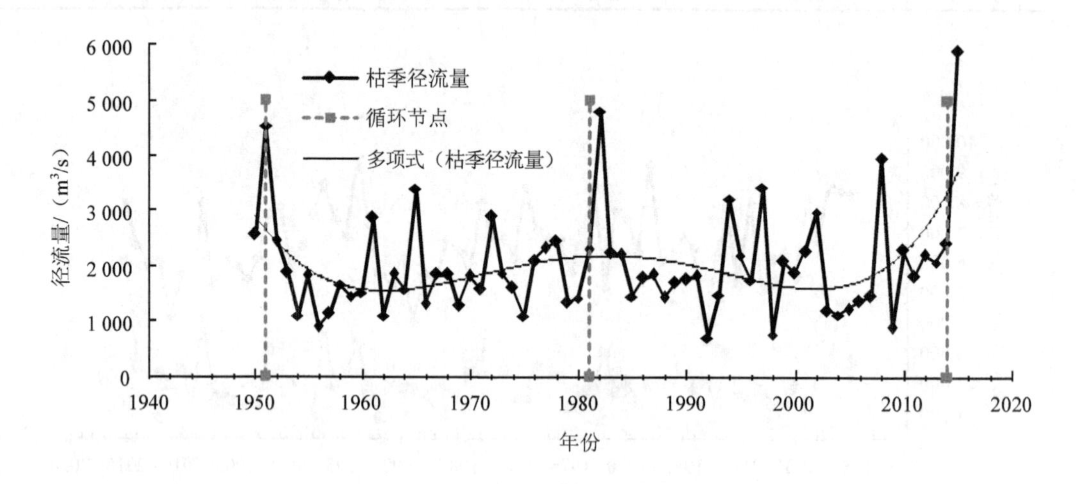

图2-13 西江梧州站的年内枯季径流量和循环周期示意

2.3 潮汐动力分析

珠江八大出口潮汐为不规则半日潮，在一个太阴日里（约 24 h 50 min），出现两次高潮，两次低潮，但潮差和涨、落潮历时不等，月内有朔、望（初一、十五）大潮和上、下弦（初八、二十三）小潮，约 15 d 为一个周期。此外还有月周期和年周期，以及由于月球近地点和黄白交点变化，所产生的 8.85 年和 18.61 年的长周期变化。

珠江河口的潮流界、潮区界由于受径流和潮流的共同作用，变化较大，一般情况西江潮流界移动范围为 160 km，潮区界 245 km，北江的潮流移动范围小一些。东江的潮流移动范围最短，但是近年来其移动范围逐渐增大，主要是受地形变化影响。

据统计珠江八大口门的多年平均涨潮量为 3 763 万亿 m^3，落潮量为 7 023 亿 m^3、净泄量为 3 260 亿 m^3，其中虎门、崖门的山潮比分别为 0.38、024，属潮控型河口，磨刀门山潮比为 6.22，为河控型河口，其余 5 个门为过渡型河口，八大口门总体属弱潮型河口。

八大口门潮位（国家 1985 高程）多年平均高高潮 1.2～1.4 m，低低潮 0.2～0.4 m；潮差多年平均为 1～2 m。以虎门为例，最大涨潮差多年平均为 2.60 m，最大为 3.17 m；最大落潮差多年平均为 3.19 m，最大为 3.58 m，多年平均潮差 1.6 m。

珠江口河口湾的潮汐。其潮流性质比值（$H_{K1}+H_{O1}$）/H_{M2} 为 0.94～1.77，属不正规半日潮类型。它的变化特征是：在一个太阴日中，潮汐相邻的两个高潮或低潮的潮高不等。呈现日潮不等现象。回归潮期间有个别天数形成日潮，最大日潮潮高 216 cm；分点潮期间相邻两个高潮的潮高差几乎为 0。

珠江口河口湾的潮流特征。据珠江口水域实测的主要分潮的调和常数，推算分析结果是：潮流性质比值（$H_{K1}+H_{O1}$）/H_{M2}=1.61，此值介于 0.5～2.0，这表明珠江口水域的潮流为不正规半日潮型。珠江口水域的落潮时与涨潮时的时间差平均为 52.5 min。由该水域 $2\,g_{M2}-g_{M4}=172.8^{\circ}$，可推算出珠江口水域的落潮时间为 6 h 13.5 min，涨潮时间为 6 h 11.5 min，涨落潮历时相差不多，但河口湾落潮受还流下泄的影响，往往落潮时较涨潮时会更长些。

珠江口水域的平均高潮间隙为 9 h 9 min，平均低潮间隙为 2 h 57 min。珠江口水域的半日潮龄为 22.8 h，全日潮龄为 128.6 h，全日潮龄为 5 d 多。珠江口水域半日潮的平均潮差为 94.2 cm，而引入浅海分潮的影响，校正值为 1.33 cm，经订正后的平均潮差为 92.9 cm。珠江口水域半日潮平均大潮差为 119.2 cm；半日潮平均小潮差为 59.6 cm。珠江口水域半日潮的半日潮同潮时，计算结果为 4 h 18 min，因以 120°E 中天时为起算，所以同潮时为 12 h 18 min。珠江口水域的平均大潮升在深度基准面上高度为 310.8 cm；平均小潮升为 281 cm。深度基准面在平均海面下 250 cm。以上列举的非调和常数清楚表明了珠江口水域的潮汐特征值。

2.3.1 潮位统计分析

（1）高高潮位变化

统计成果表明，20 世纪 50—90 年代，珠江河口的八大口门高高潮位普遍上升 15 cm 左右。虎门上升的幅度最小，约 10 cm，洪奇门上升幅度最大，约 37 cm，东四门平均上升 19 cm，而西四门平均上升 23 cm（表 2-3）。口门的高高潮位上升的幅度与三角洲网河区高高潮上升幅度是一致的，整个三角洲网河区平均高高潮位上升了约 22 cm，这说明口门的潮位变化与三角洲潮位的变化是密切相关的。

（2）低低潮位变化

珠江河口八大口门低低潮位变化与高高潮位变化的趋势是一致的，呈逐年上升之势，20 世纪 60—90 年代，河口区的低低潮位平均上升 15 cm，其中东四门上升的较为显著，平均为 25 cm，西四门上升的幅度较小，平均约 7 cm。东四门的蕉门、洪奇门低低潮位抬升的幅度最大，分别升高 54 cm、20 cm，西四门的虎跳门微降 3 cm（表 2-3）。

表 2-3 珠江河口八大口门高高潮位、低低潮位的变化　　单位：m

潮位	年代	站名							
		虎门 黄埔	蕉门 南沙	洪奇门 万顷沙西	横门 横门	磨刀门 灯笼山	鸡啼门 黄金	虎跳门 西炮台	崖门 黄涌
高潮位	60	2.66	2.58	2.45	2.55	2.37	2.25	2.37*	2.26*
	90	2.76	2.73	2.82	2.72	2.57	2.47	2.56	2.57
低潮位	60	−1.07	−0.95	−0.55	−0.37	−0.25	−0.59	−0.64	−0.87
	90	−0.95	−0.41	−0.35	−0.23	−0.23	−0.50	−0.67	−0.73

注：①带*者为 20 世纪 50 年代的统计数；②统计时期为 20 世纪。

（3）枯季潮位变化

20 世纪 60—90 年代，珠江河口各口门的枯水期（10 月—翌年 3 月）潮位变化相对汛期变化幅度较小，但抬升的趋势是相同的，只是升高的幅度小，平均高潮位上升约 5 cm，平均低潮位上升约 9 cm，其中东四门平均高潮位上升 4 cm，低潮位上升幅约 14 cm，西四门平均高潮位上升 5 cm，低潮位上升 4 cm。口门中平均高潮位升幅较大的鸡啼门、横门，分别为 12 cm、8 cm，蕉门略有下降；平均低潮位变幅较大有洪奇门、蕉门，上升 14 cm，横门上升幅度也较大，为 13 cm，鸡啼门略有下降（表 2-4）。

表 2-4　不同时期口门潮位统计　单位：m

潮位平均	年代	站名						
		虎门 黄埔	蕉门 南沙	洪奇门 万顷沙西	横门 横门	磨刀门 灯笼山	鸡啼门 黄金	崖门 黄涌
高	60	1.39	1.31	1.27	1.23	1.11	1.04	1.22
	90	1.42	1.30	1.32	1.14	1.14	1.16	1.23
低	60	−0.24	−0.06	0.04	0.19	0.19	0.10	0.03
	90	−0.18	0.08	0.18	0.26	0.26	0.09	0.02

注：统计时期为 20 世纪。

2.3.2　潮差变化统计分析

珠江河口八大口门及其附近海区，潮差以磨刀门为中心向东、西两侧递增，即向黄茅海、内伶汀洋潮差逐渐增大，其中，虎门、蕉门、崖门的潮差最大，磨刀门最小。

20 世纪 60—90 年代，八大口门的潮差普遍减小，整体平均涨潮差减少 5 cm，平均落潮差减少 4 cm，东四门平均涨潮差、落潮差分别减少 7 cm、5 cm，而西四门 20 世纪 60—70 年代平均涨、落潮差增加 5 cm，70—90 年代平均涨、落潮差没有变化。八大口门中蕉门和洪奇门平均涨、落潮差变化最大，涨潮差分别减少 33 cm、11 cm，落潮差分别减少 14 cm、8 cm，相反鸡啼门潮差增加，平均涨、落潮差都增加了 14 cm，虎跳门略有增加，其他口门持平或者略有减小（表 2-5）。

表 2-5　不同时期口门潮差统计

潮差	年代	站名						
		虎门 黄埔	蕉门 南沙	洪奇门 万顷沙西	横门 横门	磨刀门 灯笼山	鸡啼门 黄金	崖门 黄涌
涨潮	60	1.63	1.52	1.21	1.09	0.86	0.83	1.24
	90	1.61	1.19	1.10	1.03	0.83	1.02	1.22
落潮	60	1.63	1.50	1.18	1.37	0.85	0.88	1.22
	90	1.61	1.35	1.10	1.03	0.83	1.02	1.22

注：统计时期为 20 世纪。

2.3.3　涨、落潮历时变化统计分析

珠江三角洲的潮汐属不规则半日潮，每一个半日潮历时 12 h 25 min。口门潮位站多年平均涨潮历时 5 h 左右，平均落潮 7 h 左右，落潮与涨潮历时多年平均比值（a）在 1.15～1.40。八大口门中多年平均涨潮历时最短是虎跳门西炮台站，为 5 h 4 min，落潮历时 7 h

20 min，相应的比值 a=1.46，为八大口门之最。多年平均涨潮历时最长是鸡啼门黄金站 5 h 50 min，落潮历时 6 h 43 min，相应的 a 值最小为 1.15。

口门涨、落潮历时，20 世纪 60—90 年代变化较大，总的趋势是涨潮历时减少，相应落潮历时增加，比值 a 增大，口门区 a 值从 20 世纪 60 年代的 1.25 增加到 1.39，增幅 11%，东四口门比值从 1.28 增大到 1.39，西四门从 1.21 增大到 1.39，其中鸡啼门黄金站 a 值增幅最大，从 0.89 增加到 1.34，增幅 0.45，增加 50%。

2.3.4 潮量变化统计分析

根据 20 世纪 80 年代统计的潮量特征值与近期利用数学模型计算典型的水文条件（上边界为多年平均入流量，下边界为中潮情况时的流量）下的八大口门的潮量特征值，两者进行比较，分析其变化。

20 世纪 80 年代计算分析的多年平均涨潮量：东四门占 75.6%，西四门占 24.4%；落潮量：东四门占 65.3%，西四门占 34.7%；净泄量：东四门占 53.5%，西四门占 46.5%。

近期（20 世纪 90 年代末）计算潮量特征值，涨潮量：东四门占 67.4%，西四门占 32.6%；落潮量：东四门占 64.8%，西四门占 35.2%；净泄量：东四门占 63.5%、西四门占 36.5%。

计算分析的结果表明，20 世纪 80—90 年代口门潮量分配变化很大，涨潮量：90 年代东四门分配比例下降，减少 8.2%，其中虎门减少的较多，约 3.9%，西四门相应增加了 8.2%，其中磨刀门增加最多，约 3.7%；落潮量：80—90 年代各占的比例变化不大，但是虎门和磨刀门变化较大，虎门占的比例减少 6.1%，磨刀门占的比例增加 4.2%，洪奇门、横门、崖门有不同程度增加，蕉门、鸡啼门、虎跳门有所减少。净泄量：东四门有较大幅度的增加，约增加了 10%，其中虎门增幅最大，约为 6.6%，洪奇门、横门都分别增加了 4.9%、3.3%，而蕉门减少了 4.8%。西四门占的比例减少了 10%，西四门所有的口门净泄量都在减少，最大的是磨刀门，减少了 3.4%，其余口门减少了 1.2%～3.2%。

2.4 珠江河口地形变化分析

现代珠江三角洲在古海湾头的淤积发展十分缓慢，在公元前 6000 年—公元前 2500 年的历史长河里基本上仅限于湾顶区域发生淤积充填，见图 2-14，珠江三角洲的“围田区”大致与此范围相吻合。自秦汉始岭南逐渐开发和流域输沙量加大后，现代珠江三角洲才明显地向海突伸发展，这就是现代珠江三角洲的“沙田”区的出现。唐、宋以后“沙田”淤积发展加快，明、清时期外伸速度每年达数十米，现今向海延伸的速度平均每年超过 100 m。因此现代珠江三角洲的发展有两个不同的阶段：早期长时间停滞或缓慢淤积的阶段和近 2 000 年来的快速淤积发展阶段。

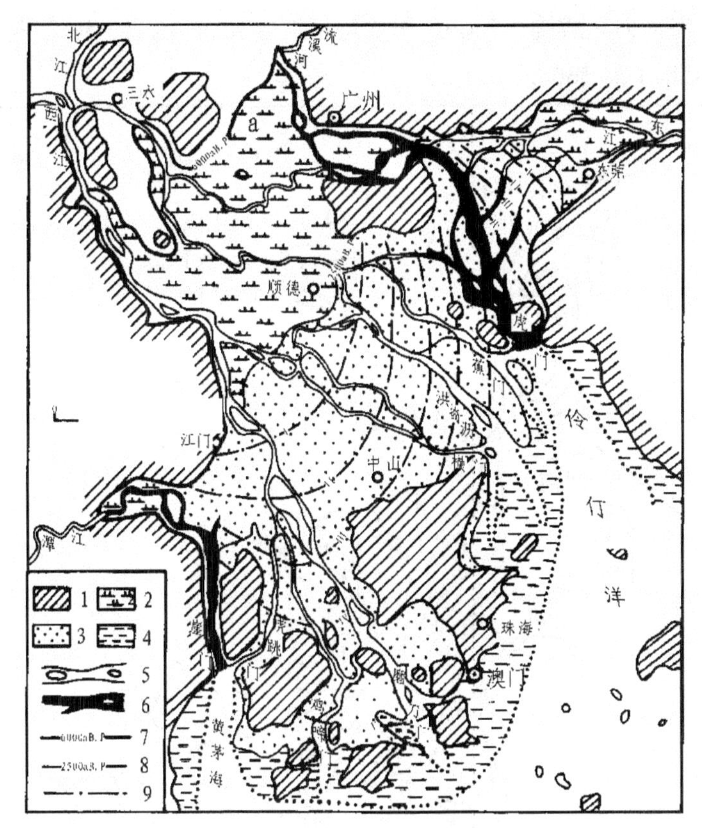

1. 丘陵；2. 早期三角洲；3. 晚期三角洲；4. 水下三角洲（浅滩）；5. 河道；6. 潮道；

7. 6000aB.P 海侵边界线；8. 2500aB.P 左海岸线；9. 等淤积线

图 2-14　现代珠江三角洲发展过程

珠江河口磨刀门和伶仃洋水域紧邻澳门、珠海、中山、广州、江门等城市，地理位置比较重要，受咸潮影响较大，咸潮对城市供水安全危害也较大，当前国内有关珠江河口的咸潮上溯研究主要集中在伶仃洋和磨刀门两大口门区。由于来水来沙量较大，而且地理位置较重要，磨刀门和伶仃洋水域水下地形变化较大。

2.4.1　磨刀门河口发育演变

（1）口门的历史变迁

根据历史文献记载，大约在 7 世纪，西江河口在天河附近，宋初（公元 960 年）才发展到外海，明初（公元 1368 年）到竹洲，17 世纪到达大排沙，18 世纪末发展到竹排沙附近，1900 年灯笼沙出露。1913 年灯笼沙发展到东三围，这期间河口相继形成了大排沙与竹排沙，并分出天生河汊道，1946 年发展到东六围，1962 年发展到东七围，20 世纪中期才移到现今的磨刀门位置（图 2-15）。磨刀门水道在 20 年内由北向南延长 7.5 km，平均每年延长 107 m，海湾向东成围 1.7 km，平均每年扩展 85 m，大约 50 年期间围田向西扩展约 8 km，平均每年扩展 160 m。

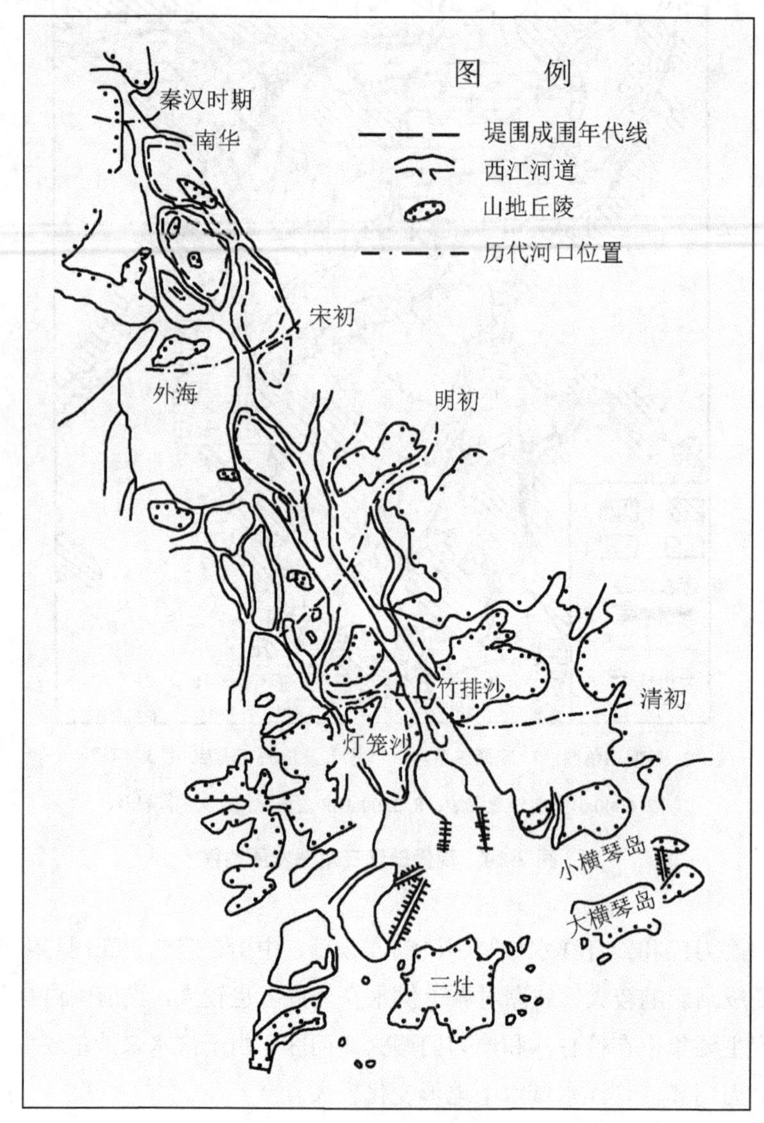

图 2-15 磨刀门河口历史变迁

对比 1938 年、1946 年、1964 年和 1971 年等深线的变化，还可见磨刀门海区整治前的演变基本趋势。

①海区浅滩面积不断扩展。在内海区，–2 m 等深线以内的浅滩，1946 年出露的只有灯沙尾和西后浅滩，到了 20 世纪 60 年代，浅滩面积扩展到约占内海区面积的 72%，70 年代扩展到 83%，年淤厚率为 1～3 cm；与此同时，外海区的淤积也不断增强；在–10 m 等深线范围内，1946 年浅滩面积只占总面积的 1.7%，1964 年扩展至 10%，1971 年又扩展到 22.7%。

②内海区入海水道–5 m 等深线以深的深槽不断地萎缩，横洲水道深槽在缩窄，其向外海方向的长度也在缩短，但始终保持一条较顺直的深槽；龙屎窟水道深槽不断地萎缩，已接近衰亡；洪湾水道深槽在淤高变浅，其进、出口逐渐淤出两块心滩，前者使进口河道曲率增大，后者左侧有一条涨潮冲刷沟，右侧为落潮冲刷沟。

③拦门沙前缘不断向口外延伸。从–5 m 和–10 m 处等深线变化可见，拦门沙外延速率 1964—1971 年比 1946—1964 年有明显的加快。

（2）整治后近期冲淤演变分析

磨刀门内海区自 1984 年 3 月开始进行整治，至今除白龙河西片未成围外，已按工程的规划设计基本完成，但围内整治还未全部完成。整治后磨刀门内海区已不复存在，西江水流经灯笼山下泄后，分为磨刀门水道、洪湾水道和白龙河分流入海，其中磨刀门水道是泄洪纳潮的主干道，河道受东、西治导堤的约束，河宽为 2 200～2 300 m；洪湾水道受南、北治导堤约束，河宽为 500 m，成为一条规则的水道，分泄部分洪水和接纳经澳门水道上溯的潮流；白龙河则主要为排水通道，承泄白藤湖垦区及白蕉联围界河水闸的排水。

①岸线变化分析

选取 1978 年、1988 年、1992 年、1995 年、1999 年、2003 年共 6 年的河道地形资料进行统计分析，其岸线变化如图 2-16 所示，围垦的面积与岸线向外伸长的情况如表 2-6 所示。

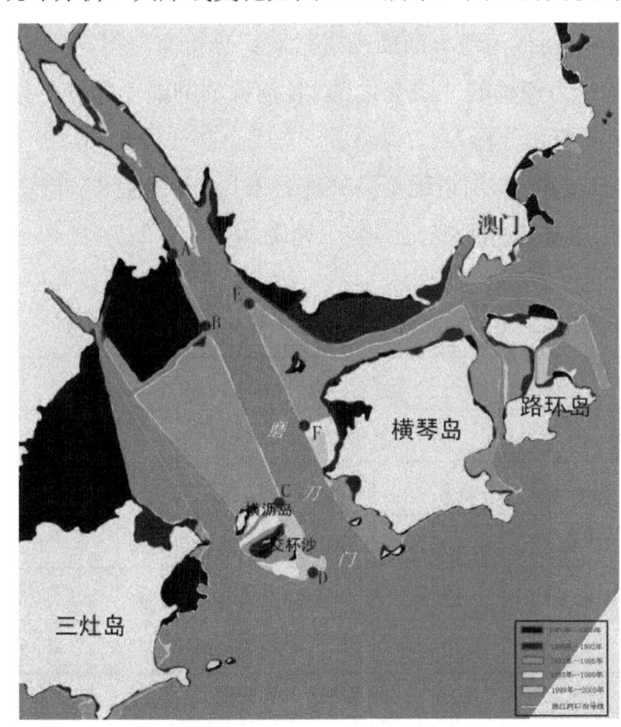

（A-B）为图 2-16 中点 A 到点 B 的距离
（B-C）为点 B 到点 C 的距离
（C-D）为点 C 到点 D 的距离
（E-F）为点 E 到点 F 的距离

图 2-16　磨刀门岸线变化对比

由图可见，磨刀门水道已形成一主一支格局；由表2-6可知，1978—2003年磨刀门河口向海延伸了约16.5 km，磨刀门附近水域围垦面积约150 km^2。

表2-6 磨刀门近岸围垦面积与岸线向外伸长统计

地理位置	1978—1988年	1988—1992年	1992—1995年	1995—1999年	1999—2003年	1978—2003年
三灶岛及三灶湾片围垦面积/km^2	38.420	2.904	2.642	2.525	0	46.492
鹤洲北垦区、鹤洲南片及交杯沙围垦面积/km^2	17.875	0.835	30.511	2.298	2.847	54.366
鹤洲北垦区、鹤洲南片及交杯沙向外海延伸长度/km	3.753（A-B）	0	8.999（B-C）	0	3.714（C-D）	16.466
洪湾北片围垦面积/km^2	2.886	10.646	0.48	0	0	14.012
横琴岛填海围垦面积/km^2	2.887	3.129	27.270	1.905	0	35.191
横琴岛西岸向北延伸长度/km	0	0	6.378（F-E）	0	0	6.378

②滩槽冲淤变化分析

滩槽冲淤变化由历年实测河道地形图或河道大断面图进行对比分析而获得，现以–2 m高程作为浅滩的冲淤变化，以0高程作为深槽的冲淤变化，对各河段的冲淤变化分析如下。

A. 灯笼山—横洲口河段滩槽冲淤变化分析

根据资料的情况，采用1983年及2000年河道地形资料进行对比分析，1983年作为工程前的地形，分析其到2000年经历17年后冲淤变化情况，见表2-7。

表2-7 灯笼山—横洲口1983—2000年河道冲淤变化

河段	容积变化				年均冲淤厚度/cm	
	冲淤总量/万m^3		年均冲淤量/万m^3			
	0高程	–2 m高程	0高程	–2 m高程	0高程	–2 m高程
灯笼山—洪湾口	–1 751.69	–1 786.52	–103.04	–105.09	–7.0	–10.5
洪湾口—横洲口	–2 084.49	–1 951.82	–122.62	–114.81	–6.0	–11.7
灯笼山—横洲口	–3 836.16	–3 738.33	–225.66	–219.9	–6.4	–11.1

注：①表中“+”为淤积，“–”为冲刷；②表中数据来自珠江水利委员会勘测设计研究院。

由表 2-7 可见，1983—2000 年的 17 年间，整治工程后灯笼山—横洲口河段 0 高程的深槽普遍发生了冲刷，年均冲刷量为 3 836.16 万 m^3，年均冲刷厚度为 6.4 cm，其中上段灯笼山—洪湾口的年均冲刷量为 103.04 万 m^3，年均冲刷厚度为 7.0 cm；下段洪湾口—横洲口的年均冲刷量为 122.62 万 m^3，年均冲刷厚度为 6.0 m，上段冲深大于下段。整治工程后引起深槽的冲刷也出自前述原因，也是必然的。

由表 2-7 可见，1983—2000 年的 17 年间，磨刀门海区整治工程后灯笼山—横洲口河段–2 m 高程的滩面普遍发生了冲刷，年均冲刷量为 219.90 万 m^3，年均冲刷厚度为 11.1 cm，其中灯笼山—洪湾口的上段年冲刷量为 105.09 万 m^3，年冲刷厚度为 10.5 cm；洪湾口—横洲口的下段年均冲刷量为 114.81 万 m^3，年均冲刷厚度为 11.7 cm，下段冲刷大于上段。由于整治后河道束窄，水流流速加大，浅滩发生冲刷是必然的。

B. 洪湾水道—澳门附近水域滩槽冲淤变化分析

洪湾水道—澳门附近水域从同益围至澳门国际机场全长为 16.58 km，分成洪湾水道、汇流区、澳门水道 3 个河段进行分析。限于资料条件，洪湾水道采用 1983 年及 1996 年河道地形资料进行对比分析；汇流区采用 1985 年及 1995 年河道地形资料进行对比分析；澳门水道采用 1982 年及 1995 年河道地形资料进行对比分析。仍以–2 m 高程作为浅滩的冲淤变化，以 0 高程作为深槽的冲淤变化，现对各河段的滩槽冲淤变化分析如下。

a. 洪湾水道滩槽冲淤变化。洪湾水道在磨刀门整治工程前是一条外形宽阔、不断淤积的水道，整治后成为一条宽 500 m 的规则水道。对比 1983 年与 1997 年实测河道地形图，工程前 6 年间 0 高程以下总淤积量为 640 万 m^3，年均淤积量为 107 万 m^3，年均淤积厚度为 3.9 cm。整治工程后采用 1996 年与 1993 年实测河道地形图对比，3 年间 0 高程以下容积共增加 62 万 m^3，年均增加容积为 20.5 万 m^3，年均冲刷厚度 4.2 cm。其中，上段由整治前的淤积变为冲刷，年均冲深厚度 24.5 cm；而下段由于马骝洲以下河道展宽，水流突然扩散而产生河床淤积，年均淤厚 15.0 cm。–2 m 高程处的浅滩 3 年间容积增加 91 万 m^3，年均为 30.3 万 m^3，年均冲刷厚度为 6.16 cm。由此可见，整治后除马骝洲以下河段为淤积外，洪湾水道的其他河段，其滩槽均处于冲刷状态。

b. 汇流区滩槽冲淤变化。汇流区由于河道宽阔，水流分散，径潮流相互作用，人为围垦造地，以及挖沙筑堤和航道浚深等影响，形成滩淤槽冲的演变特点。–3 m 高程以上滩面 1985—1993 年年均淤积 9.4 万 m^3，年均淤厚 2.0 cm；1993—1995 年年均淤积 23.5 万 m^3，年均淤厚 4.9 cm，有逐年淤积加快的趋势。–3 m 高程以下深槽 1985—1993 年年均增加容积 13.3 万 m^3，年均冲深 10.6 cm；1993—1995 年年均增加容积 54.5 万 m^3，年均冲深 36.5 cm，有逐年冲深加大的趋势，但不是天然冲刷造成的，而主要与航道浚深有关。

c. 澳门水道滩槽冲淤变化。澳门水道水面宽阔，上游洪湾水道整治后水沙下泄，又受伶仃洋和磨刀门东西两面来水来沙的影响，水道内泥沙淤积强烈，海滩发展迅速，加上人类活动频繁，航道浚深，使其冲淤变化一般是滩地淤积，水道内深槽则是洪湾水道整治前为冲深、整治后为淤积的演变特点。–3 m 高程以上滩面 1982—1991 年年均淤积 4.0 万 m^3，年均淤厚 0.8 m；1991—1995 年年均淤积 61.9 万 m^3，年均淤厚 10.1 cm，有逐年淤积加快的趋势。–3 m 高程以下深槽 1982—1991 年年均增加容积 4.5 万 m^3，年均冲深 1.4 cm；1991—1995 年由于洪湾水道整治后泥沙向下游河口输移，使澳门水道的深槽产生淤积，年均淤积 10.0 万 m^3，年均淤厚 4.5 cm，但最终是否淤积，还要取决于航道的疏浚量，如果疏浚量大丁淤积量，则深槽将处于冲深状态。

C. 横洲口外海区滩槽冲淤变化

横洲口外海区范围广阔，仅限于分析横洲口以南、大横琴与三灶岛之间、口外海区–5 m 等高线以北的海域，面积为 90 km^2 左右。

a. 横洲口外排洪主通道（深槽）冲淤变化。横洲口外排洪主通道从横洲口（大井角）—交杯四沙东全长 8.98 km，其中大井角—石栏洲为上段长 4.42 km，石栏洲—交杯四沙东为下段长 4.57 km。整治工程前处于淤积状态，对比 1983 年与 1977 年海区水下地形资料，0 高程以下的深槽在大井角—石栏洲河段年均淤积 106.38 万 m^3，年均淤厚 8.8 cm；整治工程后采用 2000 年与 1994 年海区水下地形资料对比，全河段年均容积增加 31.11 万 m^3，年均冲深 4.8 cm。其中上段年均增加容积 102.31 万 m^3，年均冲深 8.8 cm；下段年均增加容积 28.80 万 m^3，年均冲深 1.8 cm。整治工程后全河段已转为冲刷状态，上段冲刷大于下段冲刷，其冲刷与受“94·6”“98·6”大洪水的影响有关。

b. 拦门沙的冲淤变化。磨刀门的拦门沙位于横洲口外的交杯沙浅滩，处于磨刀门深槽与龙屎窟深槽之间。根据历年实测水下地形资料分析，在 20 世纪初期，拦门沙下移到达横洲—大井角峡口，30 年代移至峡口外的小香洲附近，年均向外海推移约 99.1 cm；拦门沙推出峡口后，由于受外海波浪及沿岸流的作用有所加强，使拦门沙推移速度有所减缓，直至 60 年代每年只推移约 53.5 cm；70 年代由于磨刀门口门浅海区淤积加快，浅滩出露，使水流集中，加快拦门沙向外海推移的速度，年均向外海推移约 69.2 cm；80 年代中期至 90 年代磨刀门口门整治工程逐步实施后，由于东、西双治导堤逐步延伸，浅海区缩窄为规则河道，水流集中，流速加大，拦门沙推移速度加快，年均向外海推移约 91 cm。

拦门沙的沙体历年来有冲有淤，其顶部高程则不断淤长。图 2-17 为磨刀门拦门沙纵剖面的历年变化，由图可见，1977—1983 年整个拦门沙处于淤长状态，上游坡最大淤积厚度约 1.0 m，顶部淤积厚度约 0.3 m，上游坡降有所减缓，由 0.87‰减为 0.60‰，下游坡降基本不变；1983—1994 年上游坡发生较大冲刷，最大冲刷厚度约 1.0 m，而顶部及下游坡则发生淤积，顶部淤积厚度约 0.1 m，下游坡最大淤积厚度约 1.0 m，上、下游坡降变化不大；1994—2000 年上、下游坡都发生冲刷，上游坡最大冲刷厚度约 1.4 m，下游坡最大冲刷厚度约 0.8 m，顶部则出现淤积，最大淤积厚度约 0.8 m，但顶坎高程变化不大，仅为 0.1 m，上游坡降大为增加，约为 1.20‰，下游坡降则基本不变。由此可见，20 多年来磨刀门拦门沙的顶部高程是逐渐淤积抬升的，但随着整治工程完成后已基本趋于稳定；拦门沙上游坡在未整治前处于淤积发展，整治后则处于不断冲刷，其坡降不断增大；下游坡整治后有冲有淤，坡降基本不变。

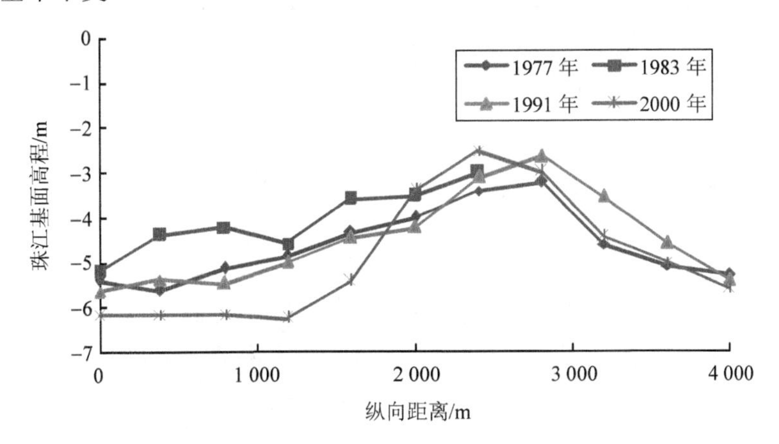

图 2-17　磨刀门拦门沙历年纵剖面厚度变化

③磨刀门水道边滩的冲淤变化

磨刀门口门整治后，在磨刀门水道右岸出现了两个边滩，其中位于上游的边滩长约 5.2 km，最大宽度约 1.2 km；位于下游的边滩长约 2.5 km，最大宽度约 0.45 km，如图 2-18 所示。该图为卫星遥感影像分析所得，由图可见，磨刀门水道两处边滩自 1987 年有实测资料以来始终存在，其面积是时大时小，时进时退，近年来有减小的趋势。边滩形成的原因，与洪湾水道的分流有关。由于分流后，使从灯笼山下泄的水流从磨刀门水道分泄入外海的径流量减少，径流动力减弱，挟沙能力降低，因而泥沙淤积形成边滩。边滩形成的原因，可能与洪湾水道的分流有关，也可能与上游来沙量减少有关，具体原因有待进一步的研究予以确定。

根据 1883 年由英国海军部监测的伶仃洋历史海图（比例尺为 1∶18 600、1∶20 000 不等）、1964 年 6 月由南海舰队海道测量大队测量的 1∶25 000 伶仃洋水下地形图、1974 年由交通部天津航道局测量队和广州航道局测量队联合测量的 1∶50 000 伶仃洋水下地形图和 1984 年 6 月由水利部珠江水利委员会勘测设计研究院测量的 1∶10 000 伶仃洋水下地形图（部分海区为 1985 年、1986 年补测）等实测资料，对伶仃洋的历史演变进行分析，获得其基本特征。

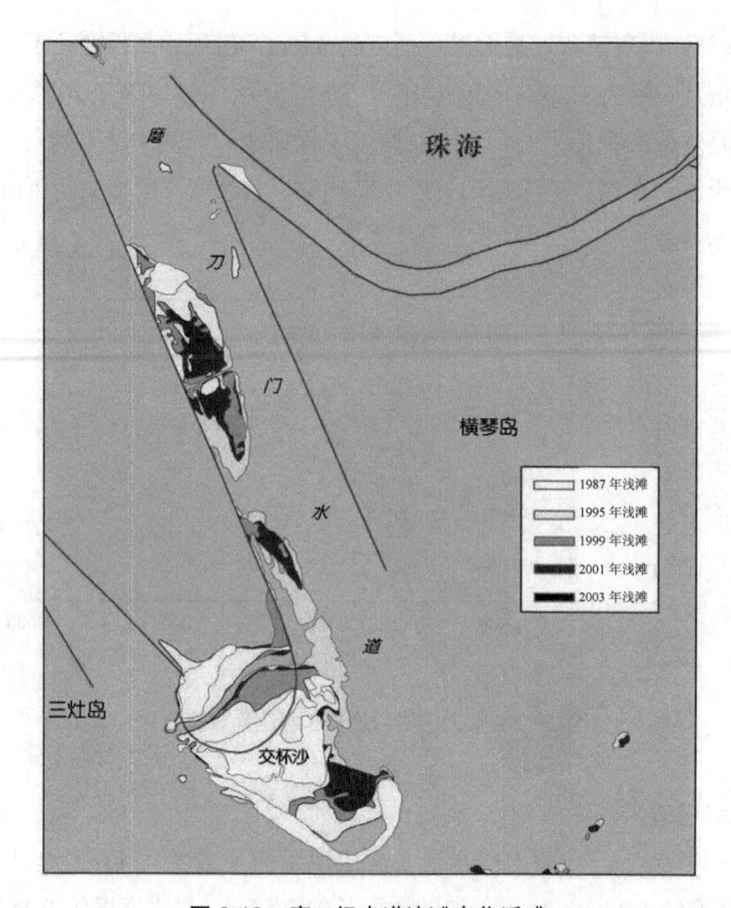

图 2-18　磨刀门水道边滩变化遥感

2.4.2　伶仃洋河口发育演变

（1）历史演变

①百年来伶仃洋水下地形的两槽三滩格局无大变化。

对比伶仃洋 1883 年和 1974 年的水下地形如图 2-19 所示，由图可见，伶仃洋的滩槽分布在近百年来大同小异，基本上维持两槽三滩格局，无大的变化，唯深槽日渐淤浅，槽宽缩窄，浅滩明显扩长。

据中山大学河口研究所的研究，认为伶仃洋的两槽三滩格局是 1901 年以后才开始明显形成的。在此之前，东、西两侧浅滩已经存在，但伶仃洋中部的水深大部分均大于 5 m，其间虽有一些水深为 3～5 m 的浅段，但面积甚小，且呈零星分布。1907 年以后，矾石浅滩迅速淤长，并向东、南方向扩大，逐渐发展成中滩，从而形成两槽三滩格局。

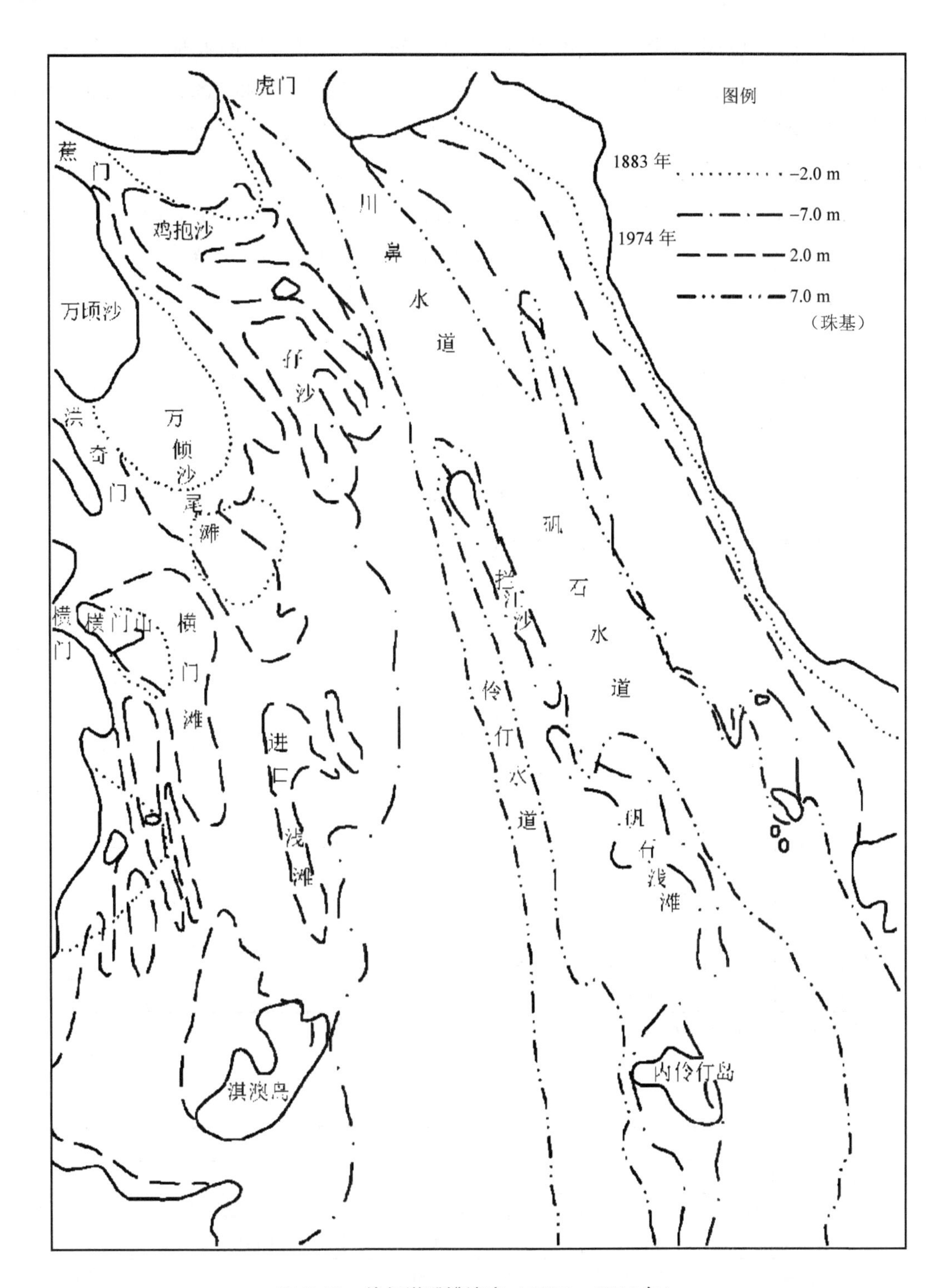

图 2-19　伶仃洋滩槽演变（1883—1974 年）

1883 年蕉门口的鸡抱沙还只是水下心滩，到 1974 年已基本上同舢舨洲、龙穴岛等连成一片而成为沙洲，在蕉门南汊口又出现了新的心滩，即龙穴尾滩与沙仙尾滩之间的孖洲。1883 年洪奇沥万顷沙浅滩的位置约在现时的十四涌、十五涌，进口浅滩尚未形成，到 1974 年万顷沙浅滩和进口浅滩已基本相连而延伸至淇澳岛北。横门浅滩在 1883 年尚小，1974 年已基本上连接淇澳岛。1974 年整个西滩东部–2.0 m 处浅滩线位置和 1883 年的–7.0 m 深槽线相接近，说明 1974 年西滩已经连成一片，而 1883 年西滩还只是几个孤立的浅滩。

东滩百年来相对较稳定，浅滩向外扩展迟缓，尤其是沙井以下基本未变。东槽百年来变化也不大，基本保持稳定状态。西槽有所变化，1883 年西槽的西部–7.0 m 等深线从虎门西岸开始经龙穴岛东侧走向东南，至北纬 22°37′后折向南，于淇澳岛以东入外伶仃洋，以后受西滩东扩的挤压，西槽迅速东移，至 1974 年东移最多的部位在淇澳岛东部，达 8 km 之多，与此同时，槽宽缩窄。

②伶仃洋滩、槽平面冲淤变化的总趋势。西滩迅速向东南方向扩展，中滩明显向东扩展，东滩向西略有淤长，深槽向东日渐缩窄。

表 2-8 伶仃洋浅滩面积变化

浅滩名		项目					
		–2.0 m 以上面积/万 m^2			增长率/%		
		1964 年	1974 年	1984 年	1964—1974 年	1974—1984 年	1964—1984 年
西滩		19 333.4	21 435.2	26 925.3	10.9	25.6	39.3
其中	鸡抱沙	4 150.7	4 495.4	5 067.9	8.3	12.7	22.1
	万顷沙	5 492.5	5 593.2	6 750.9	1.8	20.7	22.9
	进口浅滩	1 281.1	1 353.3	1 950.2	5.3	44.1	52.2
	横门浅滩	4 675.6	5 567.5	7 861.7	16.0	41.2	68.1
	横门西边滩	3 733.5	4 425.7	5 294.5	18.5	19.6	41.8
东滩		7 614.1	7 850.8	7 943.8	3.1	1.2	4.3
矾石浅滩		10 149.0	9 978.9	12 164.1	–1.7	21.9	19.9

注：矾石浅滩按–7.0 m 以上计面积。

表 2-9 伶仃洋深槽槽宽变化

深槽名	断面	项目					
		槽宽/m			差值/m		
		1964 年	1974 年	1984 年	1964—1974 年	1974—1984 年	1964—1984 年
西槽	A-A	3 500	3 850	3 950	350	100	450
	B-B	1 350	1 100	900	–250	–200	–450
东槽	C-C	2 950	3 200	2 500	250	–700	–450
	D-D	4 650	4 550	2 250	–100	–2300	–2 400
川鼻深槽	E-E	4 050	3 550	3 350	–500	–200	–700

图 2-20 所示为伶仃洋 1964—1984 年滩、槽的平面变化过程，由图可见上述滩槽的变化特征。表 2-8 统计了伶仃洋在 20 年中浅滩面积的变化，由表可见，西滩–2.0 m 以上面积增长了 39.3%，其中后 10 年比前 10 年增长更快；矾石浅滩–7.0 m 以上面积增长了 19.9%，其中后 10 年扩展迅速；东滩–2.0 m 以上面积增长 4.3%，后 10 年比前 10 年所减缓。由表 2-8 和图 2-20 可知，伶仃洋三浅滩中浅滩面积增长最快的是西滩，其次是矾石浅滩，东滩最小。在西滩中尤以横门浅滩扩展最快，–2.0 m 以上面积在 20 年中增长 68.1%，其次为进口浅滩，增长 52.2%。

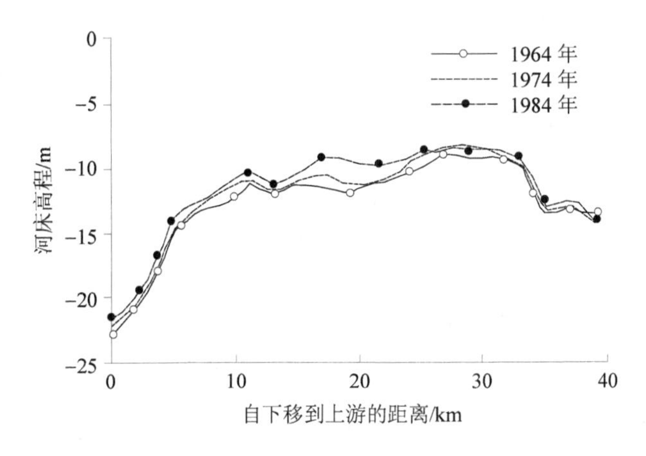

图 2-20　伶仃洋东槽深泓线变化

在 1964—1984 年的 20 年中，伶仃洋深槽向东日渐缩窄，见表 2-9。伶仃洋川鼻深槽（E-E 断面）缩窄了 700 m，年平均缩窄 35 m；西槽除在靠近内伶仃岛附近有局部扩宽 450 m 外（A-A 断面），其余深槽均为缩窄，如 B-B 断面缩窄了 450 m，年平均缩窄 22.5 m；东槽的 C-C 断面在 1964—1974 年因中滩东部有冲刷，因而扩宽了 250 m，但 1974—1984 年由于矾石浅滩向东扩展显著，东槽也相应缩窄了 700 m，东槽的 D-D 断面则缩窄显著，20 年共缩窄了 2 400 m，年平均缩窄 120 m。

③伶仃洋横断面的变化是有冲有淤，淤积主要发生在西滩，冲刷主要发生在东槽，但仍以淤积为主，并有淤积下移的趋势；深槽深泓线的变化是局部有冲刷，但总趋势是淤积，深泓线逐年抬高。

统计伶仃洋由北往南 3 个断面的冲淤变化（表 2-10），可知：3 个断面的淤积面积与冲刷面积之比值在 1964—1974 年分别为 4.5、1.3 和 1.3，而 1974—1984 年则分别为 2.3、3.2 和 4.1，说明各断面的淤积面积大于冲刷面积，总的趋势是淤积，并有淤积下移的趋势。

表 2-10 伶仃洋横断面冲淤变化

断面	断面长度/km	1964—1974 年				1974—1984 年				1964—1984 年			
		淤积面积/m^2	冲刷面积/m^2	净淤面积/m^2	淤积冲刷面积比/%	淤积面积/m^2	冲刷面积/m^2	净淤面积/m^2	淤积冲刷面积比/%	淤积面积/m^2	冲刷面积/m^2	净淤面积/m^2	淤积冲刷面积比/%
1-1	21	10 033	2 238	7 795	4.5	9 083	4 033	5 050	2.3	17 268	7 710	9 558	2.2
2-2	25	9 232	7 321	1 911	1.3	12 750	3 966	8 784	3.2	16 612	7 038	9 574	2.4
3-3	28	8 277	6 278	1 999	1.3	15 531	3 749	11 782	4.1	19 141	8 036	11 105	2.4

④过去近百年中伶仃洋的年平均淤积率约为 2.4 cm，伶仃洋日益淤浅和缩小。在伶仃洋近百年的历史海图中，依据测量精度较高、冲淤变化较明显、前后年代间隔较合理的原则，选择 1883 年、1898 年、1954 年、1974 年 4 年的海图进行冲淤变化量计算，得到自 1883—1974 年的 91 年间伶仃洋总淤积量为 173 313.6 万 m^3，计算的理论基准面以下的淤积面积为 79 390 万 m^2，据此算得年平均淤积速率为 2.4 cm/a。伶仃洋各浅滩淤积速率如表 2-11 所示。由表可见，西部浅滩的淤积发展较快，除大茅滩外，其淤积速率均大于 2.4 cm/a，说明伶仃洋的沉积主要发生于西滩，其次为中滩，东滩则略有冲刷。伶仃洋断面缩窄率如表 2-12 所示，可见伶仃洋日益淤浅和缩小，有些断面缩窄率竟达 29.7%。

表 2-11 伶仃洋各浅滩淤积速率（1898—1974 年）

项目		淤积面积/万 m^2	淤积总量/万 m^3	淤积速率/（cm/a）
西部浅滩	鸡抱沙	5 133.8	11 580.0	3.0
	龙穴浅滩	8 326.4	16 611.3	2.6
	沙仙尾滩	13 977.0	29 432.8	2.7
	横门滩（包括进口浅滩）	8 414.4	18 171.0	2.8
	大茅滩	3 928.5	6 212.3	2.1
中部浅滩（矾石浅滩）		11 637.0	12 257.7	1.4
东部浅滩		16 608.8	–324.2	–0.03

表 2-12 伶仃洋断面缩窄率（1898—1974 年）

断面位置	1898 年断面宽度/km	1974 年断面宽度/km	1898—1974 年缩窄距离/km		断面缩窄率/%
			西岸	东岸	
N22°44′	23.5	21.0	2.5	0	10.6
N22°43′	20.7	19.8	0.9	0	4.3
N22°40′	23.9	16.8	4.5	2.6	29.7
N22°36′	28.5	27.5	0	1	3.5
N22°33′	26.4	25.7	0.7	0	2.6
N22°30′	31.8	29.8	1.2	0.8	6.3

（2）近期演变分析

现以赤湾—内伶仃岛—淇澳岛一线为界，分别对内、外伶仃洋进行冲淤演变分析。内伶仃洋海域，收集了 1984 年及 1999—2002 年内伶仃洋 1∶5 000 和 1∶10 000 的水下地形图及部分 1∶2 500 的航道测图；对外伶仃洋，收集了部分海图。利用上述水下地形图进行冲淤计算时，首先将各种不同的基面统一换算到珠江基面。

①内伶仃洋冲淤演变分析

A. 滩、槽冲淤变化

现以–5 m 等深线以上的水域作为浅滩的分界，以–10 m 以下的水域作为深槽的分界，根据海图的水下地形，分别计算得到内伶仃洋主要浅滩 1984—1999 年、深槽 1984—2003 年的水深变化，见表 2-13 和表 2-14，主要滩、槽的冲淤变化见表 2-15。

由上述表可以得到近期伶仃洋冲淤变化具有如下特征：

a. 西槽 1984—1999 年是冲刷的，冲刷深度在 2 m 以上，冲刷速率为 42.91 cm/a；1999—2001 年略有淤积，淤积速率为 2.27 cm/a；2001—2003 年又产生冲刷，速率为 23.95 cm/a。总的来说，西槽处于冲刷加深状态，主要由于航道疏浚所使然。

b. 东槽中上段 1984—2001 年呈冲刷状态，冲刷深度在 1～2 m，局部大于 2 m；中段略有淤积，淤积厚度为 0～0.5 m；下段则为冲刷加深，冲深在 2 m 以上。总的来说，东槽处于冲刷过程，1984—1999 年冲刷速率为 15.75 cm/a，1999—2001 年为 48.75 cm/a，这主要与近年来东部的航道、港口开发有关。

c. 川鼻深槽 1984—1999 年、1999—2001 年为冲刷，冲刷速率分别为 39.85 cm/a 和 65.94 cm/a，大部分冲深为 2 m 以上；2001—2003 年为淤积，淤积速率为 13.03 cm/a。

d. 西滩内部滩、槽分化极为复杂，次级槽道冲刷 1～2 m，浅滩淤积 0～1 m。

e. 中滩 1984—1999 年西北部位为冲刷，冲深 0～0.5 m，东南部位为淤积，淤厚为 0～0.5 m，总的是淤积，淤积速率为 1.36 cm/a。

f. 东滩变化不大，基本稳定，局部略有淤积，淤积速率为 0.81 cm/a。

表 2-13　内伶仃洋主要浅滩 1984—1999 年水深变化

年份	项目	西滩	中滩			东滩
			拦江沙	内伶仃岛北滩	矾石浅滩	
1984	水深/m	–2.876	–4.645	–3.969	–3.989	–2.912
	面积/km^2	129.05	2.78	6.3	8.82	68.06
1999	水深/m	–2.871	–4.6	–4.021	–4.054	–2.9
	面积/km^2	137.9	2.17	6.62	8.15	65.54

表 2-14　内伶仃洋主要深槽 1984—2003 年水深变化

年份	项目	川鼻深槽	西槽	东槽	
				东槽上段	东槽中段
1984	水深/m	−13.52	−10.404		−12.091
	面积/km^2	22.2	6.47	—	5.98
1999	水深/m	−17.352	−11.767	−10.202	−12.731
	面积/km^2	26.39	12.63	2.05	7.26
2001	水深/m	−17.375	−11.832	−10.214	−12.731
	面积/km^2	28.52	12.52	2.92	7.26
2003	水深/m	−17.114	−12.315	—	—
	面积/km^2	28.52	12.52	—	—

注：①2001 年内伶仃洋地形北段为 2001 年所测，南段与 1999 年相同；2003 年资料基本与 2001 年相同，仅广州出海航道范围采用了 2003 年航道资料；②表中“—”表示缺资料。

表 2-15　内伶仃洋主要滩、槽冲淤计算

项目 年份	西滩		中滩		东滩		西槽		东槽		川鼻深槽	
	容积变化/10^{4}m^3	年淤积率/（cm/a）	容积变化/10^{4}m^3	年淤积率/（cm/a）	容积变化/10^{4}m^3	年淤积率/（cm/a）	容积变化/10^{4}m^3	年淤积率/（cm/a）	容积变化/10^{4}m^3	年淤积率/（cm/a）	容积变化/10^{4}m^3	年淤积率/（cm/a）
1984—1999	−2475	−1.24	345	1.36	812	0.81	−8 130	−42.91	−4 109	−15.75	−15 775	−39.85
1999—2001	—	—	—	—	—	—	57	2.27	−887	−48.75	−3 761	−65.94
2001—2003	—	—	—	—	—	—	−605	−23.95	—	—	743	13.03

注：“−”表示冲刷，“—”表示无值。

B. 滩、槽平面变化

根据 1984 年、1999 年、2001 年伶仃洋水下地形图，提取−5 m、−10 m 等深线进行对比，分析其滩、槽平面变化，可以得到如下特征。

a. 西槽位置基本稳定，槽宽向两侧扩展，−10 m 等深线全线贯通，形成顺畅的西航道，这与自 1984 年以来西航道的拓宽浚深有关。

b. 东槽平面上基本无大变化，其中下段靠近深圳西部港区赤湾及妈湾一带水深有所加大。

c. 川鼻深槽加深，在孖沙东南侧进入西槽的入口段，在−10 m 等深线处有明显的扩大范围和大幅度下移。

d. 西滩上段−5 m 等深线向东扩展基本停止，中下段东南部则有轻微的扩展；西滩蕉门南支及洪奇门尾闾均出现东南向的次级冲刷槽，其原因是与西部口门延伸后加强了口门

泄洪汊槽的冲刷力有关。

e. 中滩总体上继续向东南方向淤长，上段拦江沙向下游大幅度下移，矾石浅滩向东扩展。

f. 东滩−5 m 等深线平面上变化不大，其尾部有向东冲刷后退，但到 2001 年已停止冲刷。

综上可见，近期伶仃洋的冲淤演变与历史的冲淤演变有共同之处，也有不同的差异。其共同点是伶仃洋的两槽三滩格局仍基本不变，差异之处是在总体格局不变的前提下，滩、槽的冲淤和平面上有不同程度的变化。历史上西滩的淤积扩展迅速，而近期则已基本稳定，这与近期西滩的围垦整治有关；中滩过去和近期都有冲有淤，东北部冲、东南部淤，并下移扩展；由于不断疏浚拓宽，西槽处于不断冲刷加深，平面上基本稳定而向两侧扩宽；东槽及东滩平面上基本不变，东槽上下段冲刷，中段淤积，近期已停止。

②外伶仃洋冲淤演变分析

由于实测资料所限，对外伶仃洋水域的冲淤演变情况，仅利用 1954 年以来的海图，对伶仃水道下段至大濠水道一线及铜鼓海区做了一些粗略的冲淤分析，获得如下基本特征。

暗士顿水道处于淤积状态，1954—1998 年的 44 年间年平均淤积量为 46.36 万 m^3，年平均淤积厚度约为 1.66 cm；伶仃航道下段处于冲刷状态，实为浚深所致，1954—1998 年年平均冲刷量为 50.04 万 m^3，年平均冲刷厚度约为 0.70 cm；铜鼓海区沙洲滩处于淤积过程，在上述 44 年间年平均淤积量为 36.27 万 m^3，年平均淤积厚度约为 1.10 cm，其中前期淤积较小，后期淤积较大，原因是 1995 年香港新机场兴建大范围的填海造田工程后，引起周边水域出现明显的淤积，并波及暗士顿水道靠近工程区附近水域的淤积；内伶仃岛以南、铜鼓岛以西的浅滩（合称南滩）处于淤积状态，在上述 44 年间年平均淤积量为 217.83 万 m^3，年平均淤积厚度约为 2.74 cm。

由上可见，在外伶仃洋水域，其冲淤演变特征总体上是：靠近大濠水道北端的铜鼓深槽和西槽下段的深槽区，以冲刷和加大水深为主，而靠近岛屿的浅滩区则以淤积为主。

参考文献

[1] 陈文彪，陈上群，等. 珠江河口治理开发研究[M]. 北京：中国水利水电出版社，2013.

[2] 薛鸿超. 中国河口的分类、开发与治理//中国江河河口研究及治理、开发问题研讨会文集[C]. 北京：中国水利水电出版社，2003：15-19.

[3] 陈吉余. 长江河口的自然适应和人工控制[J]. 华东师范大学学报（长江河口最大浑浊带和河口锋研究论文选集），1995：1-14.

[4] 李春初，田向平，罗宪林，等. 西江口磨刀门拦门沙的形成演变及口门整治问题//第七届全国海洋工

程学术讨论会论文集[C]. 北京：海洋出版社，1993：172-181.

[5] 李春初，雷亚平. 认识珠江，保护珠江——试论广州至虎门潮汐水道的特性和保护问题[J]. 热带地理，1998，18（1）：24-28.

[6] 李春初，杨干然. 珠江三角洲沉积特征及其形成过程的几个问题//海洋与湖沼论文集[C]. 北京：科学出版社，1981a：115-122.

[7] 杨清书，沈焕庭，罗宪林，等. 珠江三角洲网河区水位变化趋势研究[J]. 海洋学报（中文版），2002，24（2）：30-38.

[8] 欧素英，珠江口冲淡水扩展变化及动力机制研究[D]. 广州：中山大学，2006.

[9] 李素琼. 磨刀门盐水楔活动若干问题的探讨//珠江口海岸带和海涂资源综合调查研究文集（四）[C]. 广州：广东科技出版社，1986：253-267.

[10] 闻平，杨晓灵. 2004—2005 年冬春珠江三角洲咸潮预警的评价分析[J]. 人民珠江，2006，3：10 -12.

[11] 韩曾萃，潘存鸿，史英标，等. 人类活动对河口咸水入侵的影响[J]. 水科学进展，2002，13（3）：333-339.

[12] 潘世兵，张福存，安永会，等. 咸水入侵趋势预测的非确定模型研究[J]. 勘察科学技术，1999（6）：3-6.

[13] 刘斌，翁士创，闻平. 咸潮分析评价方法与预测预报技术的探索与应用[J]. 人民珠江，2007（6）：14-15.

[14] 莫思平，李越，卢素兰. 广州水道咸潮影响因素分析[J]. 水利水运工程学报，2007（4）：36-42.

[15] 刘晨，林芳荣. 河口咸潮上溯的预测方法[J]. 广州环境科学，1997，12（3）：10-14.

[16] 朱建荣，胡松，傅得健，等. 河口环流和盐水入侵 I ——模式及控制数值试验[J]. 青岛海洋大学学报（自然科学版），2003，33（2）：180-184.

[17] 王义刚，朱留正. 河口盐水入侵垂向二维数值计算[J]. 河海大学学报，1991，19（4）：1-8.

[18] 钱春林. 河口盐水入侵长度的估算[J]. 海河水利，1995（4）：21-22.

[19] 俞香连. 浅析珠江口咸潮的成因、危害和防治[J]. 中学地理教学参考，2005（6）：25.

[20] 曹建荣，刘衍君. 海水入侵基本理论研究进展（一）[J]. 南海研究与开发，2003（1）：52-57.

[21] 张振雄. 海水咸水入侵规律探讨[J]. 海河水利，1996（3）：14-16.

[22] 何伟添，段舜山. 澳门咸潮产生的原因、危害及防治对策[J]. 海河水利，2008，27（2）：124-128.

[23] 殷建平，王友绍，等. 特大咸潮对珠江入海河段环境要素的影响[J]. 热带海洋学报，2006，25（4）：79-84.

[24] 杨林. 珠三角咸潮的形成机制及防范措施[J]. 宜春学院学报，2005（S1）：125-127.

[25] 王津，陈南，姚泊. 珠江三角洲咸潮影响因子及综合防治综述[J]. 广东水利水电，2006（4）：4-8.

[26] 朱三华，沈汉堃，林焕新，等. 珠江三角洲咸潮活动规律研究[J]. 珠江现代建设，2007（6）：1-7.

[27] 罗宪林，季荣耀，杨利兵. 珠江三角洲咸潮灾害主因分析[J]. 自然灾害学报，2006，15（6）：146-148.

[28] 沈汉堃，朱三华. 珠江三角洲咸潮治理研究[J]. 珠江现代建设，2007（4）：6-9.

[29] 吕爱琴，杜文印. 磨刀门水道咸潮上溯成因分析[J]. 广东水利水电，2006（5）：50-53.

[30] 关许为，顾伟浩. 长江口咸水入侵问题的探讨[J]. 人民长江，1991，22（10）：51-54.

[31] 陈水森，方立刚，李宏丽. 珠江口咸潮入侵分析与经验模型——以磨刀门水道为例[J]. 水科学进展，2007，18（5）：751-755.

第 3 章　珠江河口咸潮上溯规律及机理

3.1　珠江口不同年代咸潮活动特性

随着河口的自然延伸及水利工程的逐步实施，河网区径流、潮汐动力逐渐减弱，20 世纪 60—80 年代，磨刀门、虎门、蕉门、洪奇门、横门的咸潮影响明显减弱，鸡啼门、虎跳门、崖门的咸潮影响略有减弱，咸界逐渐下移。这一时期珠江三角洲受咸潮危害最突出的是农业。珠江三角洲沿海经常受咸害的农田有 68 万亩，遇大旱年咸害更加严重，如 1955 年春旱，盐水上溯和内渗，滨海地带受咸面积达 138 万亩。位于鸡啼门的斗门县，常年受咸达 7 个多月，严重年份达 9 个月。

20 世纪 80 年代的改革开放之后，随着经济发展和城镇化水平的提高，大幅度的采砂引起河床急剧变化，珠江三角洲纳潮量迅速增大，潮汐动力加强，这种趋势逐渐抵消并超过了由于水利工程和河口自然淤积延伸导致的潮汐动力减弱趋势，咸潮强度逐渐由减弱转为增强。同时随着珠江三角洲城市化进程的加速发展，受咸潮影响的主要对象逐渐由农业转变为工业和饮水安全。

21 世纪之后，随着用水量的大幅提高，2002 年后连续 6 年枯季干旱和地形演变对潮汐动力增强的影响，咸潮强度急剧增强，咸界明显上移，危害越来越大，其中以生活用水影响最大。以磨刀门水道平岗泵站为例，2000—2005 年，平岗泵站咸潮显著增强，其中以 2002—2003 年枯季咸潮最弱，以后枯季咸潮逐渐增强，2005—2006 年枯季平岗泵站含氯度超标达到历史最高的 1 602 h。

3.1.1　20 世纪 90 年代以前咸潮活动特性

根据珠江河口虎门水道黄埔、磨刀门水道灯笼山、鸡啼门水道黄金、崖门水道黄冲等站资料分析表明，20 世纪 60—80 年代，随着三角洲的联围筑闸和河口的自然延伸，磨刀门、虎门、蕉门、洪奇门、横门的咸潮影响明显减弱，鸡啼门、虎跳门、崖门的咸潮影响略有减弱。表 3-1 列出了 20 世纪 90 年代以前 4 个代表站不同时段的盐度，反映出涨潮、落潮的年平均盐度和年最大值除个别年份外都呈下降趋势。

由表 3-1 可知，从新中国成立后至 20 世纪 80 年代，可以分成早中晚 3 个时间段，虎门的黄埔站在 90 年代以前早期的盐度较大，中期其次，晚期最小，涨潮期间的盐度大于落潮，落潮期间的盐度值约为涨潮期间盐度值的 2/3。磨刀门的灯笼山站在 90 年代以前早期的盐度较大，中期其次，晚期最小，涨潮期间的盐度大于落潮，落潮期间的盐度值约为涨潮期间的盐度值的 1/2。鸡啼门的黄金站在 90 年代前早期的盐度较大，中期其次，晚期最小，涨潮期间的盐度大于落潮，落潮期间的盐度值约为涨潮期间的盐度值的 2/5。崖门的黄金站在 90 年代前早期的盐度较大，中期其次，晚期最小，涨潮期间的盐度大于落潮，落潮期间的盐度值约为涨潮期间的盐度值的 3/5。

表 3-1　20 世纪 90 年代前珠江三角洲口门代表站盐度变化　　单位：Psu

口门	站名	涨潮		落潮		资料年份
		年平均值	年最大值	年平均值	年最大值	
虎门	黄埔	0.90	5.28	0.53	2.34	1959—1968
		0.60	5.77	0.31	2.27	1969—1978
		0.29	4.07	0.03	1.77	1979—1988
磨刀门	灯笼山	0.78	13.11	0.24	6.65	1960—1969
		0.60	14.45	0.06	3.49	1970—1979
		0.20	6.23	0.02	2.13	1980—1988
鸡啼门	黄金	5.08	25.81	1.26	10.83	1965—1974
		3.19	22.43	1.02	12.84	1975—1984
		2.44	20.32	0.86	9.94	1985—1988
崖门	黄冲	1.97	12.79	0.89	7.57	1959—1968
		1.36	12.43	0.42	5.84	1969—1978
		1.37	12.23	0.54	7.95	1979—1988

3.1.2　20 世纪 90 年代以后咸潮变化态势

20 世纪 90 年代前，咸潮呈减弱的趋势。近 20 年来，珠江三角洲地区咸潮活动出现如下特点：咸潮活动频繁，咸潮持续长，咸潮上溯影响范围大，强度趋于严重。1998—1999 年、2003—2004 年、2004—2005 年、2005—2006 年均发生较严重的咸潮上溯。1999 年春虎门水道的咸水线上移到白云区的老鸦岗，农作物受灾严重，咸潮上溯也使得部分水厂的取水口被迫上移，如广州石溪、白鹤洞、西洲 3 水厂曾被迫间歇性停产，1999 年上溯至全禄水厂，2004 年越过全禄水厂，2004 年春广州番禺区沙湾水厂取水点咸潮强度及持续时间更是远远超过历年同期水平，横沥水道以南则全受咸潮影响。2005 年冬—2006 年春，磨刀门水道各取水点出现了 1998 年以来最大含氯度，平岗、联石湾、马角均出现最长时间的含氯度超标。

20 世纪 90 年代以后，广州番禺的沙湾水厂枯季月内最大盐度超标时数一路递增，从 2000 年枯季的 0.5 h，到 2003 年的 11.5 h，再到 2004 年的 28.75 h，如图 3-1 所示。图 3-2 为磨刀门水道内某一水厂取水口的 1998—2005 年的年度盐度超标时间，从图中可以看出，1998—2002 年，年度超标时间一直在减少，随后高速增加。

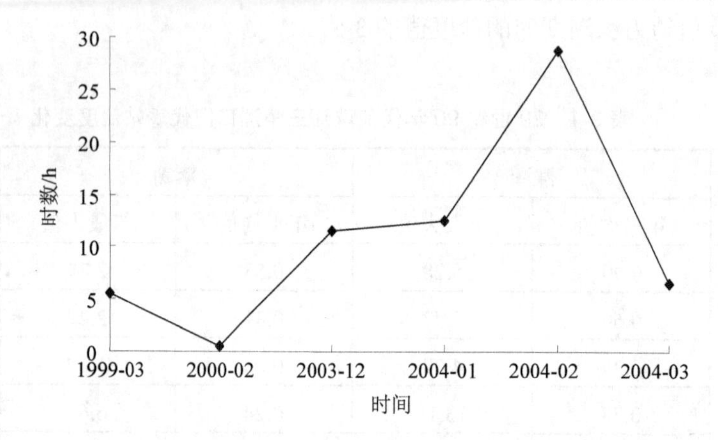

图 3-1　近年来沙湾水厂含氯度月内累积超标时数

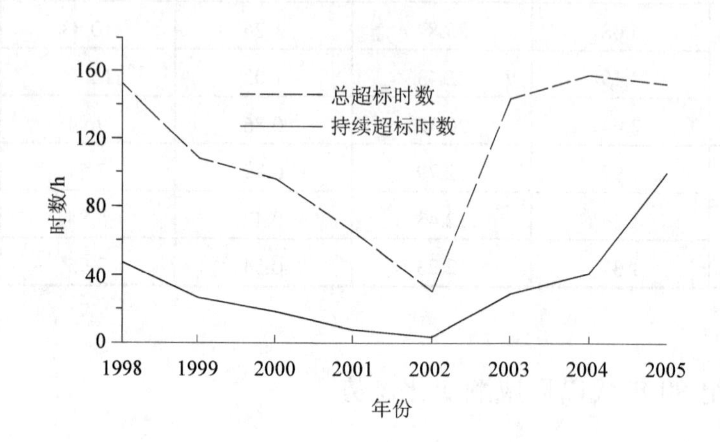

图 3-2　近年来某水厂含氯度年度累积超标时数

从表 3-2 可知，2002—2003 年枯水期咸潮最弱，以此为界，前 4 年咸潮逐渐减弱，后 3 年则逐步增强，且影响程度更超越前 4 年，尤其是 2005—2006 年枯水期，咸潮强度更是前所未有。

表 3-2　平岗泵站 1998—2006 年枯水期含氯度超标情况统计

年份	总超标天数/d	最长连续超标天数/d	总超标时数/h	最长连续不可取水天数/d
1998—1999	63	11	701	7
1999—2000	37	10	398	5
2000—2001	26	6	180	0
2001—2002	14	8	140	3
2002—2003	1	0	1	0
2003—2004	61	11	724	7
2004—2005	61	13	702	7
2005—2006	92	37	1 602	10

注：①总超标天数即为出现咸潮总天数；②最长连续超标天数即为连续出现咸潮总天数；③如 1 日内超标时数大于 20 h，则视此日为不可取水日。

表 3-3 为磨刀门水道广昌泵站、联石湾水闸、平岗泵站、西河水闸及鸡啼门水道黄杨泵站 2005—2006 年枯水期分旬每日平均超标历时统计。从表中可知，澳门、珠海供水系统淡水来源的广昌泵站枯水期平均每日超标历时近 20 h，咸潮影响的强度及历时前所未有。

表 3-3　磨刀门 2005—2006 年枯水期分旬每日平均超标历时统计　　单位：h

月	旬	广昌泵站	联石湾水闸	平岗泵站	西河水闸	黄杨泵站
10	上	5.2	1.8	0.0	0.0	0.0
	中	11.1	1.8	0.0	0.0	0.0
	下	19.3	11.3	0.0	0.0	0.0
	中	21.1	11.5	0.0	0.0	0.0
	下	24.0	23.0	9.8	2.9	1.8
12	上	24.0	22.6	9.1	1.7	3.4
	中	24.0	24.0	19.3	9.8	14.4
	下	24.0	24.0	16.9	15.7	16.1
1	上	24.0	23.7	14.8	6.2	14.9
	中	24.0	17.5	13.0	3.6	18.9
	下	24.0	24.0	17.9	16.0	15.1
2	上	24.0	24.0	16.2	7.9	21.9
	中	24.0	24.0	18.1	1.7	13.7
	下	19.2	19.2	17.6	7.7	12.4
3	上	9.5	4.3	0.0	0.0	0.5
	中	15.7	7.9	0.0	0.0	0.0
	下	22.1	12.1	0.0	0.0	0.0
平均		19.7	15.9	8.7	4.1	7.4

3.2 磨刀门河口咸潮上溯规律与机理

3.2.1 磨刀门河口咸潮上溯的时间变化

磨刀门河口咸潮上溯规律随时间变化非常明显。2009 年 12 月，珠江水利科学研究院沿磨刀门水道进行了一次大规模的咸潮同步现场观测，设置了 8 条 15 日观测垂线，编号分别为 1#～8#（其中 4#站位于洪湾水道，暂不予以分析），如图 3-3 所示。现场观测每小时采集 1 次数据和水样，垂向测点布置为每增加约 1 m 的深度设测点 1 个。观测要素包括测点流速、流向、盐度，并收集了马口和三水的同步流量资料及灯笼山潮位站的资料。以下予以详细介绍，介绍中对于磨刀门河口的流速，以向海流动为正，向上游为负。

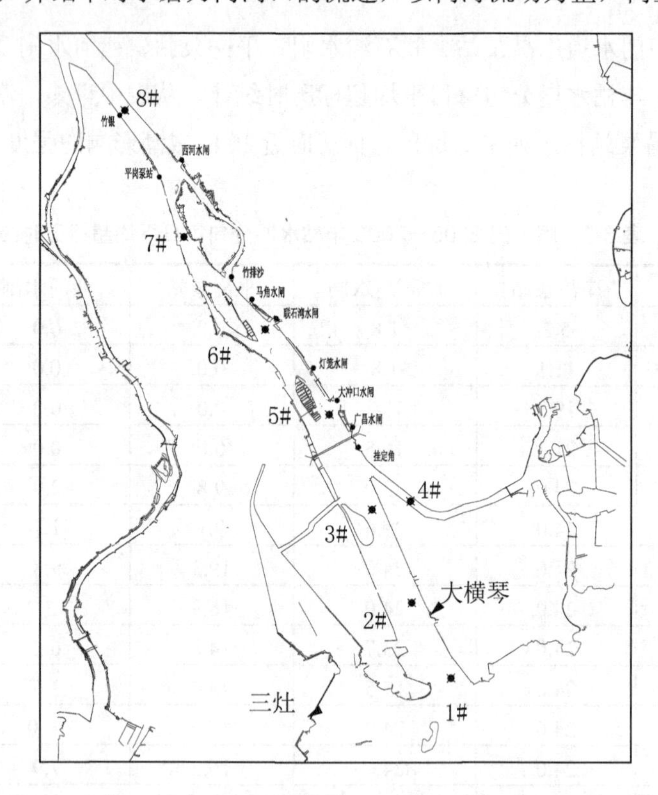

图 3-3 磨刀门水道 2009 年 12 月咸潮观测中 8 个 15 日观测垂线的平面布置情况

（1）径流的时间变化

由于上游径流是影响咸潮运动的重要因素，根据实际情况，特选取西江干流水道上的马口和北江干流水道上的三水流量过程直接相加，以获得进入磨刀门水道的流量过程。图 3-4 为“马口+三水”流量过程曲线，其中马口和三水的流量均为当天上午 8 时的流量。从图中可以看出，12 月 7—9 日，流量在 1 700 m^3/s 左右，12 月 10 日升高至 1 930 m^3/s，之后持续下降，在 14 日降到 1 010 m^3/s，随后又迅速增加，并于 12 月 20 日达到最大值 3 420 m^3/s，之后又持续降低，在 12 月 27 日降到最低，流量为 1 230 m^3/s。

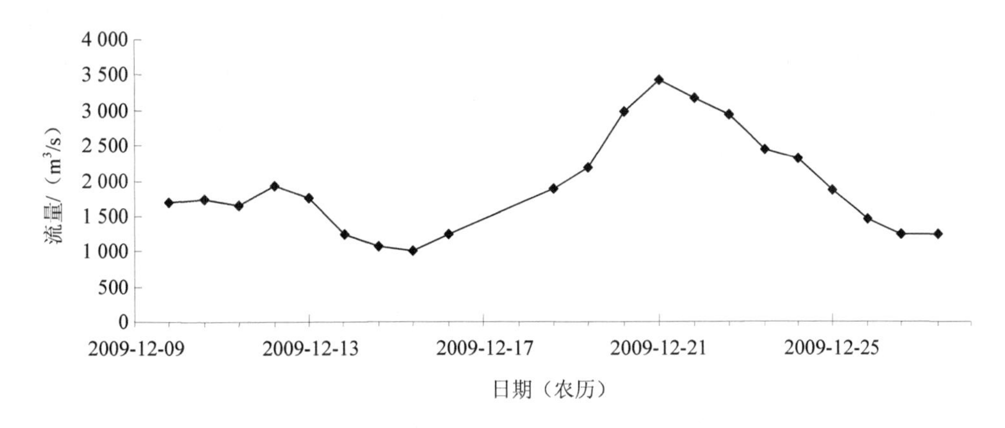

图 3-4　咸潮原型观测期间“马口+三水”流量过程

（2）口门潮汐的时间变化

图 3-5 为磨刀门水道内大横琴站的潮位历时过程，由图可知磨刀门水道内潮汐在月内的变化情况为半月潮。潮汐在阴历每月的“朔”（初一至初三）、“望”（十五至十八）前后各出现一次大潮，在上、下弦（初七、初八及二十一至二十三）各出现一次小潮，期间日内的变化情况为不规则半日潮，每日有两次涨潮和落潮。观测期间，正值农历十月二十四日，日潮差比较小，随后逐渐增大，在农历十一月二日达到最大，再随后逐渐减小。磨刀门水道虽然纵向长度较大，但是潮位差别较小。

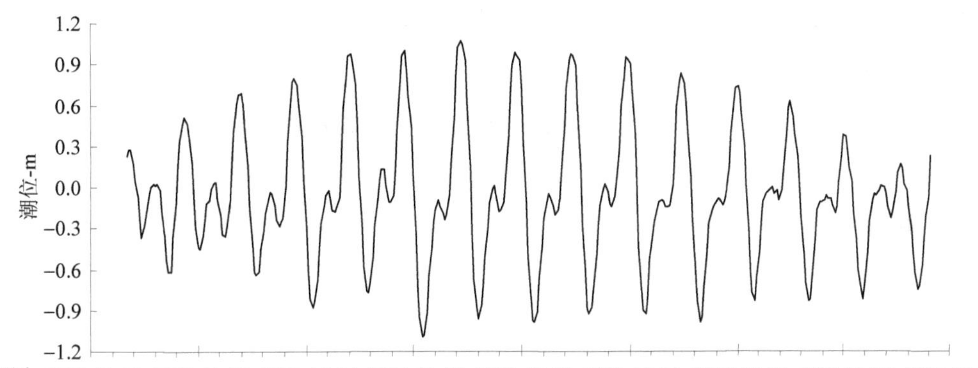

图 3-5　磨刀门水道内大横琴站的潮位历时过程

（3）半日潮对咸潮垂向平均运动的影响

在所有 8 个站中，1#站距离外海最近，受潮汐运动影响最明显。在观测的 15 d 内，1#站垂向平均流速和垂向平均盐度变化过程随潮位和潮差而变化。以第 1 天、第 5 天和第 7 天为例，第 1 个 24 h 内潮位在–0.622～0.270 m 变化，潮差为 0.892 m，在 1#站的观测期间相对较小，潮流流速随潮位涨落变化，流向变化与潮位涨落之间存在时间差，如果以正值表示落潮流，负值表示涨潮流，则流速在–0.678～0.600 m/s 变化，流速大小在观测期间也相对较小，由此导致盐度在 17.47～21.83 度变化，盐度平均值为 20 度，盐度变化幅度为 4.36 度，如图 3-6 所示。

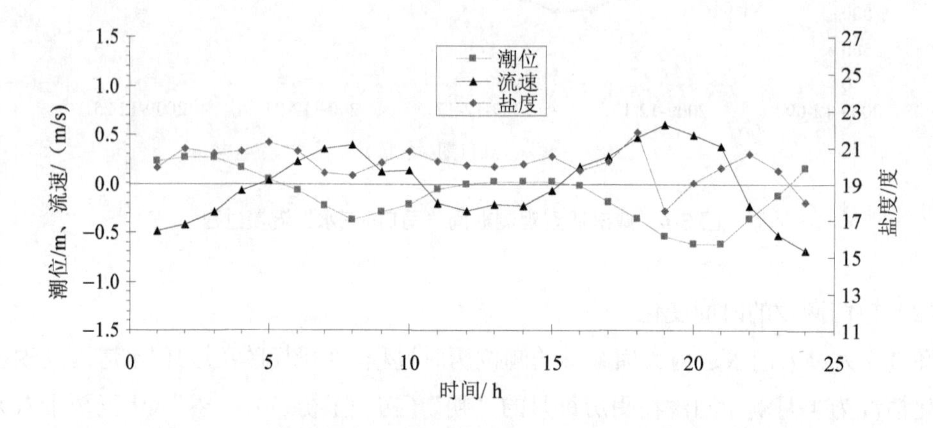

图 3-6 第 1 个 24 h 内 1#站的深度平均流速和盐度随潮汐运动的变化过程

第 5 个 24 h 内潮位在–0.772～0.974 m 变化，潮差为 1.746 m，相对增大，潮流流速在–0.734～1.047 m/s 变化，流速也增大，由此导致盐度在 17.116～24.49 度之间变化，盐度平均值为 21.87 度，变化幅度 7.37 度，如图 3-7 所示。

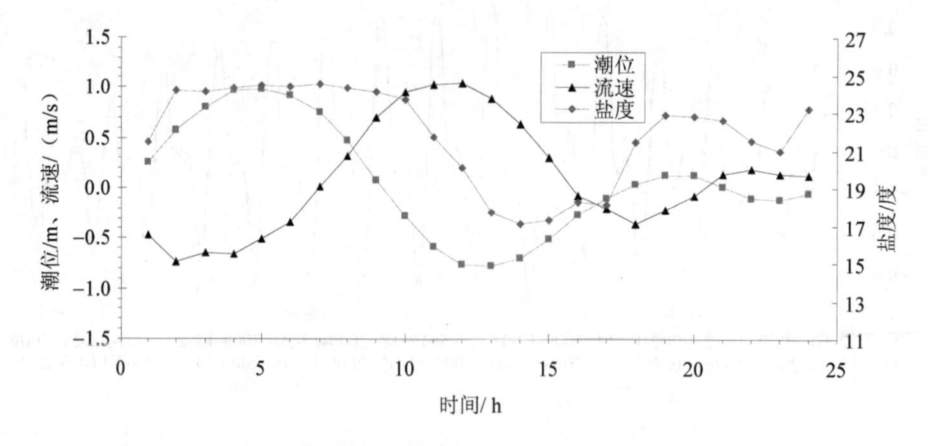

图 3-7 第 5 个 24 h 内 1#站的深度平均流速和盐度随潮汐运动的变化过程

第 7 个 24 h 内潮位在–0.966～1.067 m 变化，潮差为 2.033 m，进一步增大，潮流流速在–0.75～1.38 m/s 变化，流速也进一步增大，由此导致盐度在 14.4～25.5 度变化，平均值为 19.99 度，变化幅度 11.1 度。由此可知，磨刀门水道近口门处深度平均流速和盐度变化幅度随潮汐涨落幅度的增大而增大，如图 3-8 所示。

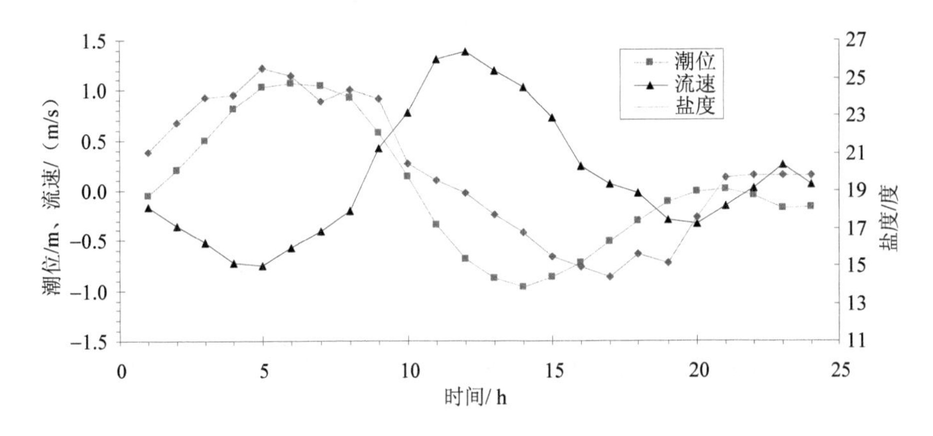

图 3-8　第 7 个 24 h 内 1#站的深度平均流速和盐度随潮汐运动的变化过程

7#站在所有 7 个站中尽管距离外海最远，但是仍旧受潮汐运动影响明显。第 1 个 24 h 内 7#站潮位在–0.61～0.281 m 变化，潮差为 0.891 m，在观测的 15 d 内相对较小，和 1#站基本相同；潮流流速在–0.415～0.51 m/s 变化，流速也较小，和 1#站相比有所减小；由此导致盐度在 3.12～6.87 度变化，变化幅度 3.75 度，和 1#站相比盐度平均值和变化幅度均有所减小，如图 3-9 所示。

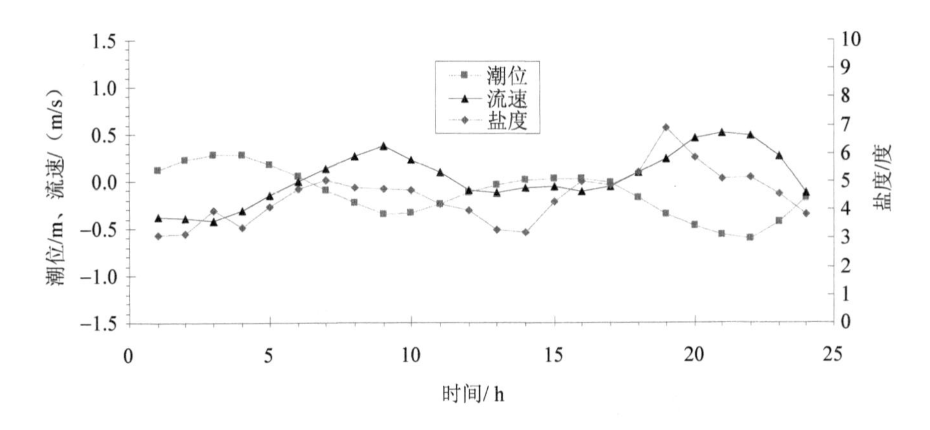

图 3-9　第 1 个 24 h 内 7#站的深度平均流速和盐度随潮汐运动的变化过程

第 5 个 24 h 内潮位在–0.671～0.964 m 变化，潮差为 1.635 m，与 7#站相比相对增大，与 1#站相比潮差减少；潮流流速在–0.811～0.834 m/s 变化，流速相对本站而言也增大，由此导致盐度在 3.05～6.45 度变化，变化幅度 3.4 度，和 1#站相比盐度平均值和变化幅度均明显减小，如图 3-10 所示。

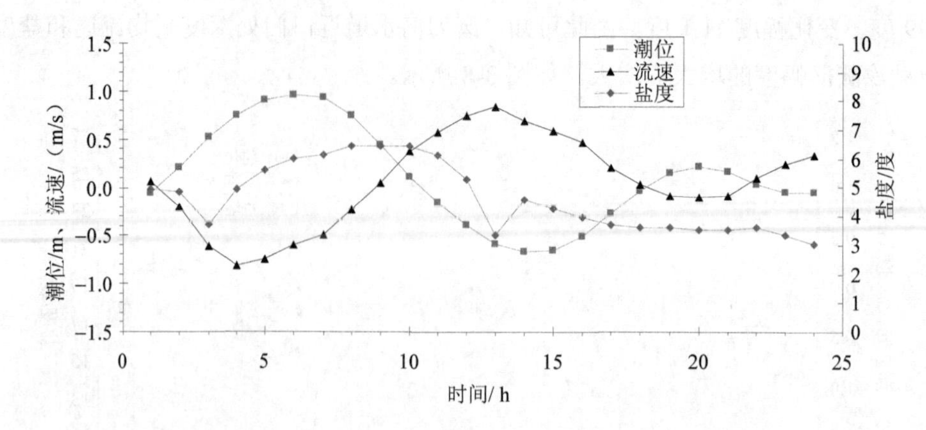

图 3-10　第 5 个 24 h 内 7#站的深度平均流速和盐度随潮汐运动的变化过程

第 7 个 24 h 内潮位在−0.814～1.029 m 变化，潮差为 1.843 m，和本站相比进一步增大，但是与 1#站比明显减小；潮流流速在−0.736～0.92 m/s 变化，流速与本站相比也进一步增大，由此导致盐度在 0.14～3.35 度变化，变化幅度 3.21 度，和 1#站相比盐度平均值和变化幅度也是明显减小。由于 7#站相对远离河口，尽管也受潮汐运动影响，但就盐度而言影响比 1#站明显减小，就流速而言也有所减小，如图 3-11 所示。

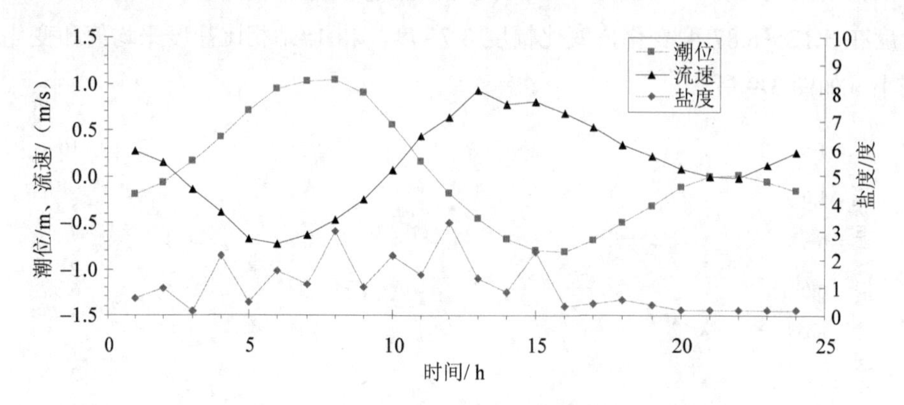

图 3-11　第 7 个 24 h 内 7#站的深度平均流速和盐度随潮汐运动的变化过程

（4）半月潮对咸潮垂向平均运动的影响

从以上 1#和 7#两个站的 3 个典型 24 h 流速和盐度变化过程可知，半月潮内的潮汐能量变化，即潮差的变化，对磨刀门水道咸潮运动也有着明显影响。为此对比了 1#、3#、5#、7# 4 个站，在观测期间的垂向平均流速日平均值、垂向平均流速日最大值、垂向平均流速日最小值、垂向平均盐度日平均值、垂向平均盐度日最大值、垂向平均盐度日最小值分别见表 3-4 至表 3-7。所谓垂向平均流速日平均值，即首先对每个站点的逐时垂向分层流速进行积分后除以水深，得到代表站点的逐时深度平均流速，然后将相邻的 24 个逐时深度平均流速沿时间积分后除以 24，得到的值即为垂向平均流速日平均值。其余的特征值也采用相同的方法计算得到。

从表 3-4 至表 3-7 可知，4 个站点的日均垂向平均流速全部向海，表明磨刀门水道即便是在枯季，径流的作用也超过潮汐作用。潮汐作用方向在河口处尽管是由海向陆，但是作用结果一方面是随着潮汐能量的增强，向陆的流速增大，向海的流速也同步增大，由此在 24 h 内流速的积分除了向海；另一方面 15 个 24 h 平均的向海流速还随潮汐能量的增强而增大。

表 3-4　磨刀门水道 1#站垂向平均流速和盐度的逐日统计特性

潮历时	1#站垂向平均速度/（m/s）			1#站垂向平均盐度/度		
序号	每日均值	每日最大值	每日最小值	每日均值	每日最大值	每日最小值
1	0.001	0.600	−0.679	20.056	21.831	17.477
2	0.010	0.412	−0.605	18.501	20.577	16.370
3	0.099	0.988	−0.580	18.358	21.462	16.049
4	0.070	1.090	−0.767	18.996	24.401	15.231
5	0.091	1.047	−0.735	21.871	24.491	17.116
6	0.184	1.484	−0.696	20.173	25.793	13.448
7	0.125	1.380	−0.746	19.990	25.514	14.402
8	0.139	1.379	−0.640	18.416	23.212	12.464
9	0.103	1.261	−0.640	16.977	22.010	11.649
10	0.134	1.312	−0.620	16.644	22.162	11.206
11	0.076	1.153	−0.685	16.282	22.567	11.766
12	0.108	1.076	−0.560	17.175	20.351	12.855
13	0.078	0.957	−0.525	16.645	21.305	13.139
14	0.017	0.760	−0.420	18.785	22.026	16.203
15	0.018	0.612	−0.395	21.139	22.957	19.029

表 3-5 磨刀门水道 3#站垂向平均流速和盐度的逐日统计特性

潮历时	3#站垂向平均速度/（m/s）			3#站垂向平均盐度/度		
序号	每日均值	每日最大值	每日最小值	每日均值	每日最大值	每日最小值
1	0.004	0.431	–0.401	17.360	19.941	13.074
2	0.022	0.550	–0.566	18.122	20.121	15.727
3	0.036	0.707	–0.551	15.637	19.353	13.317
4	0.004	0.844	–0.812	15.442	19.891	12.552
5	0.053	0.765	–0.766	16.548	22.912	12.848
6	0.137	0.929	–0.612	15.065	23.090	9.895
7	0.038	0.902	–0.797	15.406	22.030	10.220
8	0.082	0.992	–0.822	13.846	20.430	8.924
9	0.060	0.932	–0.764	12.624	19.614	7.774
10	0.072	0.972	–0.738	11.257	18.479	6.697
11	0.019	0.830	–0.779	11.001	17.831	6.814
12	0.034	0.747	–0.720	12.629	18.499	7.593
13	0.031	0.735	–0.484	12.908	17.477	7.946
14	–0.020	0.587	–0.455	13.954	16.862	8.843
15	0.016	0.497	–0.325	16.204	18.771	10.538

表 3-6 磨刀门水道 5#站垂向平均流速和盐度的逐日统计特性

潮历时	5#站垂向平均速度/（m/s）			5#站垂向平均盐度/度		
序号	每日均值	每日最大值	每日最小值	每日均值	每日最大值	每日最小值
1	0.053	0.485	–0.456	8.999	10.433	7.169
2	0.006	0.536	–0.574	9.785	11.201	7.399
3	0.052	0.685	–0.605	9.859	11.693	8.590
4	0.025	0.623	–0.752	8.526	10.634	7.240
5	0.086	0.969	–1.031	8.261	11.400	6.494
6	0.142	0.827	–0.552	5.596	8.978	3.079
7	0.096	0.910	–0.822	4.827	10.819	1.349
8	0.073	0.879	–0.711	4.722	10.307	1.814
9	0.083	0.813	–0.754	3.692	8.403	1.246
10	0.100	0.736	–0.559	2.519	6.303	0.720
11	0.109	0.819	–0.659	1.798	5.038	0.490
12	0.068	0.755	–0.605	2.605	6.105	0.564
13	0.105	0.706	–0.511	3.550	6.434	1.773
14	0.048	0.618	–0.450	4.588	6.560	2.962
15	0.068	0.527	–0.213	6.763	9.549	5.024

表 3-7　磨刀门水道 7#站垂向平均流速和盐度的逐日统计特性

潮历时	7#站垂向平均速度/（m/s）			7#站垂向平均盐度/度		
序号	每日均值	每日最大值	每日最小值	每日均值	每日最大值	每日最小值
1	0.037	0.511	−0.416	4.458	6.870	3.123
2	0.001	0.439	−0.651	5.761	7.477	3.131
3	0.054	0.721	−0.630	6.336	8.487	3.929
4	0.075	0.652	−0.633	5.454	7.586	3.492
5	0.055	0.834	−0.812	4.624	6.453	3.049
6	0.205	0.971	−0.602	2.448	4.475	0.209
7	0.120	0.920	−0.737	1.033	3.353	0.144
8	0.153	0.847	−0.698	0.298	0.778	0.156
9	0.155	0.836	−0.659	0.221	0.443	0.149
10	0.167	0.798	−0.597	0.171	0.209	0.159
11	0.149	0.790	−0.571	0.161	0.172	0.158
12	0.110	0.792	−0.521	0.164	0.189	0.151
13	0.140	0.726	−0.427	0.162	0.169	0.153
14	0.089	0.671	−0.373	0.165	0.224	0.148
15	0.086	0.501	−0.223	1.015	2.377	0.158

由图 3-12 可知，在半月潮周期内，随着潮汐能量的变化，各站点的日均盐度也随之变化。对于 3#、5#、7#站点而言，潮汐能量弱时，日均盐度较大；随着潮汐能量的逐步增大，日均盐度呈减小的趋势；潮汐能量由大变小时，日均盐度则由小变大。对于 1#站点，日均盐度变化总体趋势与前述 3 个站点相同，但是其盐度最大值出现在第 5 个 24 h 内，此时的潮汐能量并非最小，可能与口门其他动力因素有关。

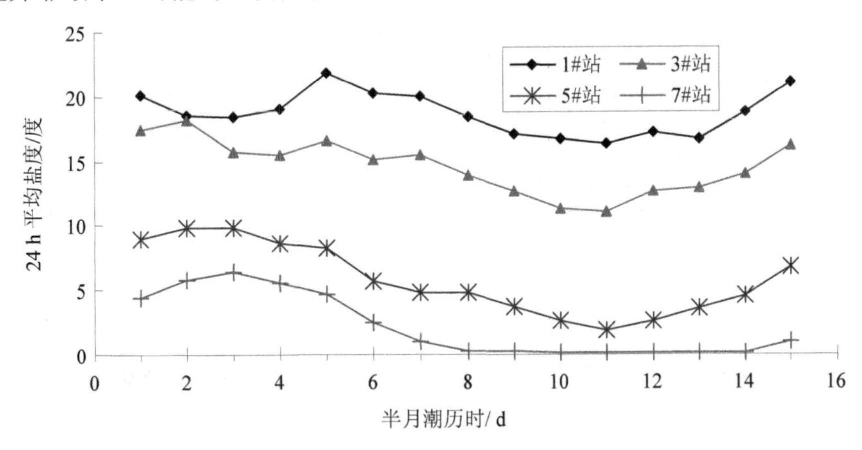

图 3-12　半月潮运动对不同站点垂向平均盐度 24 h 平均值的影响

由图 3-13 所知，在半月潮周期内，随着潮汐能量的变化，各站点的日均盐度变化幅度随之变化，1#、3#、5#站点的盐度变化幅度值与潮汐能量大小正相关。7#站盐度变化与前述 3 站有所不同，原因在于受径流影响较大。

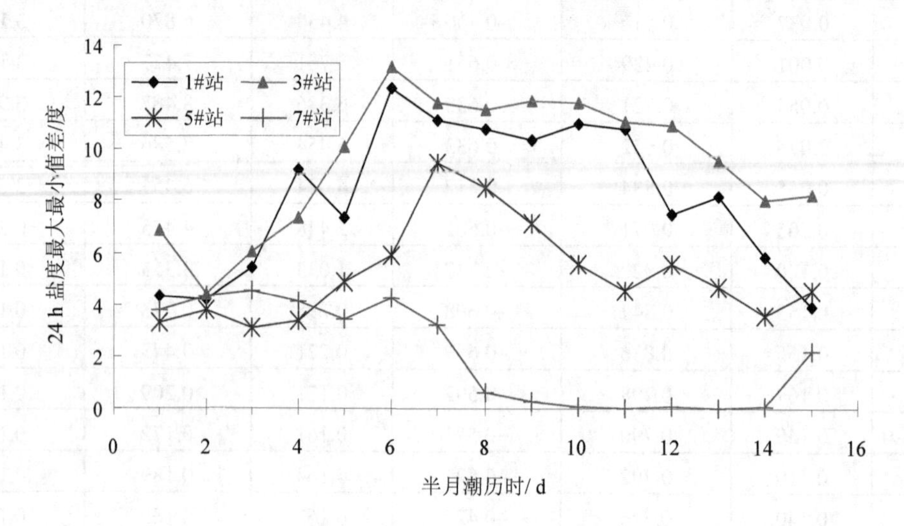

图 3-13 半月潮运动对不同站点垂向平均盐度 24 h 内最大值与最小值之差的影响

由图 3-14 和图 3-15 所知，在半月潮周期内，随着潮汐能量的变化，各站点的日均流速随之变化，1#、3#、5#站点的流速值及最大最小流速差均与潮汐能量大小正相关。

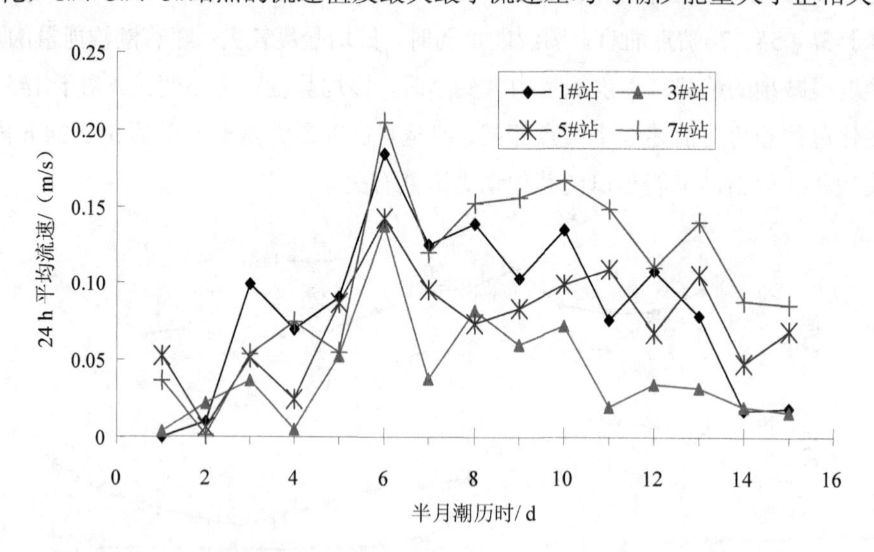

图 3-14 半月潮运动对不同站点垂向平均流速 24 h 平均值的影响

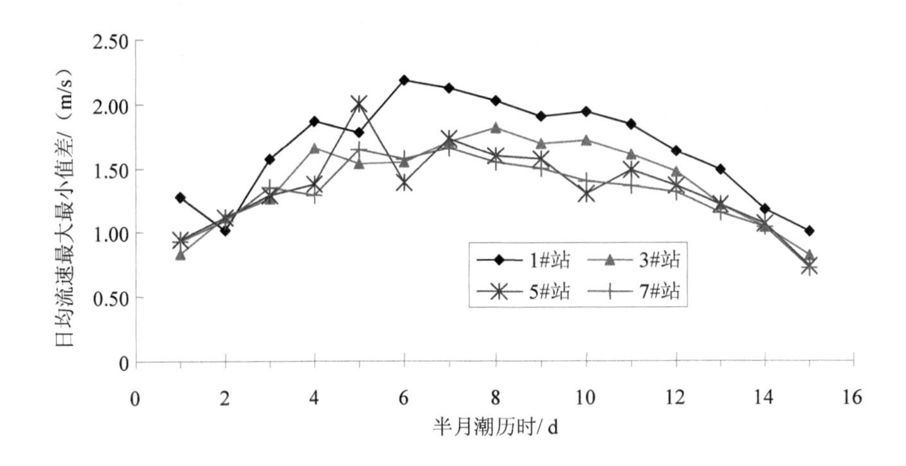

图 3-15　半月潮运动对不同站点垂向平均流速 24 h 内最大值与最小值之差的影响

（5）磨刀门河口表底流速和盐度的时间变化

观测中在水道内设置了 7 条垂线，其中 1#和 3#位于河口区域，同步测量逐时进行，有效时间 360 h，在此以 1#和 3#为例，介绍河口处表底层流速和盐度随时间的变化情况。1#垂线底高程为–7.8 m。该垂线潮位与表底两层及深度平均盐度的变化过程见图 3-16，流速过程见图 3-17。无论是盐度还是流速，都表现出潮控特性。小潮时潮流流速较小，盐度变化幅度也较小；大潮时潮流流速较大，盐度变化幅度也较大；潮流动力的强弱决定了盐度的变化幅度。观测期间 1#垂线的底层流速在–0.04 m/s 上下浮动，表明该站底层流速在半月潮内以涨潮流为主，底层流速最大值为 0.57 m/s，发生在农历十一月初二大潮期的落潮阶段（第 155 个时刻）；底层流速最小值为–0.37 m/s，发生在农历十月二十八中潮期的涨潮阶段（第 100 个时刻）。表层流速在 0.51 m/s 上下浮动，表明该站表层流速在半月潮内以落潮流为主，表层流速最大值为 2.75 m/s，发生在农历十一月初一大潮期的落潮阶段（第 131 个时刻）；表层流速最小值为–1.1 m/s，发生在农历十一月初一大潮期的涨潮阶段（第 149 个时刻）。可见，水动力最强的时刻均发生在潮差较大的潮周期内。

与流速同步，1#垂线的底层盐度在 27 度上下浮动，底层盐度最大值为 35.2 度，发生在农历十一月初一大潮期的涨潮阶段（第 146 个时刻）；底层盐度最小值为 16.4 度，发生在农历十一月初四大潮期的落潮阶段（第 209 个时刻）。表层盐度在 7.8 度上下浮动，表层盐度最大值为 15.5 度，发生在农历十月二十九大潮期的涨潮阶段（第 124 个时刻）；表层盐度最小值为 1.9 度，发生在农历十一月初八中潮期的落潮阶段（第 305 个时刻）。可见，咸潮上溯与潮动力有着密切关系，无论表底层盐度，其最大值均出现在大潮阶段的涨潮时刻。

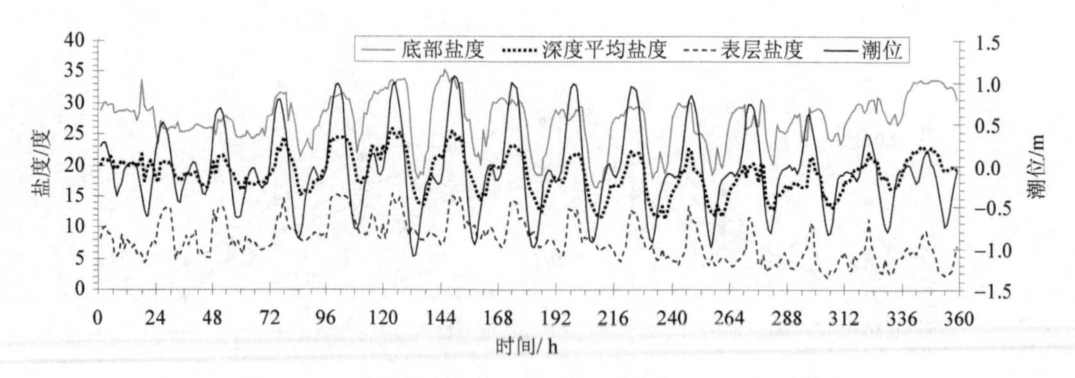

图 3-16 观测期间 1#垂线表底两层及深度平均盐度过程线

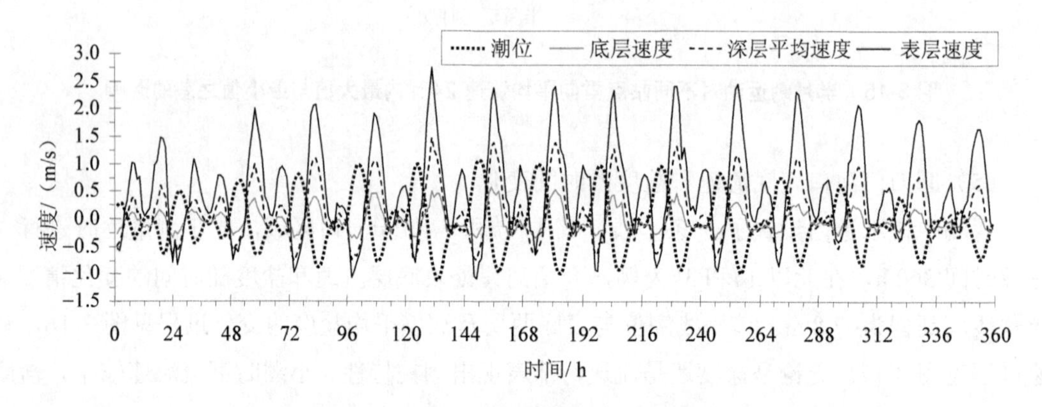

图 3-17 观测期间 1#垂线表底两层及深度平均流速过程线

3#垂线距离 1#垂线 11 km 左右，底高程为–9.9 m。该垂线潮位与表底两层及深度平均盐度的变化过程见图 3-18，流速过程见图 3-19。3#垂线表底层盐度变化过程与 1#类似，但是其盐度值和流速值总体上均比 1#小。观测期间，3#垂线底层流速平均值为 0 m/s，最大值为 0.6 m/s，最小值为–0.4 m/s。分别比 1#垂线大 0.04 m/s、大 0.3 m/s 和小 0.3 m/s；表层流速平均值为 0.22 m/s，最大值为 1.33 m/s，最小值为–1.33 m/s。分别比 1#垂线小 0.29 m/s、小 1.42 m/s 和小 0.23 m/s。说明观测期间 3#垂线底层流速涨落大致平衡，落潮流速最大略增大，涨潮流速最大值也略增大；表层流速也是以落潮占优，但优势相对 1#垂线减小，落潮流速最大值相对减小，涨潮流速最大值相对有所增大。

观测期间，3#垂线底层盐度平均值为 23.4 度，最大值为 32.1 度，最小值为 11.9 度。分别比 1#垂线小 3.6 度、3.1 度和 4.5 度；表层盐度平均值 4.8 度、最大值 11.6 度、最小值 1.4 度，分别比 1#垂线小 3 度、3.9 度、0.5 度。由于 3#垂线距离河口更远，盐度理所当然比 1#垂线小，底层盐度整体情况、表层盐度平均值和最大值比 1#垂线小 3～4 度，但表层盐度最小值和 1#垂线相当，说明磨刀门水道表层有淡水控制时段，在该时段淡水控制区域可以延伸至河口附近。

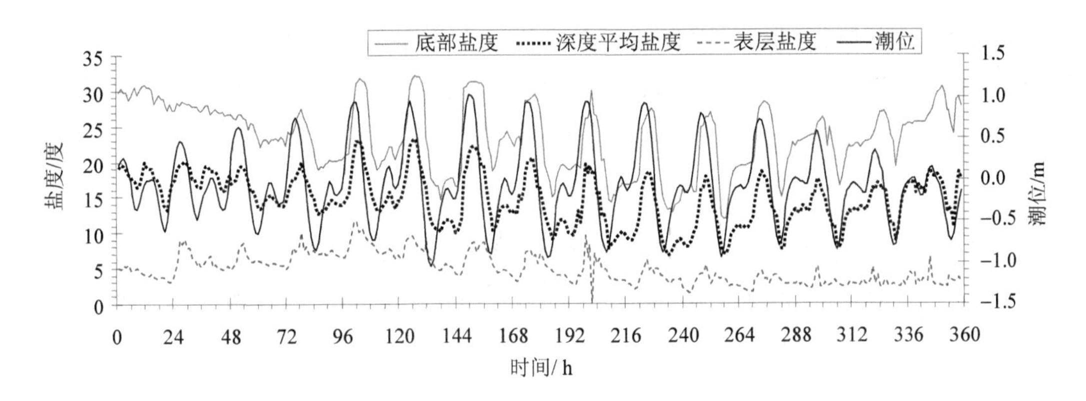

图 3-18　观测期间 3#垂线表底两层及深度平均盐度过程线

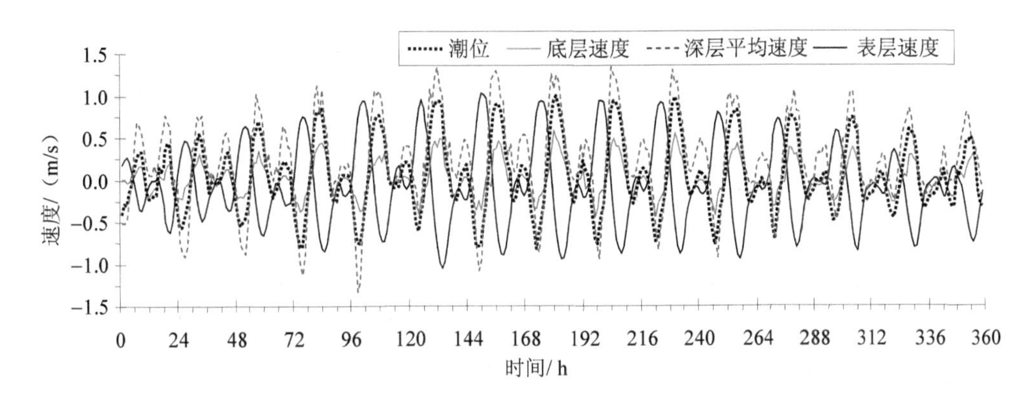

图 3-19　观测期间 3#垂线表底两层及深度平均流速过程线

在这 360 h 内的每个同步观测时刻，磨刀门水道内纵向分布的 7 个观测站点的流速和盐度垂向分层分布构成了一个完整的纵向流速和盐度垂向分布图，也可以称之为纵向流场和盐度场。结合分析这 360 h 的纵向流场和盐度场分布图，其变化主要受潮汐运动主导，其次是盐度梯度和上游径流。

观测期间，磨刀门水道纵向分层流速和盐度随张落潮和其他因素而一直在变化，甚至没有任何两个时刻的分层流场和盐度场表现出近似级别的一致，因此很难对各个时刻的流场和盐度场进行分类或总结。但是有一个特点值得一提：与无咸潮水道涨落时分层流向完全一致的特性不同，磨刀门水道纵向流速的垂向分布多表现为表底反向。对于纵向分布的 7 个站，若有 1 个站分层流速的方向完全相同，且流向向海，则对该时刻的分层流向一致性参数赋值 1，若流向向上游，则赋值−1；若有 2 个站，则依流向赋值 2 或者−2；以此类推全部站点的分层流向相同，则依据流向赋值为 7 或者−7。在 360 个时刻里面，一共有 257 个时刻至少有一个站点表现为表底反向，仅 103 个时刻 7 个站点分层流速的流向完全一致，占总时段小于 1/3 的小部分，如图 3-20 所示。这 103 个时刻内，落潮阶段有 52 个时刻，涨潮阶段有 51 个时刻，两个阶段的次数基本相同。分析图 3-20 可知，纵向分层流向完全一致的时刻，一般出现在半日潮的高高潮位出现前的涨急或者低低潮位出现前的落急期间。

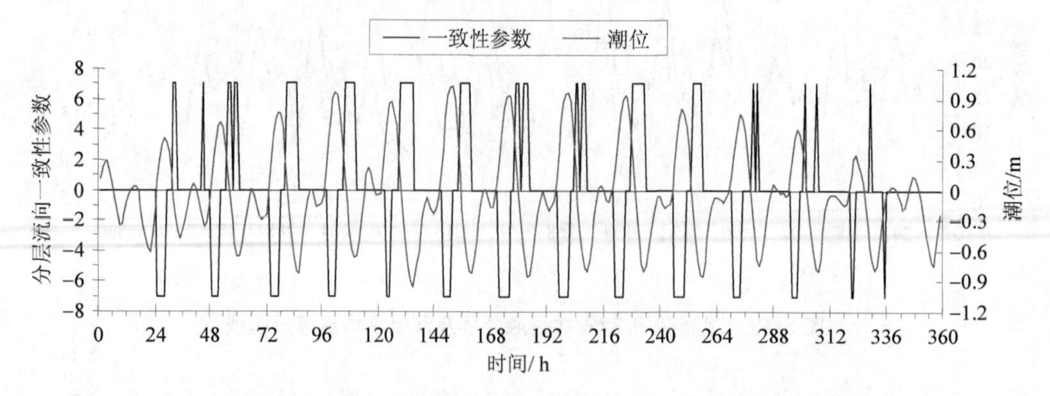

图 3-20 磨刀门水道内各站垂向分层流速方向一致性统计

注：图中主纵轴表示流向一致的站点数，正 7 表示全部为落潮，负 7 表示全部为涨潮。

受海水密度较大影响，磨刀门水道内盐度垂向分布表现为底高表低，各站点垂线盐度总和随涨落潮而变化。与强潮水道内盐度随涨潮同步增大、随落潮同步减小不同，磨刀门水道内盐度变化有其独特性。分析各站点垂向盐度总和的变化趋势的一致性，如果 7 个站点相邻两个时刻的盐度总和变化均为增大，则对水道内盐度变化趋势一致性参数赋值 7；如果 7 个站点相邻两个时刻的盐度总和变化均为减小，则对盐度变化趋势一致性参数赋值 −7。经计算发现 7 站盐度总和变化趋势一致的情况出现了 47 次，仅占全时段内小于 1/7 的小部分，如图 3-21 所示。图中盐度总和 7 站全部增大的情况出现了 16 次，全部减小的情况出现了 31 次，盐度总和全部减小的时段数是全部增大的时段数的 2 倍；其余时刻至少有 1 个站的盐度总和变化趋势与其余站点不一致。由图 3-21 还可以看出，盐度总和变化趋势一致的情况多出现在纵向分层流向完全一致的时刻，但是也存在例外。

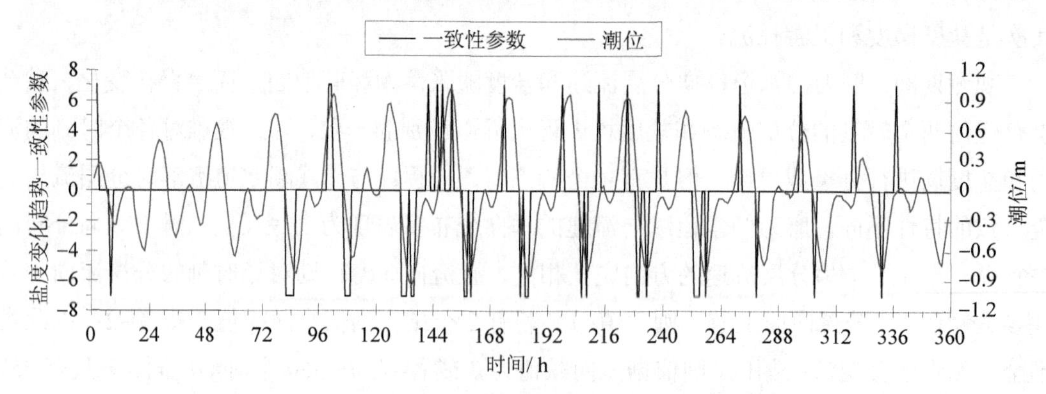

图 3-21 磨刀门水道内各站盐度总和变化趋势一致性统计

注：图中主纵轴表示盐度变化趋势一致的站点数，正 7 表示全部增加，负 7 表示全部减小。

比较图 3-20 和图 3-21，能发现一个现象：并非每一个 7 站纵向分层流向完全一致的时刻，其 7 站盐度总和变化趋势是完全一致的。反过来也成立：并非每一个 7 站盐度总和变化趋势完全一致的时刻，其 7 站纵向分层流向也是完全一致的。此外从盐度总和变化趋势来看，存在一个有趣的现象：有些时刻 7 站的分层流向并不完全一致，但是 7 站盐度总和的变化趋势却完全一致，比如第 2、第 8、第 136、第 142、第 146、第 152、第 160、第 181、第 206、第 213、第 225、第 238、第 254、第 258、第 303、第 319、第 331、第 337 共 18 个时刻。

一般情况下，如果 7 个站点的流向完全一致，那盐度总和的变化方向应该与流向是一致的，即如果 7 站都是涨潮流，那么盐度总和会全部增加；如果 7 站都是落潮流，那么盐度总和会全部减小。但实际上并非如此，在 103 个流向一致性时刻中，仅有 29 个时刻盐度总和变化趋势一致，如图 3-22 所示，仅约占 103 的 1/4，其中盐度总和减少的情况数（落潮流）是增大时刻数（涨潮流）的 3 倍左右，同样也证明磨刀门河口为落潮流占优的河口。

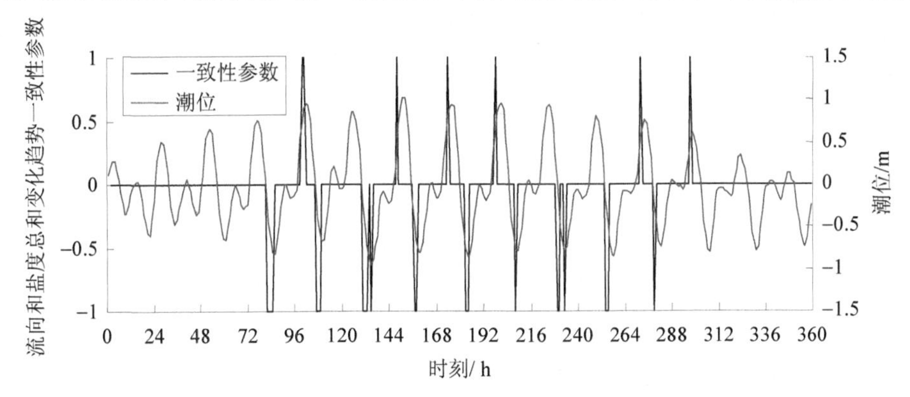

图 3-22　磨刀门水道内各站流向和盐度总和变化趋势一致性统计

注：图中主纵轴的参数，正 1 表示涨潮时盐度总和增加，负 1 表示落潮潮盐度总和减小。

3.2.2　磨刀门河口咸潮上溯的空间变化

（1）磨刀门河口咸潮纵向变化特性

磨刀门河口咸潮特性呈现明显的纵向空间上的不一致，一方面是越上游盐度越小，另一方面是越上游受径流的影响越大。同样以 2009 年 12 月的现场观测为例，前一节给出的是 1#和 3#垂线，这两条垂线距离河口边界近，受海洋动力影响大，盐度较高。本节给出的是 5#和 6#垂线的观测结果，通过对比可以发现磨刀门河口纵向咸潮特性的不同。

5#垂线位于 3#垂线上游约 18 km，距离 1#垂线 23.5 km。由于距离磨刀门出口较远且其下游有洪湾水道支汊，5#垂线表底层盐度变化过程与 3#有较大的不同，如图 3-23 和图 3-24 所示。其盐度值总体上比 3#要小很多，盐度变化幅度也小于 3#，日内盐度最大值接近 3#垂线的最小值，盐度过程线变化趋势与 3#基本一致。

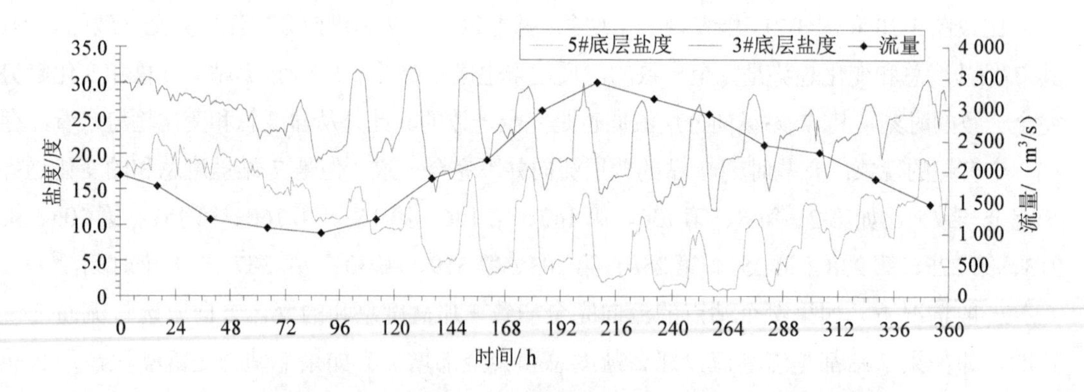

图 3-23 观测期间 5#垂线和 3#垂线底层盐度及“马+三”流量过程线

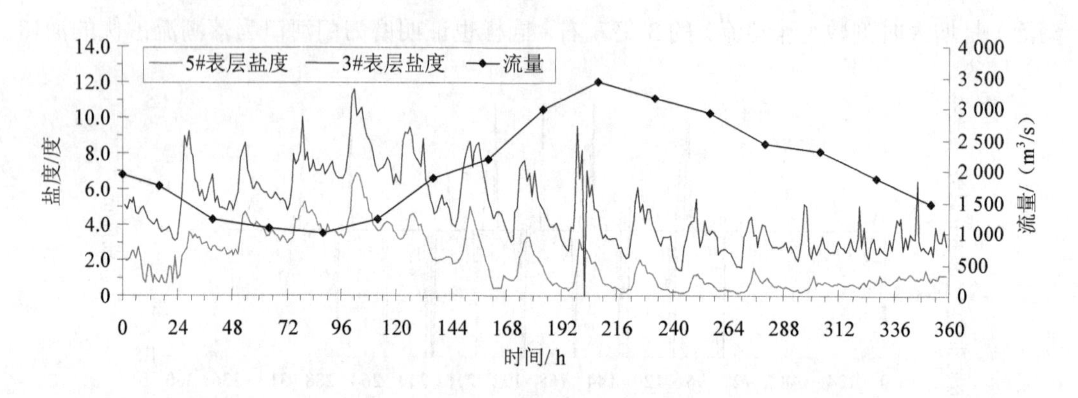

图 3-24 观测期间 5#垂线和 3#垂线表层盐度及“马+三”流量过程线

观测期间，5#垂线底层盐度平均值为 10.6 度，最大值为 22.7 度，最小值为 0.7 度。分别比 3#垂线小 12.8 度、9.4 度和 11.2 度；表层盐度平均值 1.9 度、最大值 6.8 度、最小值 0.1 度，分别比 3#垂线小 2.9 度、4.8 度、1.3 度。5#垂线和 3#垂线盐度值的这些差异接近或者超过 5#垂线的平均值，说明 5#垂线平均盐度至少比 3#低一半。对比 3#和 1#之间的差别，5#和 3#之间底层盐度的差别整体扩大 3 倍左右，表层盐度最大值和最小值的差别也增大，但是平均值的差别和 3#与 1#之间的差别相当。以上情况表明，磨刀门水道底层盐度越往上游其受径流影响越大，纵向梯度越大；表层盐度则与底层有较大差别，盐度纵向梯度变化并不大，说明径流对磨刀门河口表层盐度的影响范围比底层大。

图 3-25 给出的是 5#垂线与 3#垂线表底层盐度值的比值，描述的是 5#盐度值与 3#盐度值的相对关系。在观测开始阶段的小潮和小流量期间，5#底层盐度值大约是 3#的 0.7 倍，日内变化随潮流波动较小，变幅约 0.15 倍；随着潮差增大 5#垂线底层盐度相对于 3#的盐度倍数逐渐降低，平均值在 0.5 倍左右；随着潮差和径流量进一步增大，该比值进一步变小，平均值在 0.3 倍左右，涨潮时比值增大，落潮时比值减小，比值在日内随潮流波动幅

度变大，变幅约 0.35 倍左右；随后随着潮差和径流量的变小，比值逐渐恢复。

5#垂线表层盐度值在观测开始阶段的小潮和小流量期间，大约是 3#的 0.38 倍，约为底层比值的一半，日内变化随潮流波动比底层大，变幅约 0.38 倍；随着径流量减小 5#垂线表层盐度相对于 3#的盐度的比值逐渐增大，平均值为 0.47 倍；随着潮差和径流量增大，该比值逐渐变小，平均值在 0.25 倍左右，与底层一样随涨落潮增大和减小，比值在日内随潮流波动变大，并逐渐接近底层的变幅，平均变幅约 0.32 倍；随后由于潮差和径流量变小，比值逐渐恢复，并小于底层比值。

以上情况表明，磨刀门水道盐度纵向分布主要受潮汐动力、径流运动以及盐度梯度力的影响，潮汐能量较小的小潮阶段，5#盐度值和 3#盐度值的比值较大，说明 5#和 3#站的盐度差别相对较小；底层比值日内变化幅度较小，说明在小潮阶段底层水体的盐度梯度力足以和潮汐动力抗衡，阻止盐度随潮汐变化大幅度变化；表层盐度比值小于底层，说明由于盐度小导致盐度梯度力较弱，无法抵抗即便较弱的潮汐动力。在潮汐能量较大的大潮阶段，5#盐度值和 3#盐度值的比值较小，说明 5#和 3#站的盐度差别相对较大；日内变幅较大说明潮汐能量是控制盐度变化的主要因素之一；径流量较大时表底层比值变幅趋同，说明在潮汐能量较大且径流量较大时，河道内水体接近表底同步运动，未充分混合的存在盐度表底层差异的水体在径流和潮汐能量的双重作用下，做往复振荡运动。表层比值与径流量呈负相关，说明表层盐度受径流影响较大。

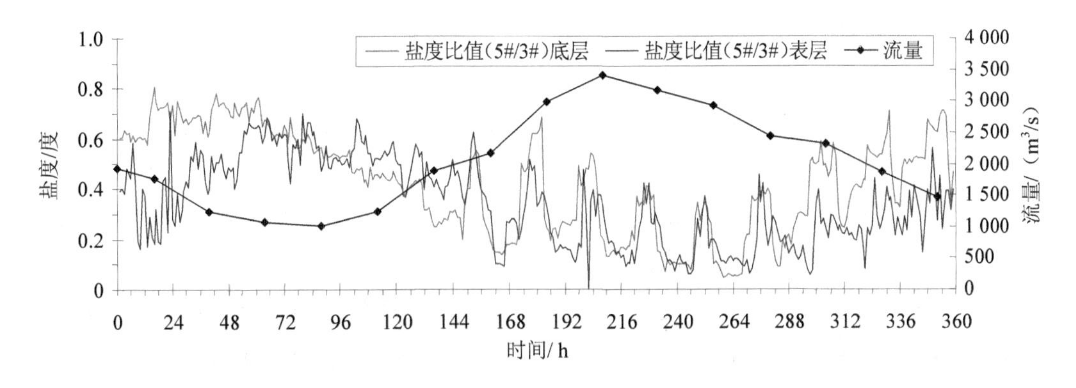

图 3-25 观测期间 5#垂线与 3#垂线表底层盐度比值及“马+三”流量过程线

观测期间，5#垂线底层流速平均值为–0.04 m/s，最大值为 0.73 m/s，最小值为–0.67 m/s，分别比 3#垂线小 0.04 m/s、大 0.13 m/s 和小 0.27 m/s；表层流速平均值为 0.34 m/s，最大值为 1.67 m/s，最小值为–1.34 m/s，分别比 3#垂线大 0.12 m/s、大 0.34 m/s 和小 0.01 m/s。对比 5#和 3#，5#流速受潮汐运动影响减小，受径流影响增大；观测期间 5#垂线的底层流速在径流量小于 2 100 m^3/s 前，落潮流速普遍比 3#小，涨潮流速普遍比 3#大；径流量大于 2 100 m^3/s 后，5#张潮流速也小于 3#。5#表层落潮流速始终比 3#大，涨潮流速普遍比 3#

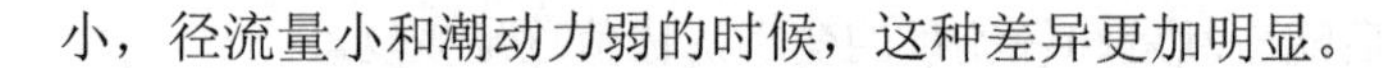
小，径流量小和潮动力弱的时候，这种差异更加明显。

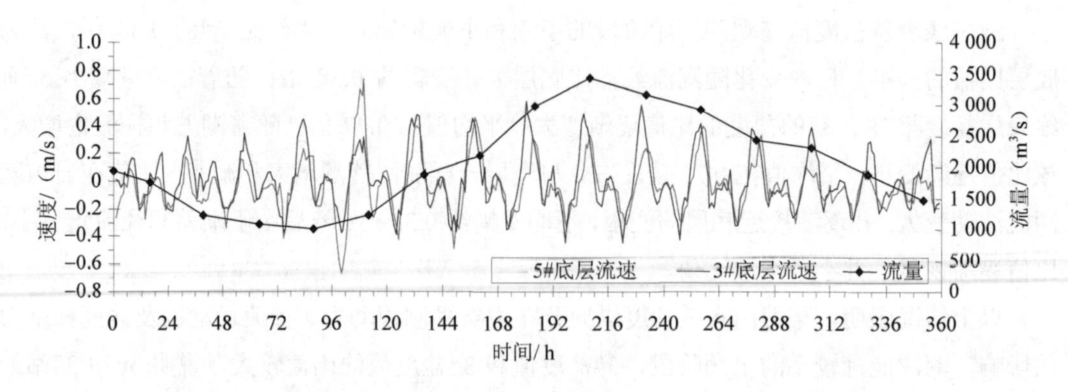

图 3-26　观测期间 5#垂线和 3#垂线底层流速及“马+三”流量过程线

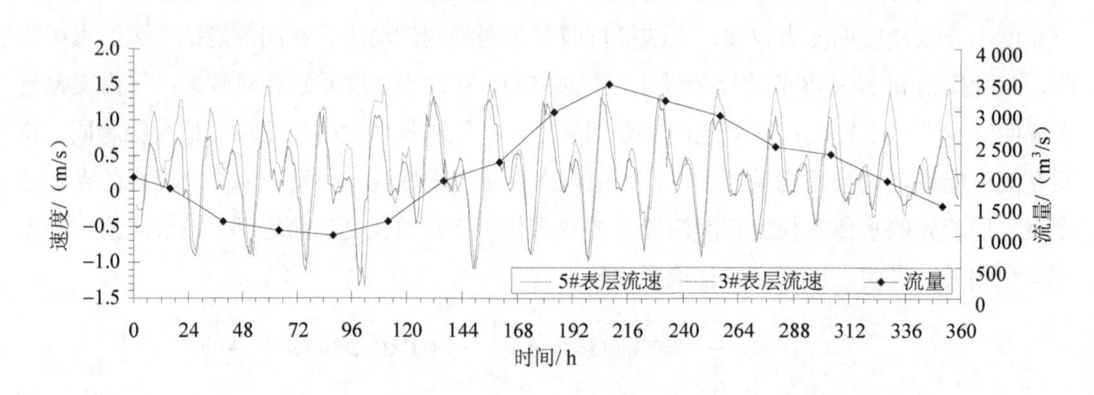

图 3-27　观测期间 5#垂线和 3#垂线表层流速及“马+三”流量过程线

6#垂线位于 5#垂线上游 7.2 km，距离 1#垂线约 31 km，表底层盐度变化过程与 3#的差异性更大，流量增大至 2 180 m^3/s 后，表层基本被淡水占据，在某些时段底层空间甚至也被淡水占据，如图 3-28 和图 3-29 所示。观测期间，6#垂线底层盐度平均值为 7.74 度，最大值为 18.7 度，最小值为 0.19 度。分别比 3#垂线小 15.65 度、13.41 度和 11.7 度；表层盐度平均值 1.24 度、最大值 5.23 度、最小值 0 度，分别比 3#垂线小 3.58 度、6.38 度、1.4 度。6#垂线表底层盐度平均值与 3#垂线之间的差别约是该值的 2 倍，表明 6#垂线的盐度约是 3#垂线对应层盐度的 1/3。

6#垂线底层盐度值在观测开始阶段的小潮和小流量期间，大约是 3#的 0.6 倍，日内变化随潮流波动较小，变幅约 0.19 倍；随着潮差增大 6#垂线底层盐度相对于 3#的盐度倍数逐渐降低，平均值在 0.43 倍左右；随着潮差和径流量进一步增大，该比值进一步变小，平均值在 0.2 倍左右，涨潮时比值增大，落潮时比值减小，比值在日内随潮流波动变大，变幅约 0.55 倍；随后随着潮差和径流量的变小，比值逐渐恢复。

6#垂线表层盐度值在观测开始阶段的小潮和小流量期间，大约是 3#的 0.39 倍，日内变化随潮流波动比底层大，变幅约 0.6 倍；随着潮差增大 6#垂线表层盐度相对于 3#的盐度倍数逐渐减小，平均值在 0.41 倍左右；潮差和径流量进一步增大后，该比值逐渐变小，平均值在 0.08 倍左右，与底层一样涨潮时比值增大，落潮时比值减小，比值在日内随潮流波动变大，但是始终比底层比值小，平均变幅约 0.15 倍；随后随着潮差和径流量的变小，比值逐渐恢复，但仍旧小于底层比值。

与 5#垂线类似，6#垂线表底盐度变化过程基本与 3#同步。不同之处一方面在于 6#垂线的变化幅度小于 5#垂线，尤其是表层盐度，说明 6#垂线受咸潮影响比 5#小，表层受咸潮影响更小；另一方面在于径流量较大的时段（大于 2 180 m^3/s 时）内的落潮阶段，6#垂线盐度降至 0，说明 6#垂线在这些时段完全被淡水控制，其上游不远处已全时段被淡水控制，盐淡水分界线在 6#垂线上下游往复移动；此外，在径流量较大且潮汐能量较大的阶段（168～264 h），6#垂线盐度如果大于零，其与 3#垂线的盐度比值存在较大的表底层差异，表层盐度比值小于底层盐度比值，说明在盐淡水分界线附近，淡水的控制作用强于潮汐作用和盐度梯度力作用。

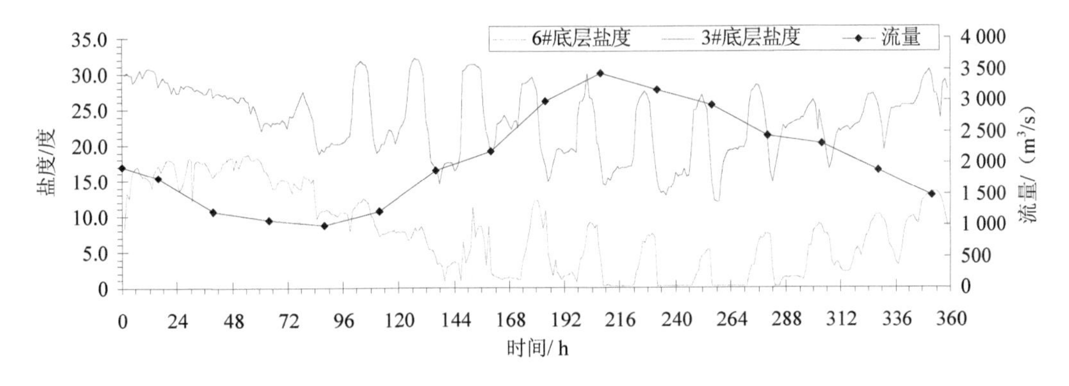

图 3-28　观测期间 6#垂线和 3#垂线底层盐度及“马+三”流量过程线

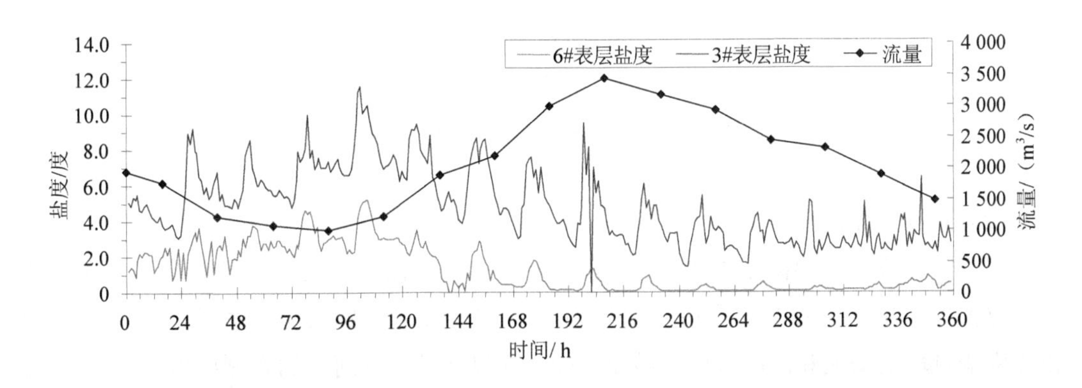

图 3-29　观测期间 6#垂线和 3#垂线表层盐度及“马+三”流量过程线

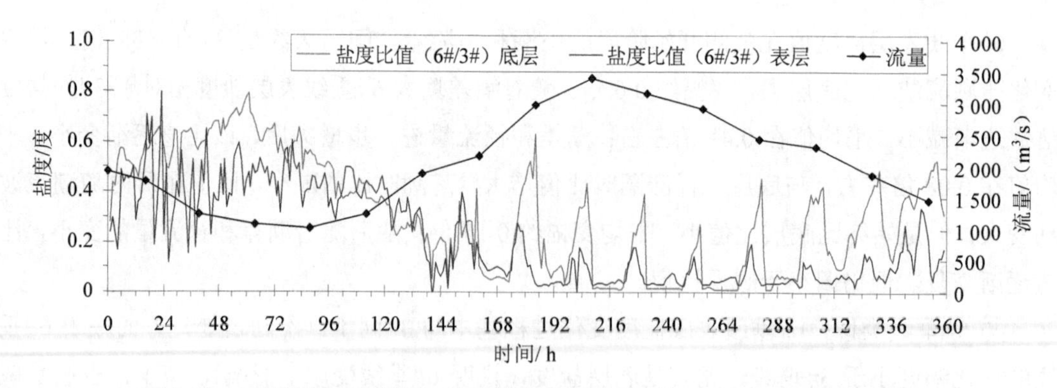

图 3-30 观测期间 6#垂线和 3#垂线表底层盐度比值及"马+三"流量过程线

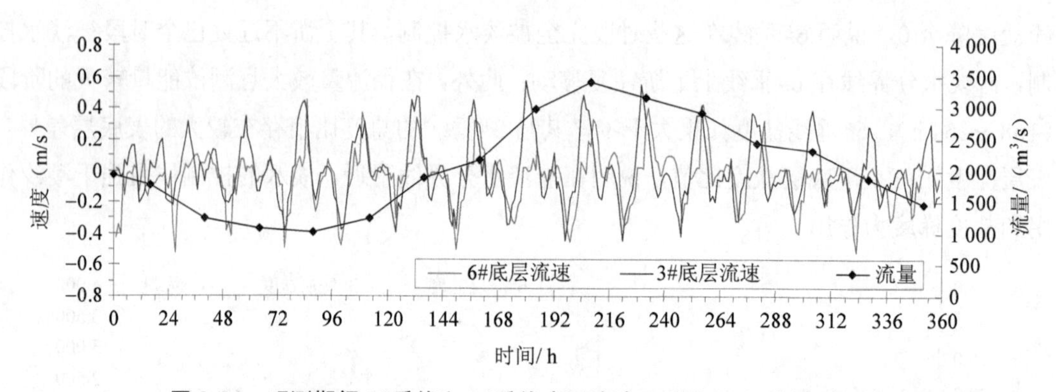

图 3-31 观测期间 6#垂线和 3#垂线底层流速及"马+三"流量过程线

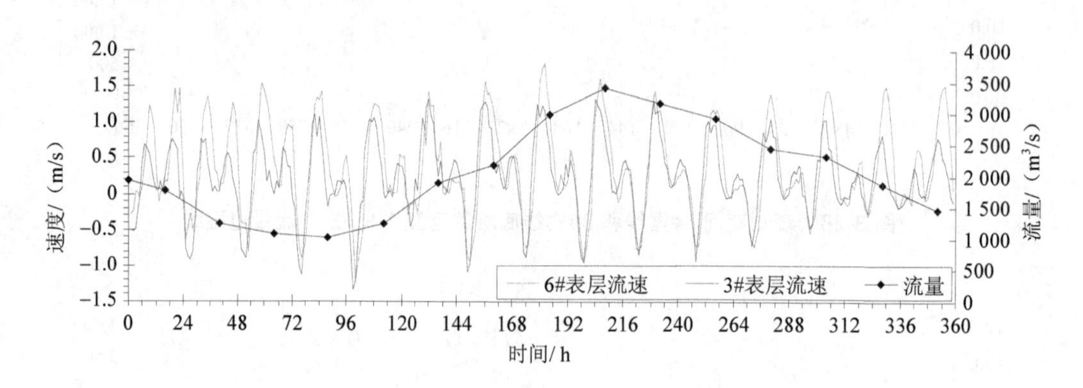

图 3-32 观测期间 6#垂线和 3#垂线表层流速及"马+三"流量过程线

（2）咸潮上溯距离

河口区的咸潮运动特性主要随潮汐涨落和径流流量而不断变化，以磨刀门水道为例，同一位置处的盐度如图 3-20 和图 3-21 一样，6#和 3#站各自的表层和底层盐度随潮汐运动出现涨潮阶段的增大和落潮阶段的减小，如此往复波动。从河口的海侧边界至河口的陆侧边界，盐度一般情况下是越来越小，直至为 0；因此距离海侧边界较近的 3#站表层盐度一直比距离海侧边界较远的 6#站要大很多。

分析单个站点，其盐度值在日内波动，会有一个最大值和一个最小值。盐度最大值一般出现在涨潮流的转潮阶段，也称涨憩阶段。在涨潮阶段，海洋动力向陆域推进，涨憩阶段则是其推进过程中的日内重要时间节点，一般出现在高高潮位对应的时刻附近，过了这个节点就是落潮。从河口海侧到河口陆侧，涨憩发生的时间不完全一致，但差别不会太大，取决于河口区潮汐特性的变形程度。潮汐变形越小，其特征在河口内出现的时间段越同步，否则越不同步。磨刀门河口涨憩出现的时间相对同步。对应地，盐度最小值一般出现在落潮流的转潮阶段。

前文已述，所谓咸潮上溯，就是海水盐度向河口陆域一侧扩散和输运的过程，这个过程随着潮汐运动在日内出现波动。与盐度最大值和最小值对应，涨潮阶段出现最大的咸潮上溯长度，落潮阶段出现最小的咸潮上溯长度。Savenije（2012）认为对于某个河口而言，上游径流量是决定咸潮上溯长度大小的主要因素之一，长度的日内波动体现的则是潮汐作用；咸潮上溯形态有 4 种类型：递减型、哑铃型、拱型和驼背型。图 3-33 至图 3-35 给出了观测期间日最大上溯长度对应的含氯度纵向分布情况，反映的就是磨刀门河口咸潮的上溯形态，与 Savenije（2012）定义的递减型一致。通常而言，河优型河口的咸潮上溯形态以递减型为主。

在 2009 年枯季观测期间内，咸潮上溯的形态一直在变化。图 3-33 中第 1 天的含氯度纵向分布曲线位置最低，其左侧距离河口较远处的含氯度低于某个值后，对应的位置就是该值的咸界。随后 4 天（第 2 天至第 5 天）的曲线位置逐步抬升，含氯度逐渐增大，咸界位置向上游移动。图 3-34 和图 3-35 中各自的 5 条曲线（第 6 天至第 15 天）位置则逐天降低。

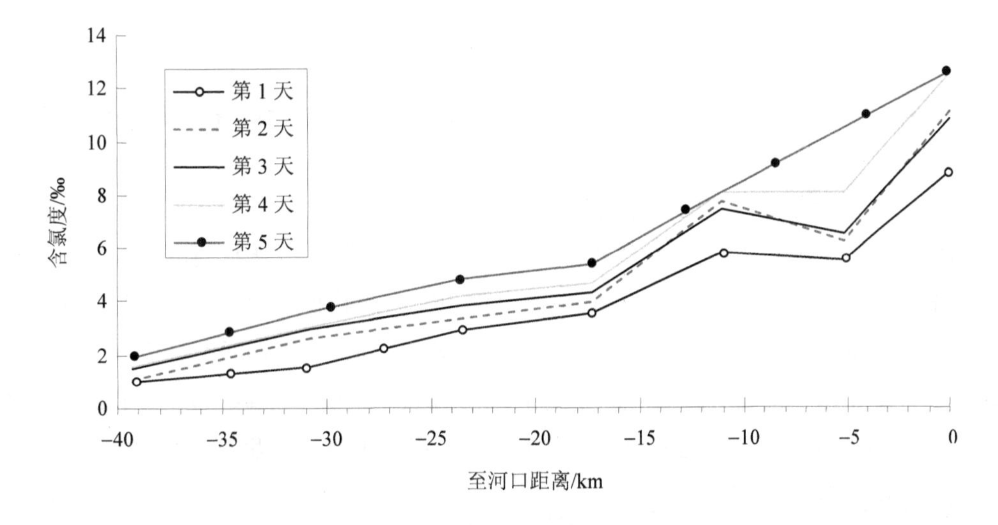

图 3-33　磨刀门河口 2009 年 12 月咸潮最大含氯度逐日沿程分布（第 1—5 天）

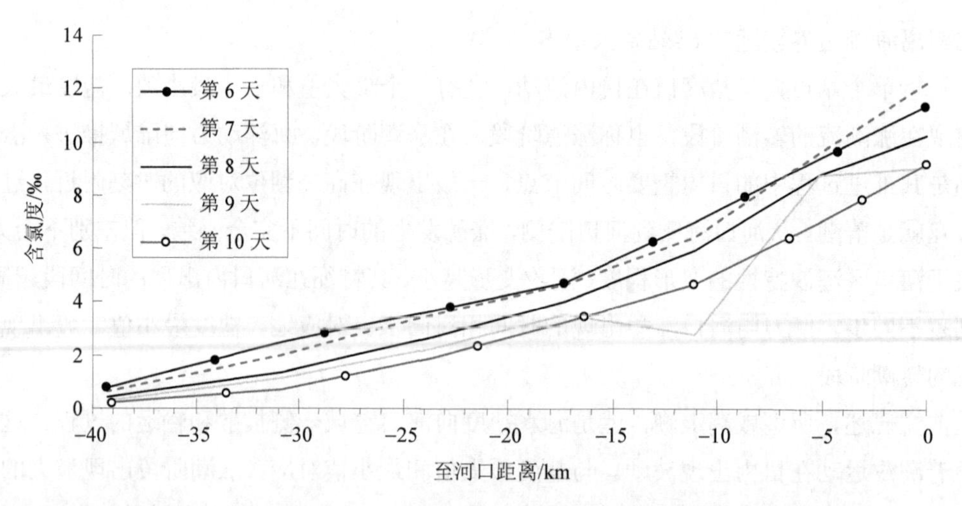

图 3-34 磨刀门河口 2009 年 12 月咸潮最大含氯度逐日沿程分布（第 6—10 天）

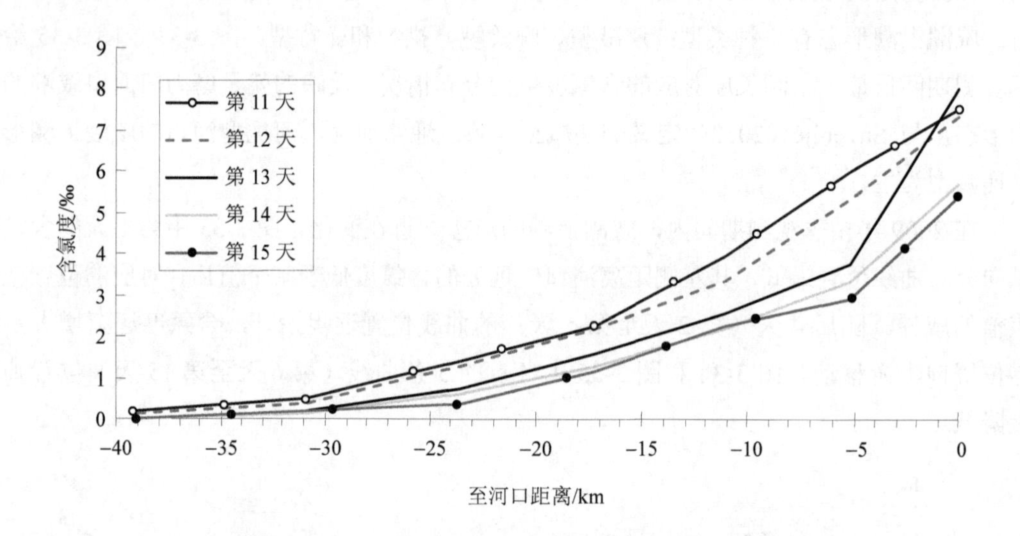

图 3-35 磨刀门河口 2009 年 12 月咸潮最大含氯度逐日沿程分布（第 11—15 天）

与含氯度纵向分布曲线的变化趋势对应的是咸潮上溯长度，如图 3-36 所示，在图中可以看到最大咸潮上溯距离在第 1 至第 5 天逐渐增大，随后的 10 天则逐步减小。在咸潮上溯距离增大的时段内，上游流量（马+三）呈逐步减小的趋势；随后咸潮上溯距离减小，巧合的是从第 6 天流量开始增大，并一直增大到第 10 天；观测期间的最后 5 天，咸潮上溯距离一直处于减小的趋势，反常的是流量却在第 11 天开始一直减小，与前面 10 天内上溯距离变化趋势与流量变化趋势成负相关的关系不符，值得进一步深入研究。

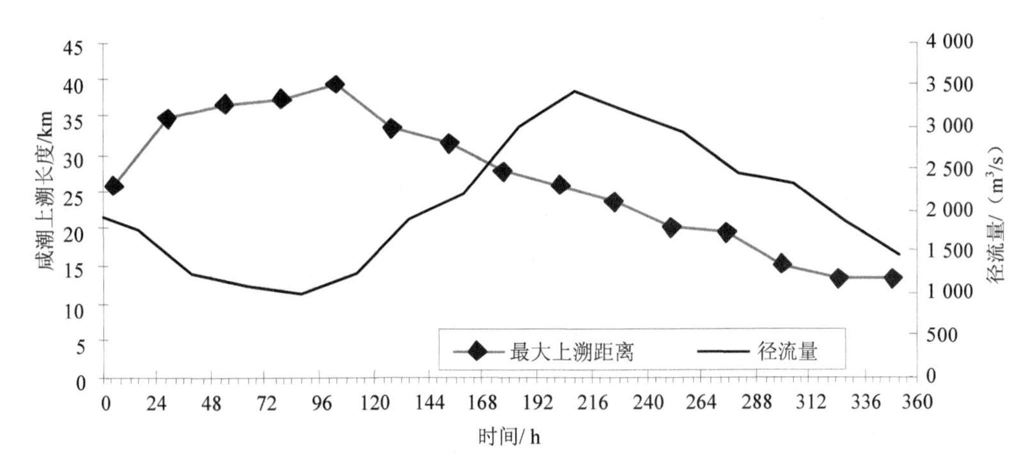

图 3-36　磨刀门河口 2009 年观测期间咸潮最大上溯距离及“马+三”流量过程

磨刀门河口只是珠江河口咸潮上溯的一个典型，实际上珠江三角洲网河区在枯季普遍会受咸潮上溯的影响，图 2-1 中给出了不同流量条件下大潮期珠江三角洲 250 mg/L 含氯度变化空间分布图，当思贤滘流量为 1 000 m^3/s 时，西北江三角洲咸界上溯至佛山、顺德、江门附近，广州、中山、珠海全面位于咸界内，三角洲各取水口将受到全面影响；当上游来水达到 5 500 m^3/s 时，咸界基本退至各取水口以下；当思贤滘流量为 2 500 m^3/s 时，咸潮基本不影响广州市石门、沙湾、南洲等主力水厂，不影响佛山市桂州、容奇、容里水厂和中山市全禄、大丰水厂，江门市牛筋、鑫源水厂。

（3）磨刀门水道盐淡水混合特征及垂向变化

磨刀门水道咸潮上溯过程就是陆架高盐水体在向上游输运过程中与进入河口区的径流淡水相互作用的过程，盐淡水混合是这个过程中重要的物理现象之一。河口区盐淡水混合受潮汐作用影响最大，因此混合过程有明显的潮周期变化规律。由于磨刀门河口潮汐能量偏弱，径流也是影响盐淡水混合特性的动力之一。以下分别对潮汐和径流作用下的盐淡水混合特征及垂向变化予以介绍。

磨刀门河口潮汐每日有两涨两落，构成单个潮周期。在咸潮上溯距离较大的枯季，径流较弱，潮流呈往复运动，流速大小和方向是决定盐淡水混合特性的参数之一。与强潮河口潮流及盐淡水混合特征不同，磨刀门河口咸潮具有明显的分层特性，流速流向在单个潮周期内极少完全一致。以 2009 年 12 月枯季咸潮期间的盐淡水混合特性为例，如图 3-20 所示，平均一天内仅不到 7 个小时，流向完全一致。图 3-37 给出的是 2009 年枯季 12 月 14 日凌晨 3 点落急时刻磨刀门河口 7 个站点的垂向流场和盐度场，流速方向一致向海，流速大小随水深变化较大，即流速的垂向和纵向梯度较大；盐度的垂向分布特征为底高表低，垂向梯度变化平缓；盐度纵向分布特征为海侧高陆侧低，纵向梯度变化平缓。

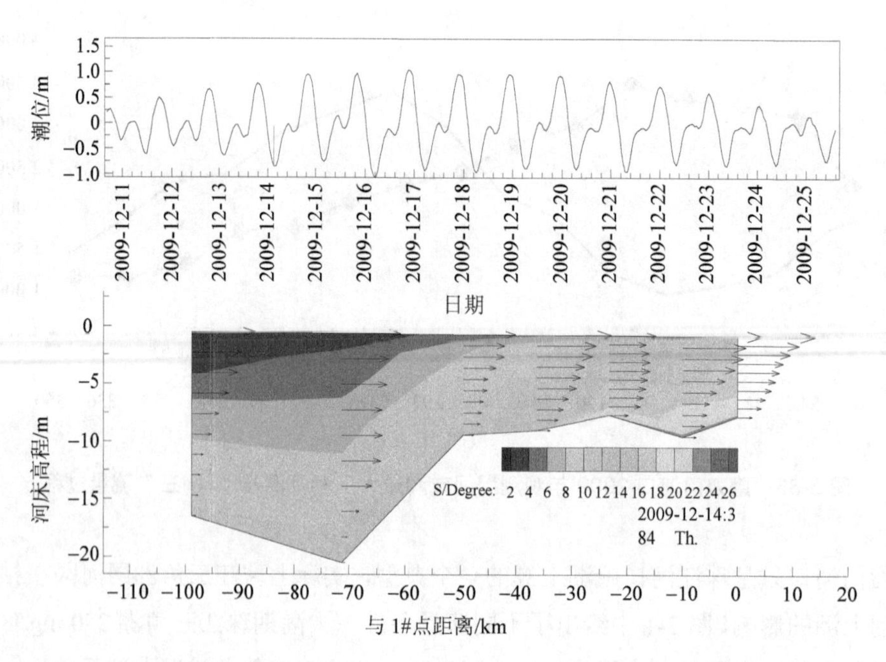

图 3-37　磨刀门河口段 2009 年 12 月 14 日 3 时咸潮观测期间的流场和盐度场（落潮）

图 3-38 给出的是 2009 年枯季 12 月 14 日晚上 20 点涨急时刻磨刀门河口 7 个站点的垂向流场和盐度场，流速方向一致向陆，流速大小随水深变化较小，流速垂向和纵向梯度均小于落潮阶段；盐度垂向分布特征虽然仍旧表现为底高表低，盐度纵向分布特征为海侧高陆侧低，但是垂向和纵向盐度梯度变化较落潮阶段增大。

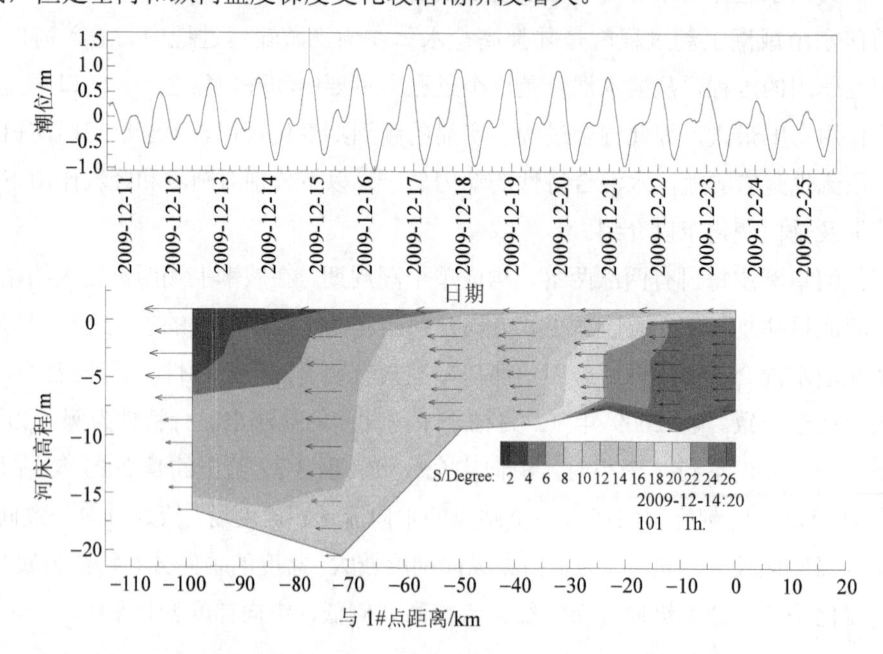

图 3-38　磨刀门河口段 2009 年 12 月 14 日 20 时咸潮观测期间的流场和盐度场（涨潮）

除了小部分时刻内 7 个站点垂向流向是完全一致的，单个潮周期内大部分时刻的流向是不完全一致的。图 3-39 给出的是 2009 年枯季 12 月 15 日晚上 23 点初落时刻磨刀门河口 7 个站点的垂向流场和盐度场，流速方向表层一致向海，底层大部分站点向陆，流速大小随水深变化较大，盐度垂向梯度较大的位置流速甚至出现反向。盐度垂向分布与流速分布基本一致，流速垂向梯度大的水深处，盐度垂向梯度同样较大；纵向分布特征为海侧高陆侧低，但是纵向盐度梯度变化在近海侧和近陆侧的各自 3 个站点较小，海陆交界处的纵向梯度较大。

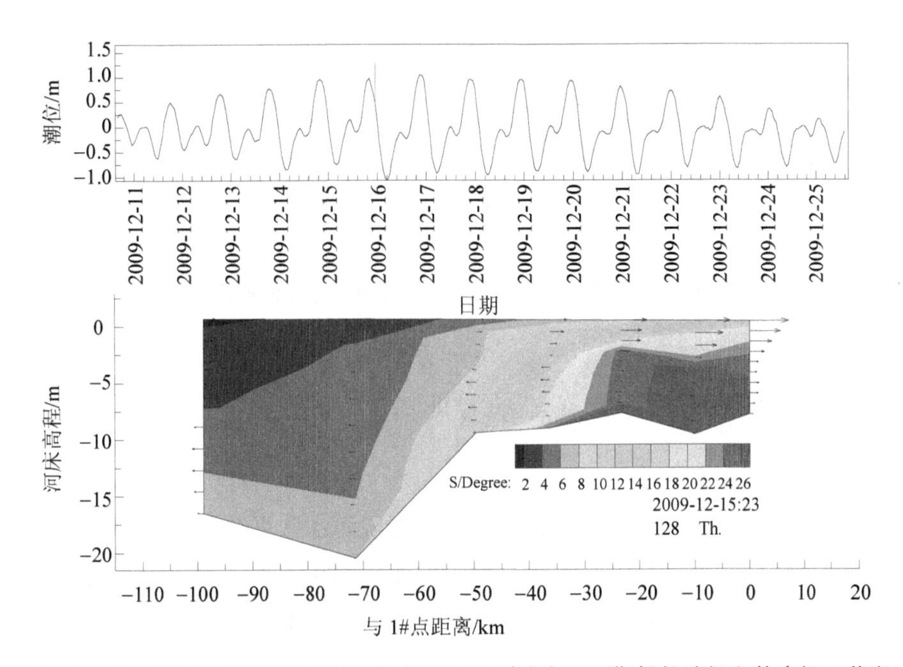

图 3-39　磨刀门河口段 2009 年 12 月 15 日 23 时咸潮观测期间的流场和盐度场（落潮）

图 3-40 给出的是 2009 年枯季 12 月 11 日下午 14 点涨潮时刻磨刀门河口的垂向流场和盐度场，流速方向底层一致向陆，表层大部分站点向海，流速大小随水深变化较大，盐度垂向梯度较大的位置流速出现反向。盐度垂向分布与流速分布基本一致，流速垂向梯度大的水深处，盐度垂向梯度同样较大；纵向分布特征总体上为海侧高陆侧低，但是表底层纵向盐度梯度变化不一致，底层纵向梯度较大，表层纵向梯度较小。

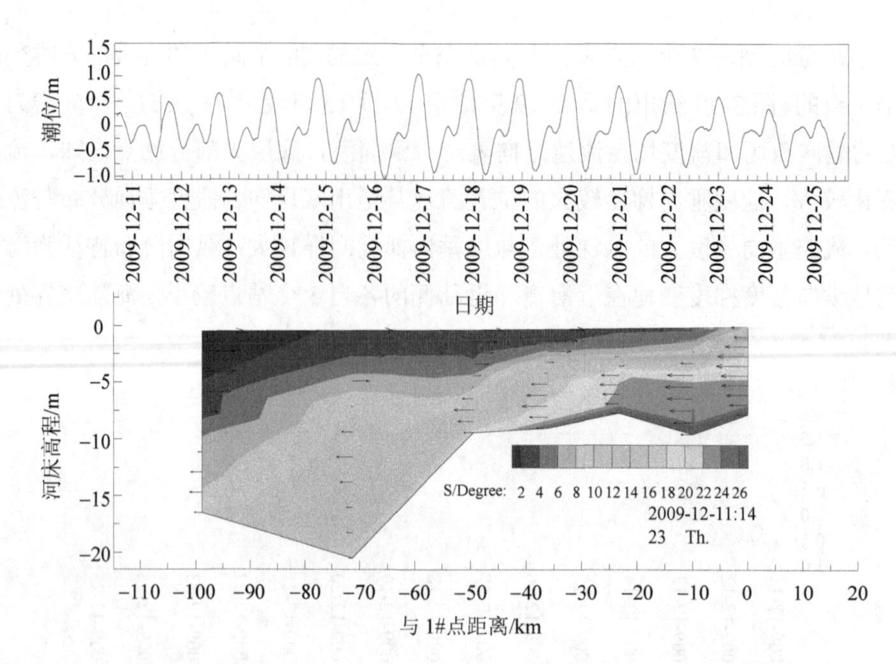

图 3-40 磨刀门河口段 2009 年 12 月 11 日 14 时咸潮观测期间的流场和盐度场（涨潮）

3.2.3 咸潮上溯期磨刀门垂向环流动力机制

（1）基于盐淡水分离的余流分析方法

在潮汐河口和近岸水域，普遍存在着余流，表现为水质点经过一个潮汐周期之后，并不回到原先的起始位置上。余流的大小与潮汐非线性作用、水体的净输运过程、风、地形等多种因素有关，Bowden 最早将机制分解的方法引入余流分析，将拉格朗日余流定义为欧拉余流和斯托克斯余流之和。

在现有计算方法中，余流一般通过对定点潮流记录时间序列作潮周期平均来计算。设 $\overline{u_E}$、$\overline{u_S}$、$\overline{u_L}$ 分别代表 x 轴向垂线平均欧拉、斯托克斯和拉格朗日余流分量，则它们与沿着 x 轴正向的单宽潮周期平均输水量存在如下关系：

$$Q=\frac{1}{T}\int_0^T\int_o^1 uh\mathrm{d}z\mathrm{d}t=\overline{u}_0h_0+\overline{u}_th_t=h_0\left(\overline{u_E}+\overline{u_S}\right)=h_0\overline{u_L} \tag{3-1}$$

式中，T 为潮周期；$\overline{u}_0$ 与 $\overline{u}_t$ 分别代表 x 轴向垂线平均流速的潮周期平均项与潮脉动项；h_0 与 h_t 分别代表平均水深与潮位波动。

当径流进入河口区后，淡水与盐水遭遇而相互掺混，形成冲淡水。淡水与盐水均具有水团性质，其本质区别在于水体中盐分子含量的差异，若将盐看作一种溶解质，则它们对应的是两种不同浓度的盐溶液，其中盐水浓（盐）度高，淡水浓（盐）度低。冲淡水是两种溶液混合的结果，其浓（盐）度介于两者之间。

图 3-41 给出了河口流体单元内盐淡水混合的概化模式。在初始时刻 $t = t_0$，容器中盛有相同体积 V 的盐水和淡水，中间用带细孔的隔膜分隔，其中左侧盐水的浓度 s_0，右侧淡水的浓（盐）度为 0。随着水分子与盐分子通过隔膜发生交换，经过一段时间后，当 $t = t_1$ 时，右侧浓（盐）度增大至 s_1，左侧浓度减小，其浓（盐）度为 $s_0 - s_1$。根据物质守恒定律，从浓（盐）度的变化值，可推算出盐水和淡水交换的量所占的比例：

$$\sigma = V_{ex} / V = s_1 / s_0 \tag{3-2}$$

因此，将体积为 V 的淡水中一部分（σV）置换为浓（盐）度为 s_0 的盐水，就可得到浓（盐）度为 σs_0 的冲淡水；同理，将体积为 V、浓（盐）度为 s_0 的盐水中一部分（σV）置换为淡水，可以得到浓（盐）度为 $(1-\sigma)\, s_0$ 的冲淡水。根据这一原理，若已知冲淡水的浓（盐）度，可反推其中单元体中淡水、盐水分别所占的比例。

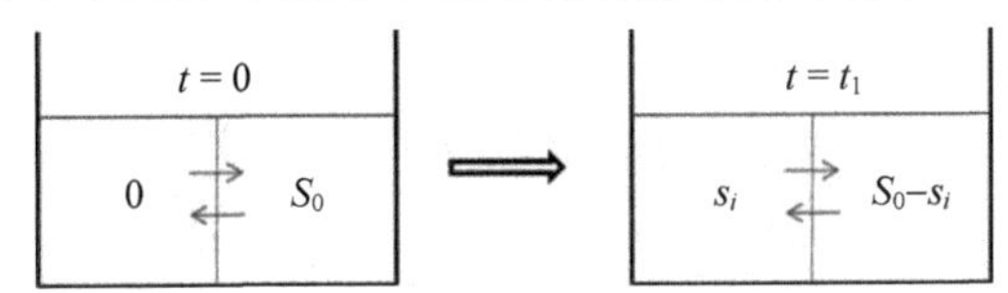

图 3-41　冲淡水流体单元盐分扩散示意

在实际应用中，取近海不受冲淡水影响处的盐水代表盐度为 S_0，实测 Z 点第 i 时刻冲淡水盐度值为 $s_i(z)$，则冲淡水中盐水的比例为：

$$\sigma_i(z) = s_i(z) / S_0 \tag{3-3}$$

对应的淡水比例为

$$1 - \sigma_i(z) = [S_0 - s_i(z)] / S_0 \tag{3-4}$$

盐度越低，冲淡水中淡水所占比例越高，盐水比例越低；反之，盐度越高，冲淡水中淡水比例越低，盐水比例越高。因此，对于径流型河口，盐度从外海至口门逐渐减小，是淡水逐渐扩散、盐水逐渐被淡水稀释的结果。

式（3-3）和式（3-4）可以表征河口咸淡水中盐水和淡水比例，依据外海盐度 S_0，可以将实测站点盐度输运过程概化分离为淡水和盐水过程，从而从咸淡水混合的角度，揭示咸潮输运规律这种分离方法类似于示踪法，从冲淡水中分别跟踪各部分淡水、盐水的去向，与流速结合后可直观地分析各自的输移过程的异同。以下从通量守恒原理出发，推导盐淡水分离后余流的计算方法。

取测站平均落潮流向为 x 轴正向，构造 xoy 右手直角坐标系，对各层流速沿 x 轴和 y 轴进行分解，得到第 i 时刻的速度分量 $u_i(z)$，$v_i(z)$。水深 h_i 可表达为平均水深 h_0 与潮位 η_i 之和：

$$h_i = h_0 + \eta_i \tag{3-5}$$

则沿着 x 轴正向的单宽潮周期平均淡水通量与盐水通量分别为：

$$\left\langle \overline{Q_f} \right\rangle = \frac{1}{T}\int_0^T \int_0^{h_i} u_i(z) \times [1-\sigma_i(z)] \mathrm{d}z\mathrm{d}t \tag{3-6}$$

$$\left\langle \overline{Q_s} \right\rangle = \frac{1}{T}\int_0^T \int_0^{h_i} u_i(z) \times \sigma_i(z) \mathrm{d}z\mathrm{d}t \tag{3-7}$$

式中，$\overline{\ }$ 表示垂线平均；$\langle\ \rangle$ 表示潮周期平均；下标 f 代表淡水；下标 s 代表盐水。类比于拉格朗日余流的定义，记垂线平均淡水余流速度为 $\left\langle \overline{u_f} \right\rangle$，垂线平均盐水余流速度为 $\left\langle \overline{u_s} \right\rangle$，有

$$\left\langle \overline{u_f} \right\rangle = \frac{\left\langle \overline{Q_f} \right\rangle}{h_0} = \frac{1}{Th_0}\int_0^T \int_0^{h_i} u_i(z) \times [1-\sigma_i(z)] \mathrm{d}z\mathrm{d}t \tag{3-8}$$

$$\left\langle \overline{u_s} \right\rangle = \frac{\left\langle \overline{Q_s} \right\rangle}{h_0} = \frac{1}{Th_0}\int_0^T \int_0^{h_i} u_i(z) \times \sigma_i(z) \mathrm{d}z\mathrm{d}t \tag{3-9}$$

若在垂线上均匀分布有 N 个流速/盐度测量值，则分层淡水余流速度与分层盐水余流速度可由下式计算：

$$\left\langle u_{f,z} \right\rangle = \frac{1}{Th_0}\int_0^T u_i(z) \times h_i \times [1-\sigma_i(z)] \mathrm{d}t$$

$$\left\langle u_{s,z} \right\rangle = \frac{1}{Th_0}\int_0^T u_i(z) \times h_i \times \sigma_i(z) \mathrm{d}t$$

$$(z = 1, 2, \cdots, N) \tag{3-10}$$

对 y 轴分量 $v_i(z)$ 同样进行上述计算过程，得到 y 轴流向的淡、盐水垂线平均余流 $\left\langle \overline{v_f} \right\rangle$、$\left\langle \overline{v_s} \right\rangle$ 及分层余流 $\left\langle \overline{v_{f,z}} \right\rangle$、$\left\langle \overline{v_{s,z}} \right\rangle$。对 x 轴流向和 y 轴流向的余流分量进行矢量合成，可得到合成后对应的余流值 $\left\langle \overline{V_f} \right\rangle$、$\left\langle \overline{V_s} \right\rangle$、$\left\langle \overline{V_{f,z}} \right\rangle$、$\left\langle \overline{V_{s,z}} \right\rangle$。

从推理过程可知，当盐度趋近于 0 时，式（3-9）趋向于 0，即盐水余流为 0，由式（3-8）得到的淡水余流趋近于式（3-1）；同样，当盐度趋近于 S_0 时，式（3-8）趋向于 0，即淡水余流为 0，由式（3-9）得到的盐水余流趋近于式（3-1）。因此，对于仅有淡水或仅有盐水运动的情况，采用本书提出的方法与采用传统方法计算得到的余流是完全相同的。

不过，在冲淡水存在的情况下，由于实现了对淡水、盐水输移过程的分离，采用上述方法计算得到的淡水余流反映淡水输移过程，盐水余流反映盐水输移过程，余流值与输移过程具有唯一对应关系，体现出相对于传统计算方法的优势。

（2）垂线流速分布特征

在实际分析中，参考珠江河口潮汐特征，取 $T=25$。近海不受冲淡水影响处的盐水代表盐度取 $S_0=32$。考虑到潮汐波动的连续性，分析中采用了滑动平均法，即取某一时刻为中心、前后各取 12 h 内的数据，计算对应的潮周期平均物理量。

运用式（3-8）、式（3-10）计算各测点淡水输运速度 $\langle\overline{u_f}\rangle$、$\langle u_{f,z}\rangle$。图 3-42 给出了 5 个典型潮期内各测点淡水输运速度，其分布具有以下几个特征。

①在垂线上有两种典型的流速分布：环流型与单一型。大多数时段内，底部淡水输运流速方向指向上游，与表层下泄流方向刚好相反，存在垂线环流；少数时段内，尤其在靠近上游的河段，潮周期内各层淡水均向下游输运，垂线上分布为单一型。

②环流型与单一型垂线分布形式的分界点与盐水头部（2‰的等盐度线）的位置基本重合，底部淡水输运方向转捩点。

③垂线环流在空间上是连续的。即便分界点位置发生变化，从分界点以下至口门之间的主要河槽内，均有连续的环流出现。同样，分界点上游的河段垂线上均为单一型分布。

④上部下泄淡水的厚度从分界点往下游，沿程减小，距离口门越近，其厚度越小。将各垂线上流向转换点相连后，可得到一个向陆倾斜的斜面，如图 3-42 中的黑色虚线所示。

⑤淡水输运速度的分布型式，基本不会改变垂线下上总的淡水通量的变化。将断面沿水深方向等分为 N 层，单层的面积记为 A_z，假设第 z 层的平均流速等于测量垂线上对应层的淡水余流速度 $\langle u_{f,z}\rangle$，则潮周期平均的淡水流量可由下式计算：

$$\langle Q\rangle=\sum_{z=1}^{z=N}\langle u_{f,z}\rangle\times A_z \tag{3-11}$$

图 3-43 为利用淡水输运速度估算得到的 2#、6#两个测站的淡水流量过程。估算得到的 $\langle Q\rangle$ 的与淡水净泄量的物理意义接近。测量期间两个断面处的淡水流量基本相当，表明尽管淡水输运速度垂线上的分布各有差异，但总的淡水通量是基本守恒的。也就是说，在受环流影响且淡水只能从上部下泄的情况下，上部的平均淡水输运速度会增大，用于抵消底部空间被上溯流占用的影响。

以上特征表明：一方面，枯季径流挟带淡水进入磨刀门水道后，在盐水运动的直接影响下，将不再贯穿整个水深下泄，而被限制在水体的上部，与此同时，部分淡水从底部向上回溯，形成“交换流”；另一方面，综合淡水输运环流分界点与盐水头部位置之间的对应关系，以及垂线平均淡水输运速度与径流量的联系，可将淡水输运速度作为联系磨刀门咸潮运动的表象（盐度变化）与动力（径流）之间的纽带。

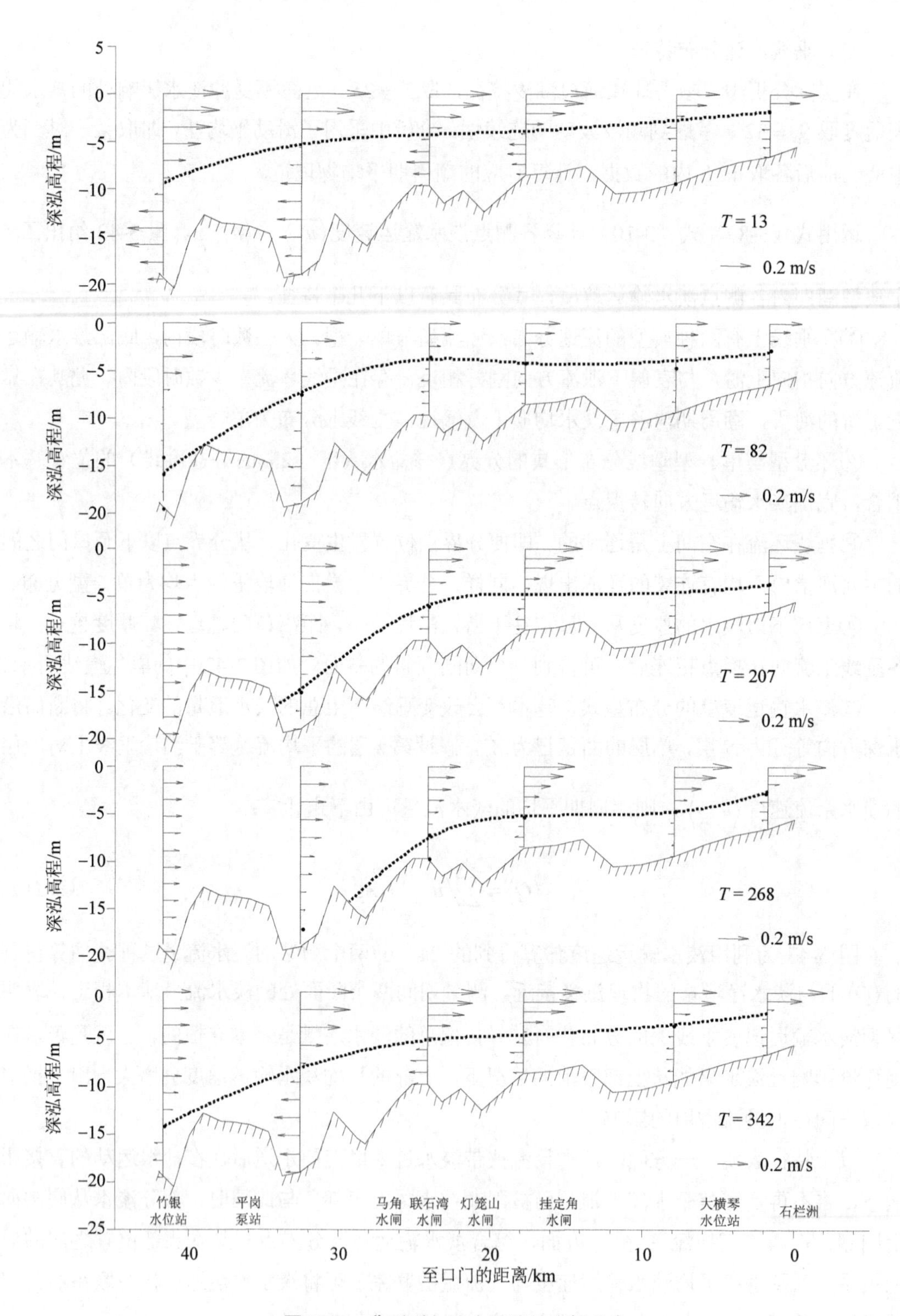

图 3-42 典型时刻淡水环流的空间分布

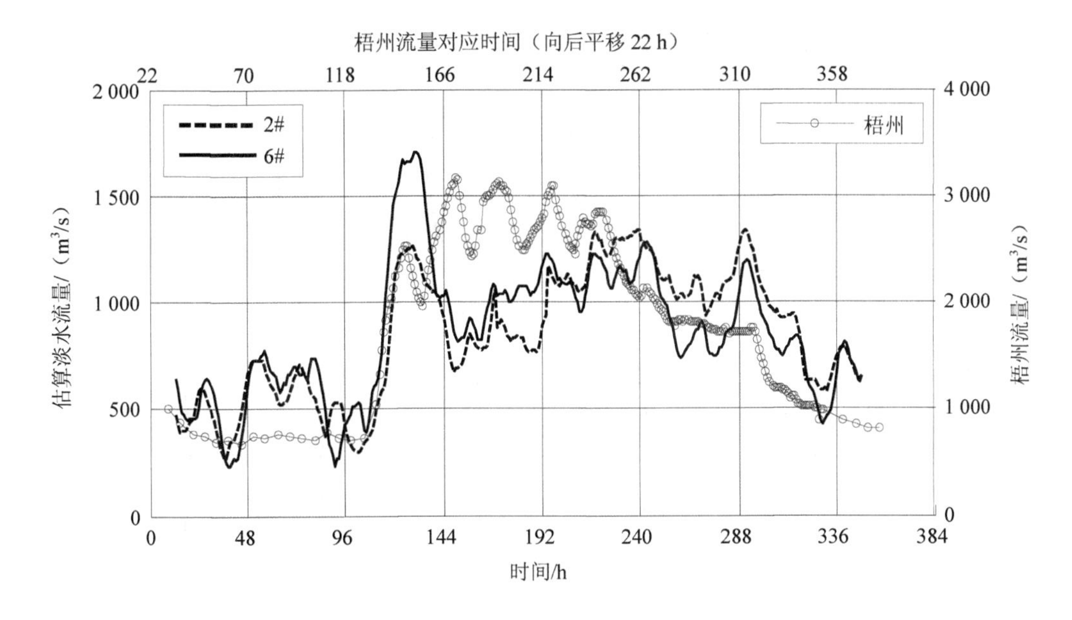

图 3-43　估算得到的磨刀门水道淡水流量过程与上游流量的比较

（3）垂线分布的定量分析——环流系数

通过淡水输运速度可直接计算环流系数值。如图 3-44 所示，若用 G_f 代表环流系数，$\langle u_{fu}\rangle$、$\langle\overline{u_f}\rangle$ 分别代表潮周期平均后的下泄流平均速度与垂线平均速度，有

$$G_f=\frac{\langle u_{fu}\rangle}{\langle\overline{u_f}\rangle} \tag{3-12}$$

由式(3-12)的含义可知，环流系数 G_f 为无量纲数，有 $G_f\geqslant 1$：当 $G_f>1$ 时，$\langle u_{fu}\rangle>\langle\overline{u_f}\rangle$，表底层流速相反，垂线上有环流结构存在，且 G_f 越大，环流越强；$G_f=1$ 时，$\langle u_{fu}\rangle=\langle\overline{u_f}\rangle$，底部无上溯流存在，垂线上无环流结构。从底部回溯流相对厚度 r 与 G_f 的之间的关系（图 3-45）可知，r 与 G_f 正相关，即回溯流的相对厚度随 G_f 增大而单调递增，当 $G_f>10$ 时，r 趋近一个稳定的值；可见，以形如式（3-12）表达的环流系数来表征重力环流的强度，是合理有效的。今后不妨以此为着力点，通过分析各外部动力因素对 G_f 的影响来研究动力因素与重力环流之间的定量关系。

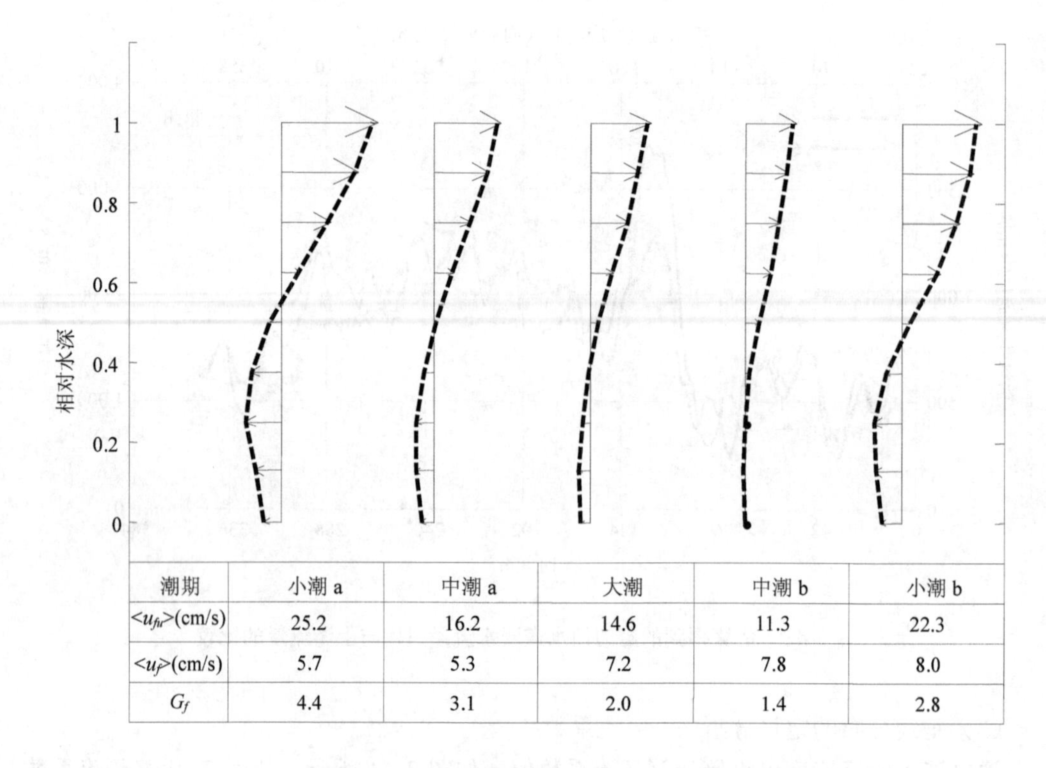

潮期	小潮 a	中潮 a	大潮	中潮 b	小潮 b
$\langle u_{fu} \rangle$(cm/s)	25.2	16.2	14.6	11.3	22.3
$\langle u_f \rangle$(cm/s)	5.7	5.3	7.2	7.8	8.0
G_f	4.4	3.1	2.0	1.4	2.8

图 3-44 环流系数计算方法示意及示例

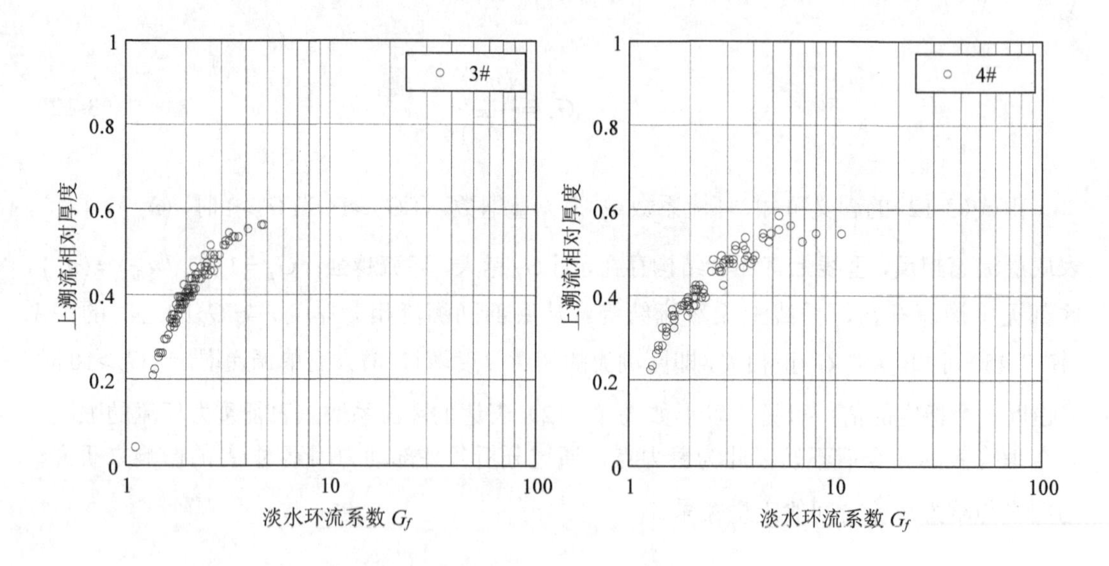

图 3-45 回溯流相对厚度与环流系数的关系

（4）基于淡水垂线环流的判别

Hansen 和 Rattray 认为环流系数由密度弗劳德数 F_m 唯一确定：

$$F_m = V_f / \sqrt{gh\Delta\rho/\rho} \tag{3-13}$$

式中，$\Delta\rho$ 表示海水与淡水之间的密度差；h 为水深；$V_f = Q / A$，代表断面平均淡水输移速度。针对磨刀门的环流特征，由于 $\Delta\rho$ 为相对固定的值，形如式（3-13）的密度弗劳德数仅能反映出径流与水深两个参数的影响，很明显，不足以解释环流系数在时间、空间上的变化。

为此，本书从 Baines 关于分层流的研究成果中引入布伦特-维塞拉频率（Brunt-Vaisala Frequency）值 N，并以此得出改进的密度弗劳德数：

$$N = \sqrt{-\frac{g}{\rho}\frac{\partial\rho}{\partial z}} \approx \sqrt{-\frac{g}{\rho}\frac{\delta\rho}{h}}$$

$$Fr_d = \frac{V_f}{(Nh/\pi)} \tag{3-14}$$

式中，V_f 表示垂线平均的淡水输运速度；$\delta\rho$ 表示某一位置表底层密度差。式（3-14）中用 $\delta\rho$ 代替式（3-13）中的 $\Delta\rho$，可代表河口局地径流（惯性力）与当地密度流（密度梯度力）之间的比值。在考虑了局地因素后，可更全面地反映磨刀门水道不同河段的动力特征。

点绘密度弗劳德数 Fr_d 与环流系数 G_f 之间的关系，如图 3-46 所示。

对于河道内的所有测点（2#～6#），当密度弗劳德数 $Fr_d<1$ 时，环流系数 $G_f>1$，且各测点数据都趋向于（1，1）点。结合前文中所述的环流系数的含义可知，$Fr_d<1$，淡水输运速度在垂线上为环流型分布；$Fr_d>1$ 时，淡水输运速度在垂线上为单一型分布。因此，淡水输运速度环流分布的判别式为

$$Fr_d = \frac{\pi V_f}{\sqrt{\frac{gh\delta\rho}{\rho}}} = 1 \tag{3-15}$$

这一判别式所代表的物理意义在于：当河口某处惯性力与密度梯度力达到相对平衡时，$Fr_d=1$，河口水流处于临界状态，近底淡水输运流速接近于 0；当密度梯度力超过惯性力时，$Fr_d<1$，底部淡水将出现上溯流，垂线上呈环流结构；反之，各层均为下泄流，垂线上表现为单一型。

鉴于枯季淡水输移环流分界点与盐水头部的对应关系，式（3-15）也可作为咸潮影响期间盐水头部的动力学判别条件。

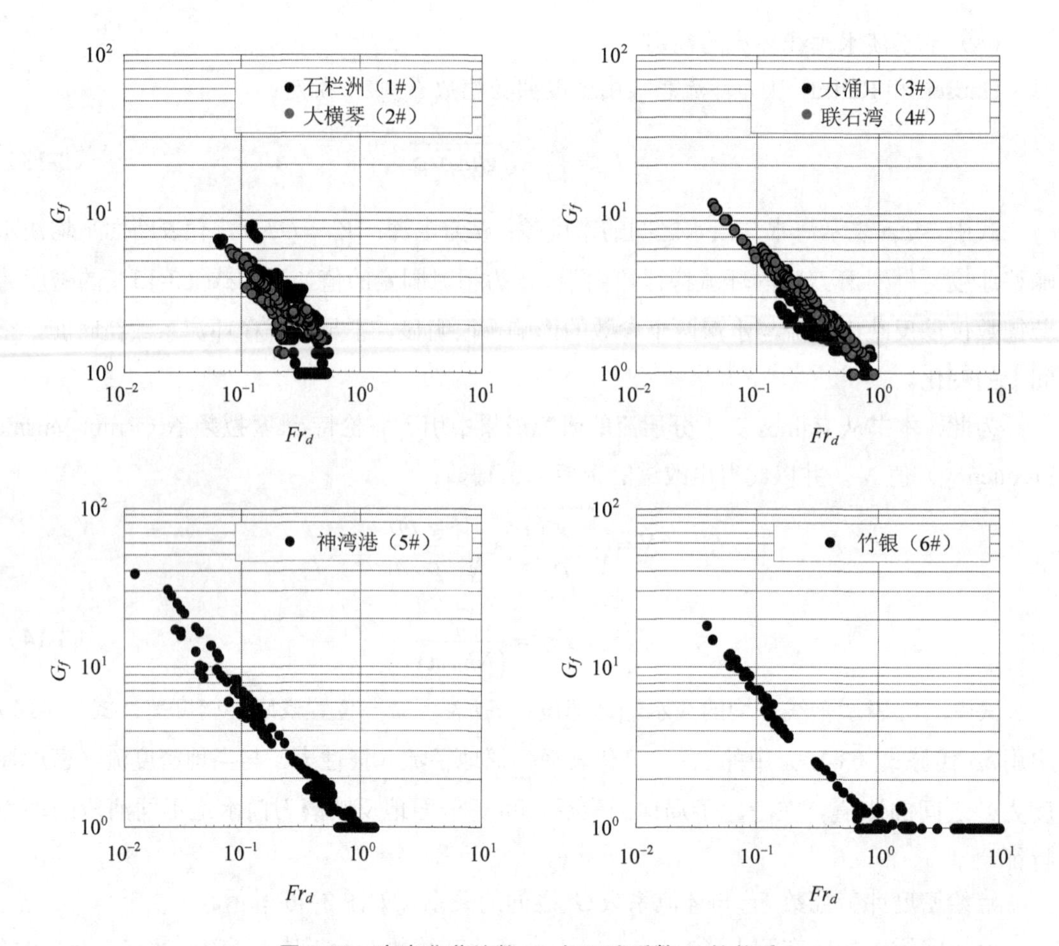

图 3-46 密度弗劳德数 Fr_d 与环流系数 G_f 的关系

（5）枯季磨刀门河口物质输运模式

本书采用盐淡水分离的方法对实测数据进行了分析，分离后得到的淡水输运速度与冲淡水运动的另一方面——盐水运动也有密不可分的联系。通过计算潮周期平均的盐水输运速度，可知盐水输运也存在与淡水输运十分相近的环流结构。图 3-47 中用虚线标示了盐水上溯流与下泄流之间的分界面，该界面以下，靠近河底的部分，盐水在潮周期内净输运方向指向上游，界面以上则相反，盐水向下游输运。通过对比发现，在盐水强烈上溯距离较远的小潮期与随后的中潮期，盐水、淡水输运环流的分界面几乎完全重合，此时，淡水回溯流所占据的空间内，盐水也是上溯的；在盐度逐渐回落的大潮期以及随后的中潮期，仍有盐水从底部上溯，只是相比于小潮期，上溯空间大幅减小。此时，盐水输运环流的分界面略高于淡水分界面，但两者差别不大。

综合淡水、盐水的输运特征，可知枯季磨刀门咸潮的总体物质输运模式如图 3-47 所示，具有如下特征。

①密度较大的咸水经过口门后，呈楔形从河道底部上溯；淡水受到盐水顶托，被迫从水体上部下泄，总体表现出重力环流的特点。

②上溯流与下泄流之间存在较稳定的界面。旋涡使得上下层水体通过界面而发生交换，部分盐水从底部进入上层，随淡水下泄，同样地，淡水也就可以进入底层，随盐水上溯。

③小潮期间，环流作用强，界面清晰，咸潮上溯距离远；大潮期间，环流作用弱，界面变得模糊，咸潮处于后退期。

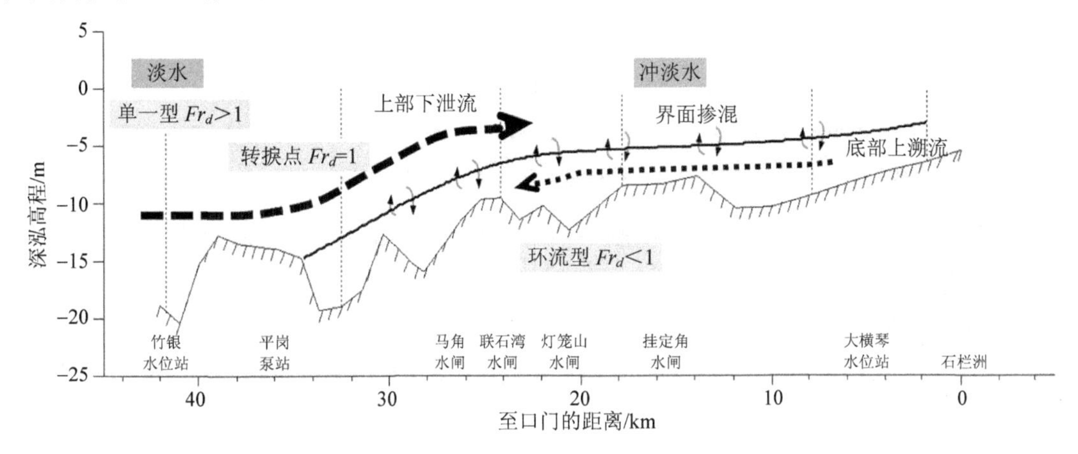

图 3-47　枯季磨刀门河口物质输运模式及动力特征

（6）咸潮运动机理分析

①从图 3-46 可知，对于盐水头部活动的主要河段（3#～6#），当 $Fr_d<1$ 时，点据很好地落在一条直线附近。对数据进行拟合，两者的相关系数 R^2 均在 0.94 以上。此时，密度弗劳德数 Fr_d 与环流系数 Gc 之间具有如下关系

$$Gc = Fr_d^{\ a} \tag{3-16}$$

式中，a 为拟合常数。在这种情况下，环流系数由密度弗劳德数唯一确定，该结论与 Hansen 和 Rattray 的结论类似。径流量（惯性力）与垂向密度梯度（密度梯度力）的对比不仅决定了环流转换点（$Fr_d=1$）的位置，也决定了上游段环流的强度与界面的位置。

对于靠近口门的测点，上述线性对数关系基本成立，只是少量点据偏离如式（3-16）所代表的对数线性关系，两者的相关系数 R^2 降低至 0.7～0.8。相比于上游河段，除惯性力与密度梯度力之外，汊道分流、河道复式断面形态等其他的动力因素在本河段的作用已不容忽视。

②径流惯性力与垂线平均淡水输运速度 V_f 有关，密度梯度力则综合了地形与密度差两

种因素，可用 $\sqrt{\frac{gh\delta\rho}{\rho}}$ 表示。在此基础上，可对咸潮运动的动力特征作进一步的探讨。

当径流量一定时：若水深 h 增大，在河宽不变的情况下，淡水输运速度将降低。故惯性力减小，密度梯度力增大，Fr_d 减小，环流强度增大，咸潮上溯的距离越远；上游流量及河道地形一定时，表底层密度差成为影响界面位置的主要因素。

参考文献

[1] 陈文彪，陈上群，等. 珠江河口治理开发研究[M]. 北京：中国水利水电出版社，2013.

[2] Perilo G M E. New geodynamic definition of estuaries [J]. Rev Geofis，1995，31：281-287.

[3] 萨莫依诺夫. 河口演变过程的理论及其研究方法[M]. 谢金赞，等译. 北京：科学出版社，1958：11-50.

[4] Cameron W M，Pritchard，D W，Estuaries [A]//the sea ed.M.N Hill. vol 2. Wiley，New York，1963：306-324.

[5] Davis J L. A morphogenetic approach to world shorelines [J]. Z.Geomorphic，1964，8：127-142.

[6] Fairbridge R W.The estuary：its definition and geodynamic cycle [A]//Chemistry and Biogeochemistry of Estuaries，Wiley，New York，1960：1-135.

[7] Elliott，McLusky，D S. The need for definitions in understanding estuaries [J]. Estuarine，coastal and shelf science，2002，55：815-827.

[8] Mikhailov，V N. Principles of typification and zoning of river mouth areas（analytical review）[J]. Water Resources，2004，31（1）：5-14.

[9] Kjerfve B，Magill K E.Geographic and hydrodynamic characteristics of shallow coastal lagoons [J]. Marine Geology，1989，88：187-199.

[10] Pritchard D W. Salinity distribution and circulation in the Chesapeake Bay estuarine system：Sears found [J]. Marine Research，1952，11：106-123.

[11] Pritchard D W. Estuarine hydrography[J]. Advances in Geophysics，1952，1：243-280.

[12] Pritchard D W. Estuaries Circulation Patterns [A]. Proc，Amer.Soc.Civil Eng，1955，81：717.

[13] Nichols M M，Biggs R B.Estuaries [A]//Coastal sedimentary environments Springer-Verlag[C]. New York，1985：77-186.

[14] 王恺忱. 潮汐河口的分类探讨[A]//1980 年全国海岸带和海涂资源综合调查. 海岸工程学术会议论文集[C]. 北京：海洋出版社，1982：113-117.

[15] 金元欢，孙志林. 中国河口盐淡水混合特征研究[J]. 地理学报，1992，47（2）：165-173.

[16] Prandle D.On salinity regimes and the vertical structure of residual flows in narrow tidal estuaries [J]. Estuarine，coastal and shelf science，1985，20：615-636.

[17] Mikhailov V N. Principles of typification and zoning of river mouth areas（analytical review）[J]. water resources，2004，31（1）：5-14.

[18] 黄胜，葛志瑾.潮汐河口类型商榷[R]. 南京水利科学研究所，1963.

[19] 周志德，乔彭年.潮汐河口分类得探讨[J]. 泥沙研究，1982，2：52-59.

[20] Hansen D V，Rattray M Jr. New dimension in estuary classification[J]．Limnol．Oceanogr，1966，11：319-326.

[21] Shepard F P. Submarine Geology[M]. New York：Harper and Row，1973：517.

[22] 胡溪，毛献忠. 珠江口磨刀门水道咸潮入侵规律研究[J]. 水利学报，2012，43（5）：529-536.

[23] Dyer K R. Estuaries：A physical introduction[M]. 2nd edition. John Wiley & Sons，1997：6-32.

[24] 袁丽蓉，卢陈，余顺超，等. 磨刀门日潮平均盐度变化及驱动力分析[J]. 人民珠江，2014，增刊 1：7-12.

[25] 闻平，戚志明，刘斌. 西北江三角洲压咸流量初步研究[J]. 水文，2009，29：74-76.

[26] Gong W P，Shen J.The response of salt intrusion to changes in river discharge and tidalmixing during the dry season in the Modaomen estuary，China[J]. Continental Shelf Research，2011，31（5）：769-788.

[27] 卢陈，刘晓平，陈荣力，等. 径流-潮汐相互作用与咸潮上溯距离试验研究[J]. 水动力学研究及进展（A 辑），2014，29（3）：283-287.

[28] 陈荣力，刘诚，高时友. 磨刀门水道枯季咸潮上溯规律分析[J]. 水动力学研究及进展（A 辑），2011，26（3）：312-317.

[29] 包芸，刘杰斌，任杰，等. 磨刀门水道盐水强烈上溯规律和动力机制研究[J]. 中国科学 G 辑：物理学力学-天文学，2009，39（10）：1527-1534.

[30] Hansen DV，Rattray M .New dimensions in estuary classification[J]. Limnology and Oceanography，1966，11：319-325.

[31] Baines P G. A unified description of two-layer flow over topography[J] .Journal of Fluid Mechanics，1984，146：127-167.

第4章　珠江河口咸潮数学模型

珠江河口咸潮上溯影响着河口区人民的日常生活与生产，主要表现在取水口处盐度超标，导致取水口关闭，供水保证率降低。为破解咸潮危机，提出并深入论证抑制咸潮的思路与措施，模拟和预报咸潮的运动过程是一个关键的前提，因此必须开发适应于珠江河口的咸潮数学模型。

数学模型的最大优点是运行费用低、周期短，计算过程和结果可重复性、可控性、通用性好，是河口咸潮上溯问题研究的最主要手段之一，在国内外诸多河口的咸潮预测、预报研究中得到了广泛的应用，并取得了较好的效果。近年来，随着珠江河口咸潮上溯问题的日益突出，珠江河口咸潮数值模拟及预测、预报研究逐渐成为国内研究的热点课题，不少学者在这一领域付出了大量的努力，针对珠江河口咸潮上溯问题构建了各式各样的数值模式，但是珠江河口咸潮运动的特殊性和复杂性还是给这些学者们带来了严峻的挑战，各类数值模式在珠江河口的应用过程中都或多或少的遇到一些难以解决的问题，到目前为止，仍然难有一个模式能够完全胜任珠江河口咸潮预测、预报的要求。概括起来，其难度主要体现在以下几个方面。

（1）珠江是我国七大江河之一，上游河道纵横交错，河口区岸线曲折、岛屿众多，水系复杂，素有“河网如织，八口入海”之说，是典型的多汊河口；其间，上游径流、外海潮汐、波浪、风等诸多因素在这个系统内相互耦合作用，被认为是世界上最复杂的河口之一。如何在这样一个复杂、多样的水系中，同时将这些影响因素进行有效的数值模拟与概化，是本次研究的第一个难点。

（2）珠江河口咸潮运动是随时间变化的空间三维动力过程，具有明显的三维密度分层流的特征，数值模式的控制方程中应保留其三维斜压这一非线性项；同时，河道内密度分层流的动力结构是一个局部的小尺度问题，需要较小的计算网格尺度和足够多的垂向分层才能得以较好的模拟，这将导致控制方程数值求解的难度和计算量都明显增大。为了提高计算效率，通常用降低计算网格分辨率、缩小模拟范围或采用无结构计算网格的途径来减小计算量，但天然河口大多具有不规则的岸线和浅滩、深槽、航道等不规则水下地形，上游河道宽度相对较小，计算网格分辨率的降低会导致岸线、地形拟合的不准，计算精度不够；虽然采用无结构计算网格能在一定程度上提高岸线和地形的拟合精度，也可在一定程度上减少计算网格的数量，从而达到减小计算量的目的，但是基于无结构计算网格的算法本身又相对较为复杂，会带来计算效率降低的问题。如何有效地解决这些矛盾，是本次研究另一个难点。

（3）珠江河口水系中的河网—河口—近海是一个相互贯通的连续水体，其间水体的物理性质、水动力特征和盐淡水输移是在上下游间随时空而双向变化的，各动力间的相互耦合作用也是非线性的，显然应将其作为一个连续整体来对待和研究；另外，与单纯的水动力数值模拟不同，为了方便盐度边界条件的给定，数值模拟计算时的上边界应延伸至盐度基本为零的上游河道断面，下边界则应延伸至盐度较为稳定且离岸较远的水域，这同样也要求将河网—河口—近海这一连续水体整体纳入同一个数值模式进行研究。这样数值模式的计算范围就会非常大，而河道通常是狭窄细长的，需要较高的计算网格分辨率，导致整体的网格数量非常庞大，再加上要同时进行三维斜压计算，这必然带来海量的计算。要达到咸潮数值模拟预测、预报的目标，并且要保证一定的时效，对数值模式的计算效率提出了前所未有的高要求，如何解决珠江河口大范围、高分辨率、三维斜压数值模式海量计算和计算效率间的矛盾同样是一个非常棘手的难题。

（4）初始条件是数值模式求解的一个重要定解条件，一般而言潮位初始场对计算结果的影响不大，而盐度初始场则是影响河口咸潮数值模式计算精度的一个重要影响因素。由于实测资料通常都是单点测站的，而通过遥感反演得到的盐度场又只能是表层的，无法准确给出三维数值模拟所需的垂向分层的盐度初始场，这也是摆在我们面前的一个难题。

（5）边界条件是数值模式求解的另一个重要定解条件，边界条件的准确与否直接决定模拟结果准确与否，在缺少同步资料的情况下，如何实现边界条件的准确给定和预报也是一个难题。

综上所述，珠江河口咸潮数学模型必须考虑珠江河口网河区的网河水系，也必须考虑河口区的盐度和温度变化导致的三维斜压效应。因此拟将珠江河口一维水动力模型和珠江河口三维斜压咸潮模型进行耦合，形成珠江河口一维、三维耦合咸潮数学模型。

珠江河口一维数学模型的主要任务是在上游水文边界给定的情况下，准确模拟珠江三角洲以及河口区各网河与干流的流量和潮位过程。为珠江河口三维斜压咸潮数学模型提供上游径流和潮位边界条件。

珠江河口三维斜压咸潮数学模型的主要任务是在上游径流、潮位以及外海盐度、温度和潮汐边界已知的条件下，准确地模拟河口区的淡水与盐水的相互混合过程，获得河口区主要取水口处的盐度变化过程。

4.1 珠江河口一维数学模型

珠江河口一维数学模型为径流-潮汐复合型网河模型，主要求解网河区的流量分配和潮汐运动，为珠江河口三维斜压盐度数学模型提供边界条件。

4.1.1 基本方程、计算方法和计算条件

（1）基本方程

一维非恒定流数学模型采用圣维南方程组，方程如下：

连续方程：

$$\frac{\partial Q}{\partial x}+B\frac{\partial Z}{\partial t}=q_l \tag{4-1}$$

运动方程：

$$\frac{\partial Q}{\partial t}+\frac{\partial}{\partial x}(\alpha\frac{Q^2}{A})+gA\frac{\partial Z}{\partial x}+gA\frac{|Q|Q}{K^2}=0 \tag{4-2}$$

结点方程：

$$\sum_{i=1}^{m}\Delta Q+2\times\sum_{i=1}^{m}Q+\frac{2A_p\Delta Z_p}{\Delta t}=0 \tag{4-3}$$

（p 为节点；m 为节点断面）$Z_1=Z_2=\cdots Z_m$

式中，Q 为断面流量，m^3/s；Z 为断面水位，m；B 为河宽，m；q_l 为单位河段长的侧向入流，m^2/s；A 为断面面积，m^2；K 为流量模数，$K=AR^{\frac{2}{3}}/n$，R：水力半径，n：河道糙率；α为动量修正系数，$\alpha=\frac{A}{K^2}\sum\frac{K_i^2}{A_i}$；$A_p$ 为节点面积，m^2；ΔZ_p 为节点水位增量，m。

（2）计算方法

水流连续性方程和运动方程的离散采用 Preissmann 四点偏心隐式差分格式，此方法的显著优点是计算稳定及精度高。差分方程为：

$$f(x,t)=\frac{\theta}{2}(f_{m+1}^{n+1}+f_m^{n+1})+\frac{1-\theta}{2}(f_{m+1}^{n}+f_m^{n}) \tag{4-4}$$

$$\frac{\partial f}{\partial x}=\theta\frac{f_{m+1}^{n+1}-f_m^{n+1}}{\Delta x}+(1-\theta)+\frac{f_{m+1}^{n}-f_m^{n}}{\Delta x} \tag{4-5}$$

$$\frac{\partial f}{\partial t}=\frac{f_{m+1}^{n+1}-f_{m+1}^{n}+f_m^{n+1}-f_m^{n}}{2\Delta t} \tag{4-6}$$

式中，θ为加权因子，$\frac{1}{2}\leqslant\theta\leqslant1$；$m$ 为断面位置；n 为时间。

方程的求解采用目前应用广泛的一维河网三级联解算法。河网三级联解算法基本原理为：首先将河段内相邻两断面之间的每一微段上的圣维南方程组离散为断面水位和流量的线性方程组（直接求解称为一级算法）；通过河段内相邻断面水位与流量的线性关系和线性方程组的自消元，形成河段首末断面以水位和流量为状态变量的河段方程（其求解称为二级算法）。再利用汊点相容方程和边界方程，消去河段首、末断面的某一个状态变量，形成节点水位（或流量）的节点方程组。最后对简化后的方程组采用追赶法求解。

（3）初始条件及边界条件

初始条件：$(Z)_{t=0}=Z_0$；$(Q)_{t=0}=Q_0$；

边界条件：$(Z)_\Gamma=Z(t)$；$(Q)_\Gamma=Q(t)$；$(Q,Z)_\Gamma=(Q,Z)(t)$，Γ 为边界。

4.1.2　模型范围及地形组合情况

一维网河区水沙数学模型的研究范围为：上边界取自西江干流梧州站、北江干流飞来峡站、增江麒麟咀站、东江博罗站、潭江石咀站上游约 45 km 处、广州水道上游的流溪河、九曲河及国泰水入流等，基本为径流控制区；下边界为虎门大虎站、蕉门南沙站、洪奇门冯马庙站、横门横门站、磨刀门竹银站、鸡啼门黄金站、虎跳门西炮台站、崖门官冲站，范围如图 4-1 所示。

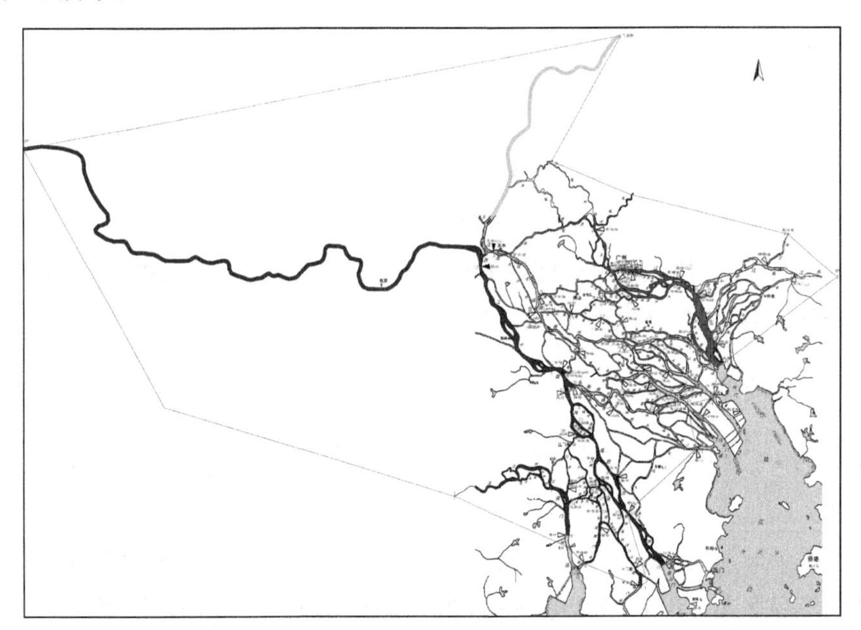

图 4-1　珠江河口一维数学模型研究范围示意

一维模型建模的地形资料采用 1∶5 000 的河道地形图，其中东江采用广东省水利厅于 1997 年及 1998 年在该地区测量的河道地形资料，狮子洋采用珠江水利委员会设计院 1995 年在该地区测量的 1∶10 000 河道地形资料，其余采用珠江水利委员会设计院及广东省水利厅于 1999 年在珠江三角洲网河联合测量的 1∶5 000 河道地形资料。

4.1.3 验证水文

采用“99・7”中水组合。“99・7”洪水资料是由珠江委水文局和广东省水文局共同承担在西北江三角洲网河区对河道进行同步水文测验，布设了 64 处测验断面，测验内容包括水位、水深、大断面、悬移质含沙量、悬移质和河床质颗粒级配等项目，是西北江三角洲历史上规模最大的一次同步水文测验。

由于“99・7”洪水较小，马口、三水站洪峰流量只是接近均值，且洪水主要来自西江，而北江很小，测流过程中三角洲网河区中的分洪闸多数不开闸，开闸的也分洪较小，而在设计情况下，洪峰流量较大，水闸需按设计要求分洪，为配合糙率值的率定。“99・7”中水组合，1999 年 7 月 15 日 23：00—1999 年 7 月 23 日 17：00。

4.1.4 边界条件

上边界为上游进口断面的实测流量过程线 $Q=Q(t)$；下边界为下游出口断面的实测潮位过程线 $Z=Z(t)$。

4.1.5 网格与计算步长

一维方程的离散化采用 4 点隐式加权差分法。计算的空间步长根据河道走势弯曲程度变化等，一般为 100～600 m 不等。断面布置原则为在断面变化不大的地方布置较稀疏，断面变化较大（如河段弯段）的地方布置较密。本书一维模型包含 295 个河段，209 个节点，3 625 个断面，模拟河道长度约 1 984 km，模型断面距离为 100～2 000 m 不等。时间步长根据计算的收敛性和稳定性确定为 4 s。

4.1.6 糙率参数的率定

利用“99・7”水文组合，对网河区一维数学模型进行率定，其计算出的主要河道糙率值见表 4-1。

根据有关天然河道糙率选取的资料，平原地区的河道糙率多在 0.015～0.040。由表 4-1 可知，各河道糙率在 0.014～0.030，糙率值较大的水道是：海州水道、虎跳门水道的横坑段、潭江、容桂水道、陈村支涌，其糙率值为 0.030，口门附近水道的糙率值在 0.020 左右。模型主要河道糙率值网河区上部河道糙率值较大，近河口则较小，符合河口区河道糙率沿程变化的自然变化规律，表明率定出的糙率值是合理的。

表 4-1　珠江河口一维数学模型率定河道糙率成果

河道名称	分段位置	糙率	河道名称	分段位置	糙率
西江干流（马口—甘竹）	上段	0.023	勒流涌		0.028
	中段	0.028	甘竹溪		0.018
	下段	0.029	北江干流（三水—紫洞口）	上段（三水附近）	0.025
西海水道	天河段	0.027		西南闸附近段	0.025
	北街段	0.020		西南闸下—紫洞口段	0.024
	潮莲段	0.022	南沙涌		0.024
海洲水道		0.030	顺德水道	入口段	0.025
磨刀门水道	外海—百顷段	0.020		三多段	0.026
	大敖段	0.019		水藤段	0.027
	竹银—灯笼山上段	0.022		鲤鱼沙段	0.026
	竹银—灯笼山中段	0.018		稔海段	0.022
	竹银—灯笼山下段	0.015		三善滘右段	0.026
石板沙水道		0.022	沙湾水道	上段	0.026
虎跳门水道	百顷—睦洲口段	0.020		中段	0.023
	睦洲口上段	0.016		下段	0.023
	睦洲口下段	0.016	东平水道	紫洞段	0.024

4.1.7　验证成果

（1）潮位验证

“99 • 7” 中水组合测验时段为 1999 年 7 月 15 日 20：00—7 月 24 日 14：00，历时 9 d，共 211 h。此次测流断面 73 个，其中有逐时潮位过程的测流断面 65 个，逐时流量过程的测流断面 65 个。本节仅摘录部分成果。

逐时潮位计算过程与实测过程的比较由图 4-2 可见，各测流断面计算潮位过程与实测过程基本吻合，计算过程与实测过程的相位是一致的。

（2）流量验证

“99 • 7” 中水组合中，流量计算过程与实测过程的比较由图 4-3 可见，各测流断面计算流量过程与实测过程基本吻合，计算过程与实测过程的相位是基本吻合的。

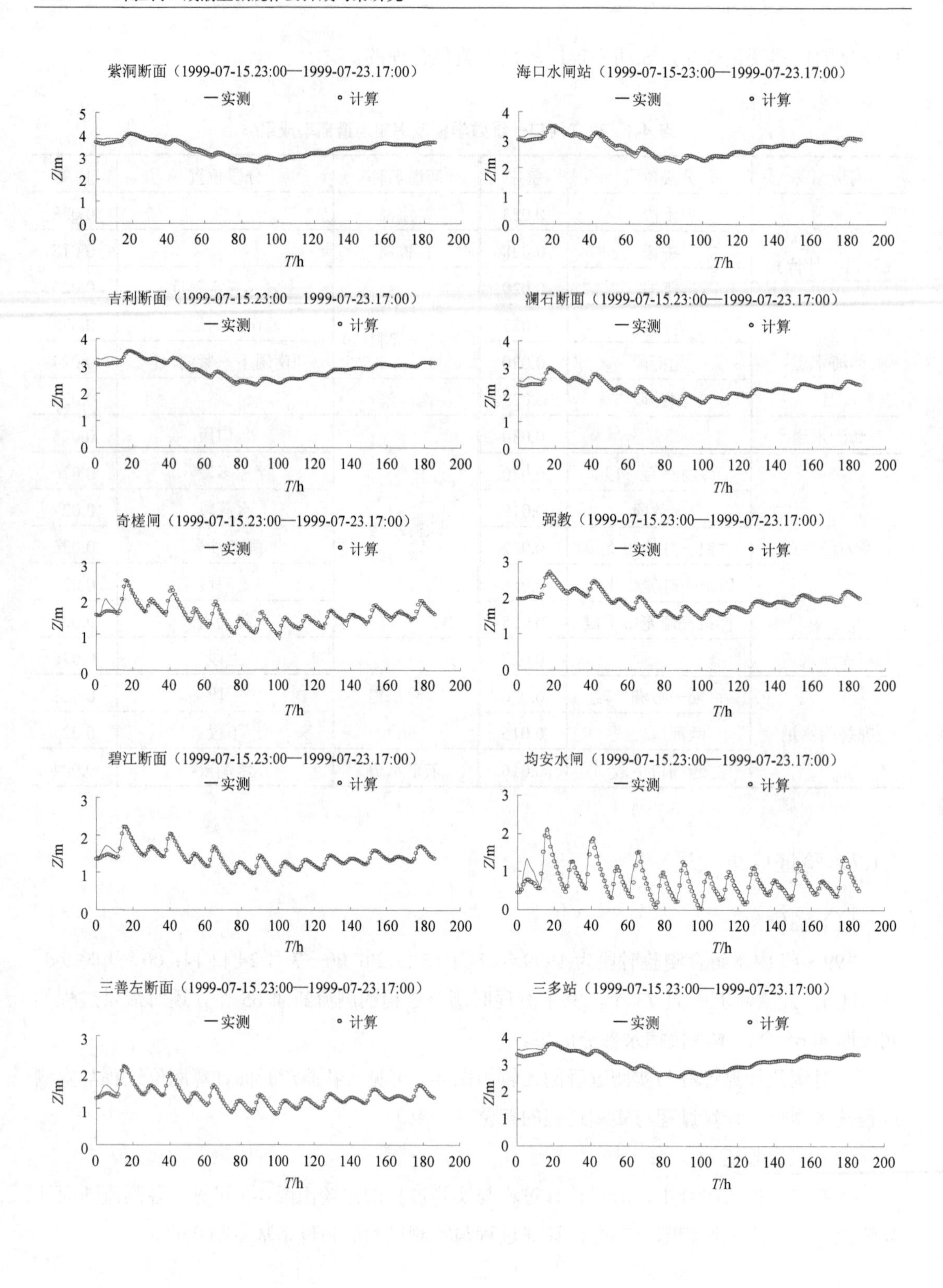

紫洞断面（1999-07-15.23:00—1999-07-23.17:00）
海口水闸站（1999-07-15-23:00—1999-07-23.17:00）
吉利断面（1999-07-15.23:00 1999-07-23.17:00）
澜石断面（1999-07-15.23:00—1999-07-23.17:00）
奇槎闸（1999-07-15.23:00—1999-07-23.17:00）
弼教（1999-07-15.23:00—1999-07-23.17:00）
碧江断面（1999-07-15.23:00—1999-07-23.17:00）
均安水闸（1999-07-15.23:00—1999-07-23.17:00）
三善左断面（1999-07-15.23:00—1999-07-23.17:00）
三多站（1999-07-15.23:00—1999-07-23.17:00）
一实测
计算
Z/m
T/h

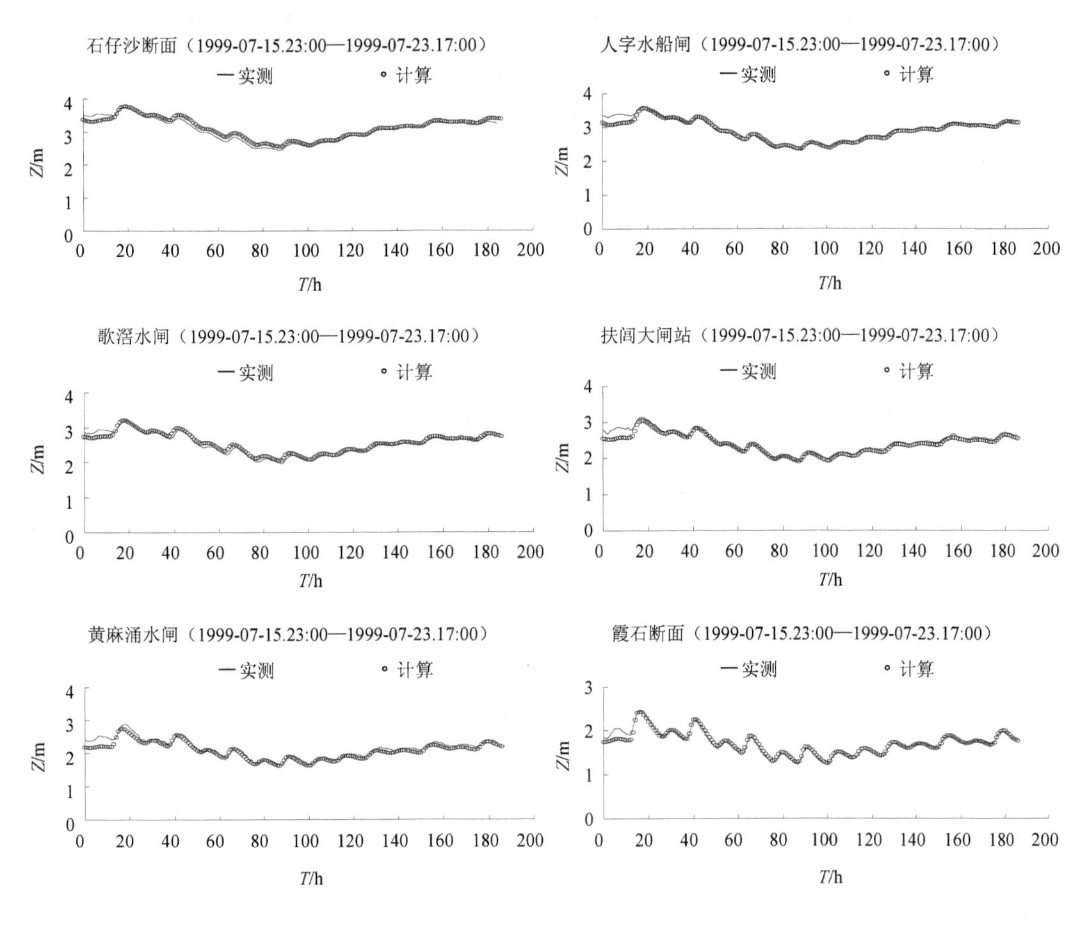

图 4-2　网河区一维模型“99・7”潮（水）位验证成果

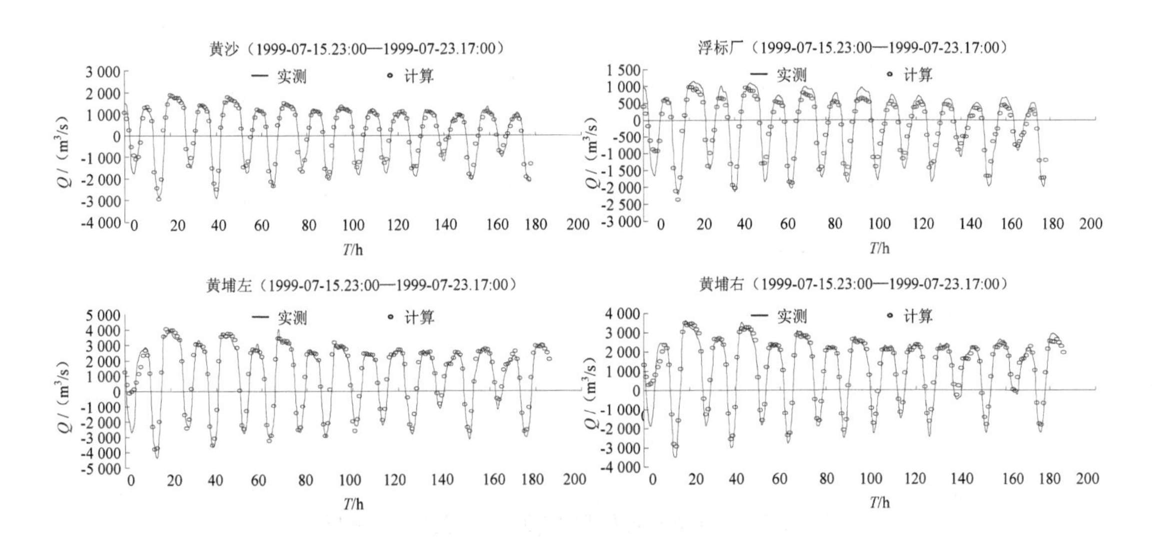

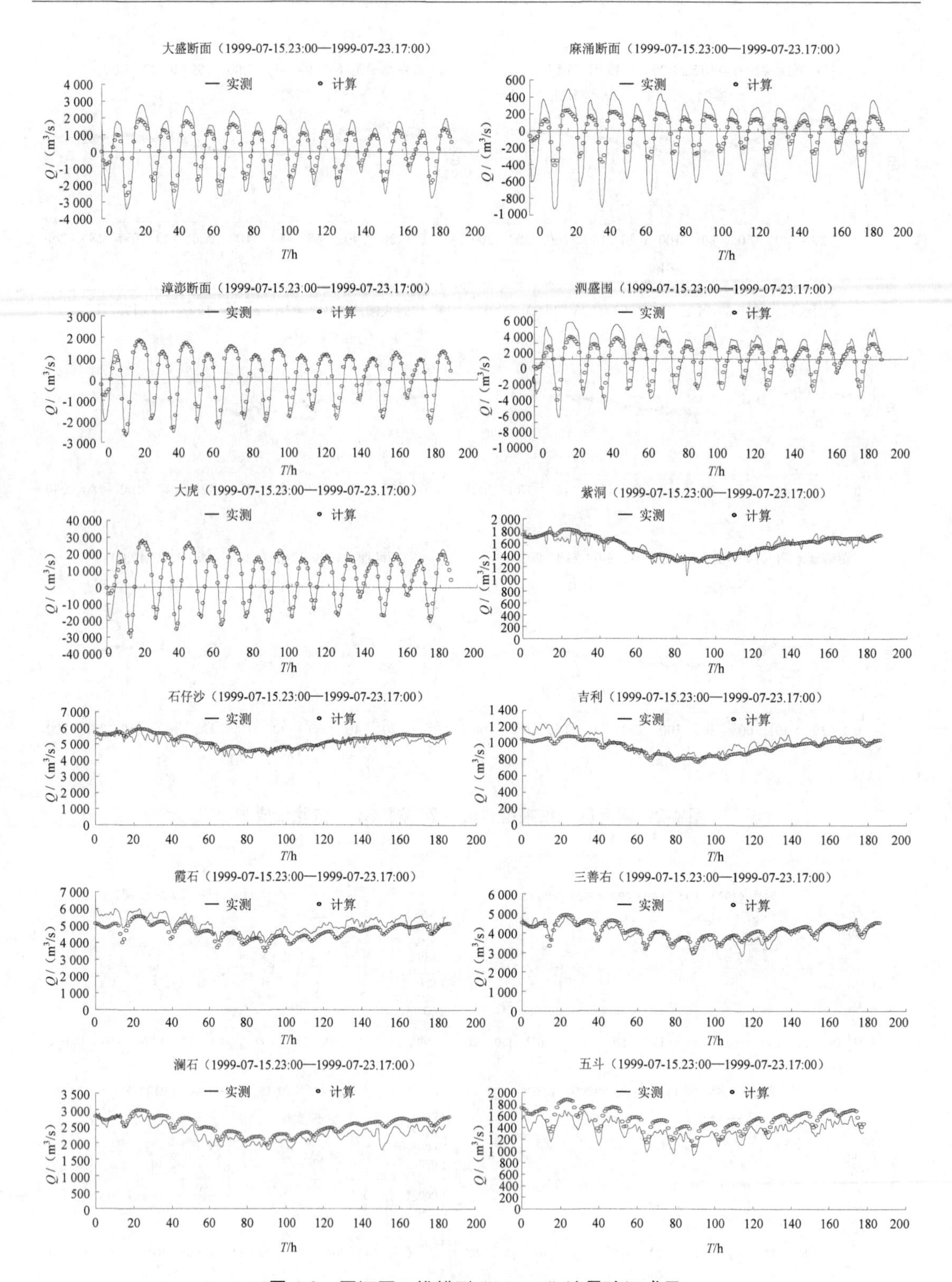

图 4-3 网河区一维模型“99·7”流量验证成果

4.2　珠江河口三维斜压咸潮数学模型

珠江河口三维斜压咸潮数学模型为三维斜压海洋动力模型，主要求解河口区的潮汐运动和盐淡水的运动与扩散，为研究珠江河口咸潮运动提供计算平台。

4.2.1　基本控制方程

水动力模式都是采用基于静力和 Boussinesq 近似下的海洋原始方程，并从三维原始流体方程组出发进行的。坐标变换：

$$x^* = x, y^* = y, \sigma = \frac{z-\eta}{H+\eta}, t^* = t \tag{4-7}$$

式中，x，y，z 为传统的直角坐标系；$D \equiv H + \eta$，$H(x,y)$ 为平均水深，$\eta(x,y,t)$：水面高度；σ 变化范围从 $\sigma = 0$（$z = \eta$）到 $\sigma = -1$（$z = -H$）。

经过垂向 σ 坐标变换的控制方程组如下：

连续方程

$$\frac{\partial DU}{\partial x} + \frac{\partial DV}{\partial y} + \frac{\partial w}{\partial \sigma} + \frac{\partial \eta}{\partial t} = 0 \tag{4-8}$$

动量方程

$$\frac{\partial DU}{\partial t} + \frac{\partial DU^2}{\partial x} + \frac{\partial UVD}{\partial y} + \frac{\partial Uw}{\partial \sigma} - fVD = -gD\frac{\partial \eta}{\partial x} + \frac{\partial}{\partial \sigma}\left[\frac{K_M}{D}\frac{\partial U}{\partial \sigma}\right]$$
$$-\frac{gD^2}{\rho_0}\frac{\partial}{\partial y}\int_{\sigma}^{0}\rho d\sigma + \frac{gD}{\rho_0}\frac{\partial D}{\partial y}\int_{\sigma}^{0}\sigma\frac{\partial \rho}{\partial \sigma}d\sigma + F_y \tag{4-9}$$

$$\frac{\partial VU}{\partial t} + \frac{\partial DUV}{\partial x} + \frac{\partial V^2 D}{\partial y} + \frac{\partial Vw}{\partial \sigma} - fUD = -gD\frac{\partial \eta}{\partial x} + \frac{\partial}{\partial \sigma}\left[\frac{K_M}{D}\frac{\partial V}{\partial \sigma}\right]$$
$$-\frac{gD^2}{\rho_0}\frac{\partial}{\partial y}\int_{\sigma}^{0}\rho d\sigma + \frac{gD}{\rho_0}\frac{\partial D}{\partial y}\int_{\sigma}^{0}\sigma\frac{\partial \rho}{\partial \sigma}d\sigma + F_y \tag{4-10}$$

盐度输运方程

$$\frac{\partial SD}{\partial t}+\frac{\partial SUD}{\partial x}+\frac{\partial SVD}{\partial y}+\frac{\partial S\omega}{\partial \sigma}+\frac{\partial \eta}{\partial t}=\frac{\partial}{\partial \sigma}\left[\frac{K_H}{D}\frac{\partial S}{\partial \sigma}\right]+F_S \tag{4-11}$$

2.5 阶湍流闭合方程组：

$$\begin{aligned}&\frac{\partial q^2 D}{\partial t}+\frac{\partial Uq^2 D}{\partial x}+\frac{\partial Vq^2 D}{\partial y}+\frac{\partial \omega q^2}{\partial \sigma}=\frac{\partial}{\partial \sigma}\left[\frac{K_q}{D}\frac{\partial q^2}{\partial \sigma}\right]+\\&\frac{2K_M}{D}\left[\left(\frac{\partial U}{\partial \sigma}\right)^2+\left(\frac{\partial V}{\partial \sigma}\right)^2\right]+\frac{2g}{\rho_0}K_H\frac{\partial \tilde{\rho}}{\partial \sigma}-\frac{2Dq^3}{B_1\ell}+F_q\end{aligned} \tag{4-12}$$

$$\begin{aligned}&\frac{\partial q^2\ell D}{\partial t}+\frac{\partial Uq^2\ell D}{\partial x}+\frac{\partial Vq^2\ell D}{\partial y}+\frac{\partial \omega q^2\ell}{\partial \sigma}=\frac{\partial}{\partial \sigma}\left[\frac{K_q}{D}\frac{\partial q^2\ell}{\partial \sigma}\right]+\\&E_1\ell\left(\frac{K_M}{D}\left[\left(\frac{\partial U}{\partial \sigma}\right)^2+\left(\frac{\partial V}{\partial \sigma}\right)^2\right]+E_3\frac{g}{\rho_0}K_H\frac{\partial \tilde{\rho}}{\partial \sigma}\right)\tilde{W}-\frac{Dq^3}{B_1}+F_\ell\end{aligned} \tag{4-13}$$

式中，

$$F_x=\frac{\partial}{\partial x}(D\tau_{xx})+\frac{\partial}{\partial Y}(D\tau_{xy}),$$

$$F_Y=\frac{\partial}{\partial x}(D\tau_{xy})+\frac{\partial}{\partial Y}(D\tau_{yy}),$$

$$\tau_{xx}=2A_M\frac{\partial U}{\partial x},\quad \tau_{xy}=\tau_{yx}=A_M\left(\frac{\partial V}{\partial x}+\frac{\partial U}{\partial y}\right),\quad \tau_{yy}=2A_M\frac{\partial V}{\partial y}$$

盐度运输方程中

$F_x=\frac{\partial}{\partial x}\left(DA_H\frac{\partial S}{\partial x}\right)+\frac{\partial}{\partial Y}\left(DA_H\frac{\partial S}{\partial y}\right)$，并适用于物理量 q^2，q^2l：q^2，q^2l 为湍动能变量，l 为湍混合长度；S 为盐度，A_M 为水平方向扩散系数，K_M 为垂直方向湍动黏滞系数、K_H 为热力垂直方向湍动摩擦系数；K_q 为湍动垂直方向扩散系数；U,V,ω 为 x，y，σ 方向的流速分量。

边界条件：

$$\omega(x,y,0,t)=0$$

海面条件：

$$\frac{K_M}{D}\left(\frac{\partial U}{\partial \sigma},\frac{\partial V}{\partial \sigma}\right)=(\tau_{sx},\tau_{sy}) \tag{4-14}$$

盐度的海面净通量

$\frac{K_H}{D}\frac{\partial S}{\partial \sigma}=-\langle \omega S(0)\rangle$，$q^2=B_1^{\frac{2}{3}}u_{\tau s}{}^2$；$q^2 l=0$，参数 B_1 取 0.74。

海底边界条件：$\omega(x,y,-1,t)=0$

$$\frac{K_M}{D}\left(\frac{\partial U}{\partial \sigma},\frac{\partial V}{\partial \sigma}\right)=(\tau_{sx},\tau_{sy})=C_z[U^2+V^2]^{\frac{1}{2}}(U,V) \tag{4-15}$$

式中，拖曳系数 $C_z=\max\left\{0.002\,5,\left[\frac{1}{k}\ln(1+\sigma_{kb-1})H/Z_0\right]^{-2}\right\}$，$\frac{K_H}{D}\frac{\partial S}{\partial \sigma}=0$

$$q^2=B_1^{\frac{2}{3}}u_{\tau b}{}^2\text{；}\quad q^2 l=0$$

陆地边界条件：$\vec{V}\cdot\vec{n}=0$，由于没有对流和扩散，温度、盐度的法向梯度也为零。侧开边界条件：有外海天文潮波强迫传入，即采用外海强迫潮位输入。

$$\eta=\eta^*=H\cos(\omega t+\varphi) \tag{4-16}$$

4.2.2　模型范围及模型设置

上边界为虎门大虎站、蕉门南沙站、洪奇门冯马庙站、横门横门站、磨刀门竹银站、鸡啼门黄金站、虎跳门西炮台站、崖门官冲站，下边界为外海 30 m 等深线处，如图 4-4 所示。

三维模型控制方程的离散采用有限差分法，网格划分在平面上采用曲线贴体坐标系下的正交网格，垂向网格采用σ 坐标系统。空间步长视水面和水下地形情况及研究要求而变化。

垂向混合系数采用 Melior 和 Yamada（1982）提出的并经 Galperin 等（1988）修正的 2.5 阶湍封闭模型进行计算，避免混合系数人为选取造成的误差，其最小的背景混合系数可根据海区层化或混合的情况取 1×10^{-6}～5×10^{-5} m^2/s，而水平混合系数则采用 Smagorinsky（1963）公式进行计算。

图 4-4 珠江河口三维模型的研究范围示意

4.2.3 模型验证

模型验证采用“2005.1”枯水水文组合。为应对 2004 年冬—2005 年春珠江三角洲遭受的强咸潮袭击，缓解澳门、珠海、中山等地的供水紧张局势，在国家防汛抗旱总指挥部部署下，水利部珠江水利委员会组织实施了珠江压咸补淡应急调水。为确保压咸补淡应急调水顺利进行，并为应急调水和研究珠江三角洲网河区枯水期复杂的水文情势、咸潮上溯规律提供必要的水文数据，同时为建立网河区咸灾预警方案及制定相应防灾减灾应急措施提供科学依据，在珠江委的组织下，珠江委水文局和贵州、广西、广东省（自治区）水文（水资源）局，于 2005 年 1 月 10 日—2 月 9 日共同开展了珠江压咸补淡应急调水水文测报工作，布设了 80 多个水文监测站（断面），测取了包括水位、水深、流速、含氯度等项目的近 30 多万组原始数据。

（1）流速结果验证

图 4-5 为表、底层流速验证图。从图中可以看出，落急时表层流速明显大于底层流速，流速垂向分布表现为近似线形分布；其余时刻则除向表层落，底层涨的“S”分布，这是盐水上溯过程中最典型的流速分布形式；同时可以看到河口环流特征。

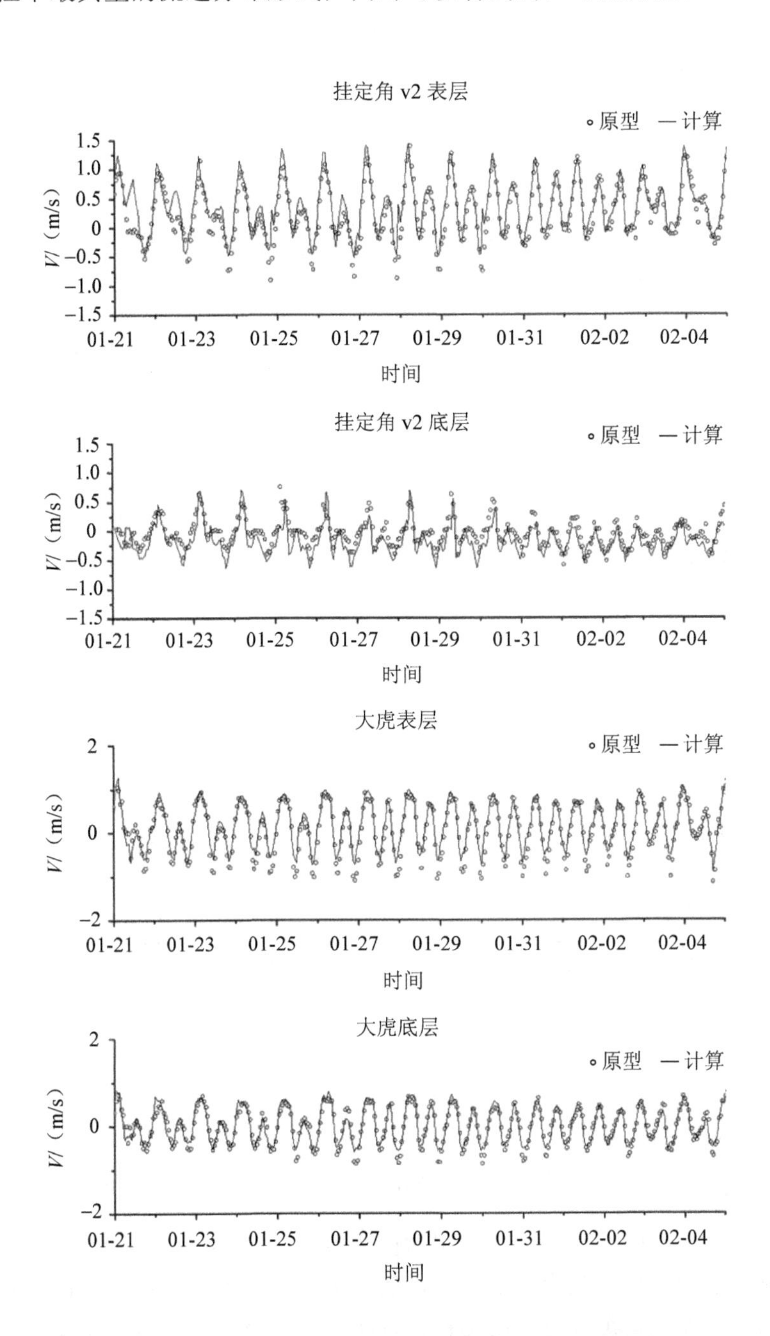

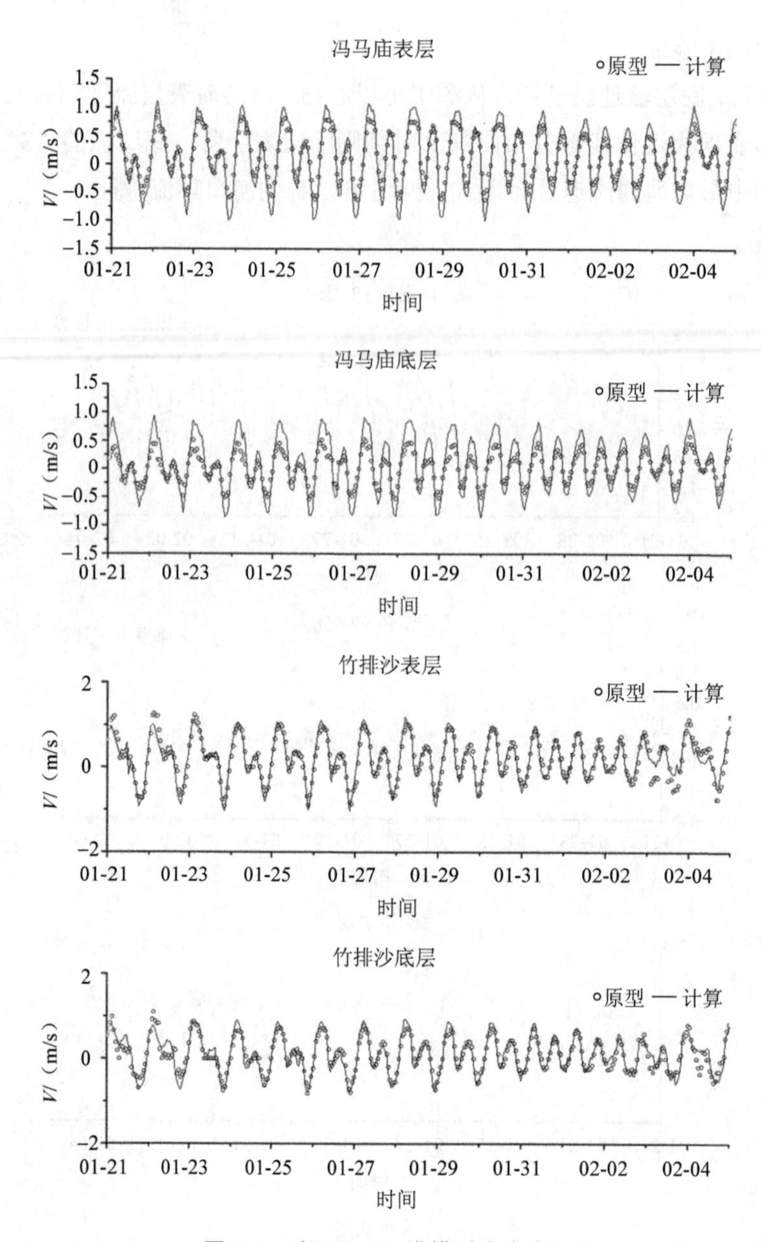

图 4-5　珠江河口三维模型流速验证

（2）盐度结果验证

图 4-6 为盐度验证图。从盐度过程线的验证图可以得到：在垂向分布上，底层盐度大于表层盐度，时间上，磨刀门内的站位出现两个峰，一个发生在大潮涨急，一个发生在小潮转中潮，这与实测资料相吻合。从平面盐度场的分布来看，盐度的扩散体现其随潮流涨落而升降的特征，在河道内盐度浓度由口门往上游沿程递减，基本反映出盐度在径潮动力作用下西北江三角洲网河区的分布规律。从垂向盐度场图可以看出，盐度的垂向盐水楔明

显，小潮涨潮时盐水楔要明显于大潮涨潮时的盐水楔。

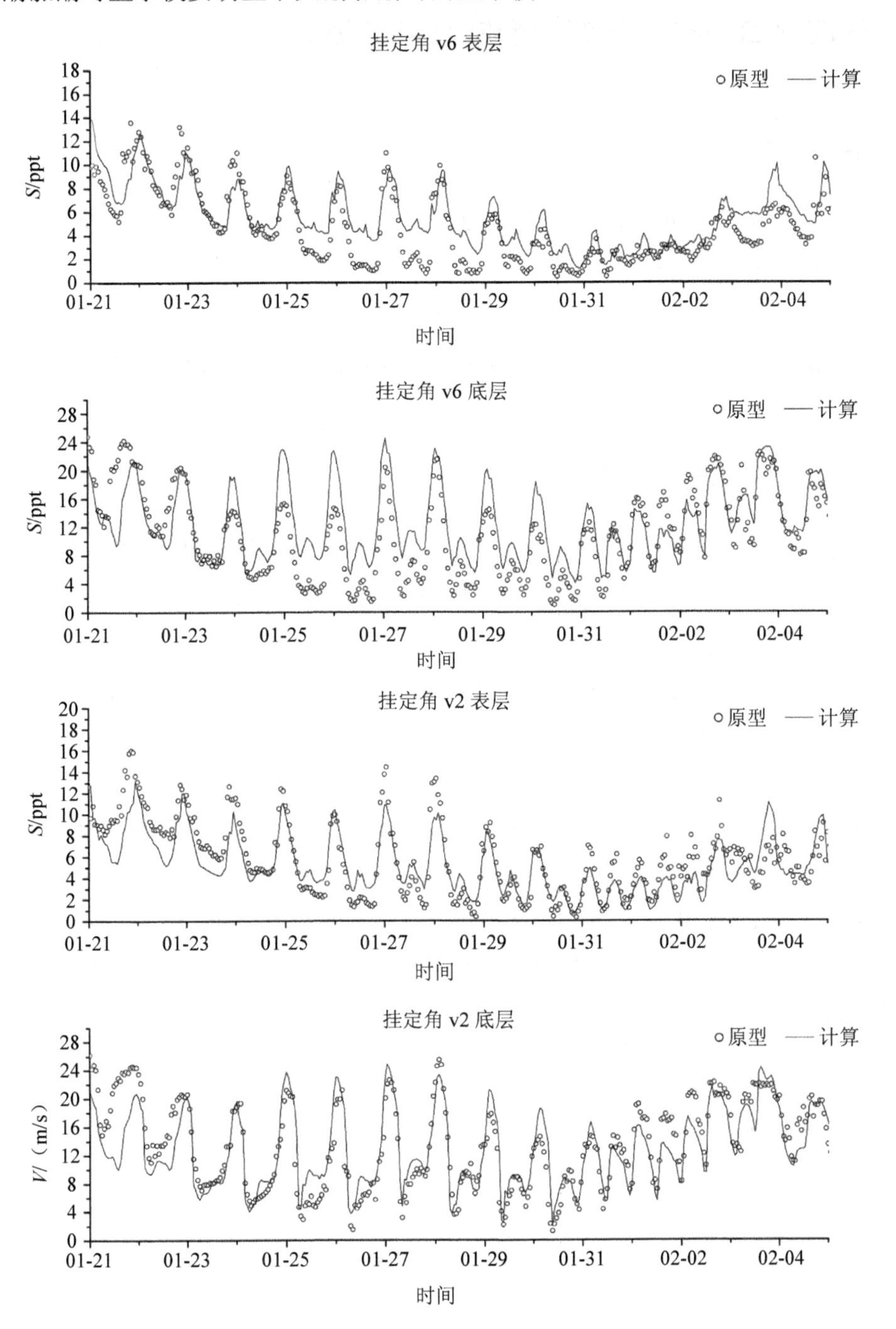

图 4-6　珠江河口三维模型盐度验证

4.3 珠江河口一维、三维耦合咸潮数学模型

4.3.1 模型介绍

珠江河口一维模型和三维模型有各自的优点，也有各自的缺点。一维模型的优点在于计算量小，模型范围大；缺点是模型不能模拟河口盐度分层、流速结构复杂的情况。三维模型的优点在于模型能模拟河口盐度分层、流速结构复杂的情况，缺点是模型计算量大，模型范围不能太大。珠江河口一维、三维耦合模型则综合了一维模型的大范围和三维模型的高精度，将两者的优势完美结合。

4.3.2 一维、三维模型耦合基本条件

一维与三维模型连接断面基本位于口门附近。设一维模型在第 i 个口门的连接断面上的水位、流量、盐度分别为 $Z_i(1)$、$Q_i(1)$、$S_i(1)$，三维模型在第 i 个口门的连接断面上平均水位、流量、平均盐度分别为 $Z_i(3)$、$Q_i(3)$、$S_i(3)$（i=1，2，3，4），该断面位于第 j 列、第 k 行、第 l 层的网格点的盐度为 $S_{ijkl}(3)$。考虑联解时，一维和三维的连接断面被视为内断面，因此每个连接断面需补充水位连续、流量连续、盐度输送连续 3 个关系式，联解的思路如图 4-7 所示，采用显式耦合，三维模型将水位传递给一维模型，一维模型将流量传递给三维模型，盐度传递的物质通量包括由对流作用及扩散作用所产生的净通量，其中对流通量传递取决于连接断面水流方向，涨潮时由三维模型向一维模型传递，落潮时由一维模型向三维模型传递，扩散通量传递取决于连接断面处的浓度梯度。由于三维模型在连接断面处含有多个计算水点，因而需获悉连接断面处盐度沿宽度和水深方向的变化，方能补充其分层边界条件。

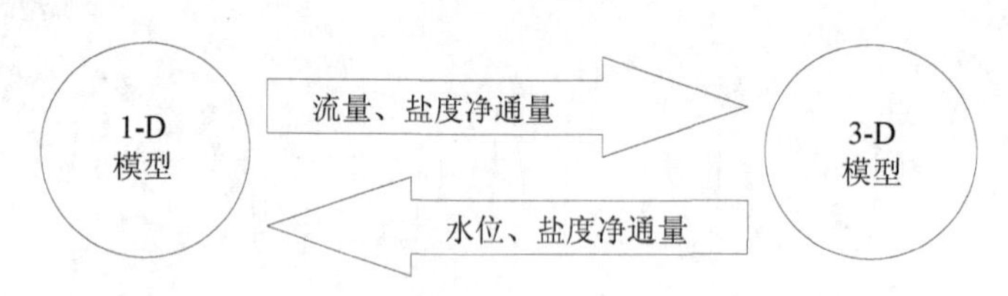

图 4-7 一维模型与三维模型耦合示意

水位连续条件：

$$Z_i(1)= Z_i(3) \quad (4\text{-}17)$$

流量连续条件：

$$Q_i(1) + Q_i(3) =0 \quad (4\text{-}18)$$

盐度连续条件：

①当水流方向从三维到一维时

$$S_i(1)=[Q_i(3)\times S_i(3)+FDIF_i]/Q_i(1) \tag{4-19}$$

②当水流方向从一维到三维时

$$S_{ijkl}(3)=[Q_i(1)\times S_i(1)+FDIF_i]/Q_i(3)\times a_{ijkl} \tag{4-20}$$

式中，$Q_i(1)$、$Q_i(3)$以流向连接断面为负；$FDIF_i$ 为由扩散作用而产生的通量；a_{ijkl} 为第 i 个口门的连接断面上盐度沿宽度和水深方向的分布系数。

当一维模型断面浓度高于三维模型断面浓度时，扩散通量由一维模型向三维模型传递，此时 $FDIF_i = A_i \times E_x \times \dfrac{S_i^{(1)} - S_i^{(3)}}{\Delta n}$，反之，$FDIF_i = A_i \times A_H \times \dfrac{S_i^{(3)} - S_i^{(1)}}{\Delta n}$，其中 A_i 为第 i 个口门的过水面积；n 为法向。

4.3.3　模型范围

一维、三维耦合模型的范围为：西江干流上游到达梧州站、北江干流到达飞来峡站、增江至麒麟咀站、东江至博罗站、潭江至石咀站上游约 45 km 处、广州水道则到达上游的流溪河、九曲河及国泰水。一维模型的下边界或者说三维模型的上边界为为虎门大虎站、蕉门南沙站、洪奇门冯马庙站、横门横门站、磨刀门竹银站、鸡啼门黄金站、虎跳门西炮台站、崖门官冲站。三维模型的下边界为外海–100 m 等深线，具体情况及网格布置如图 4-8 所示。

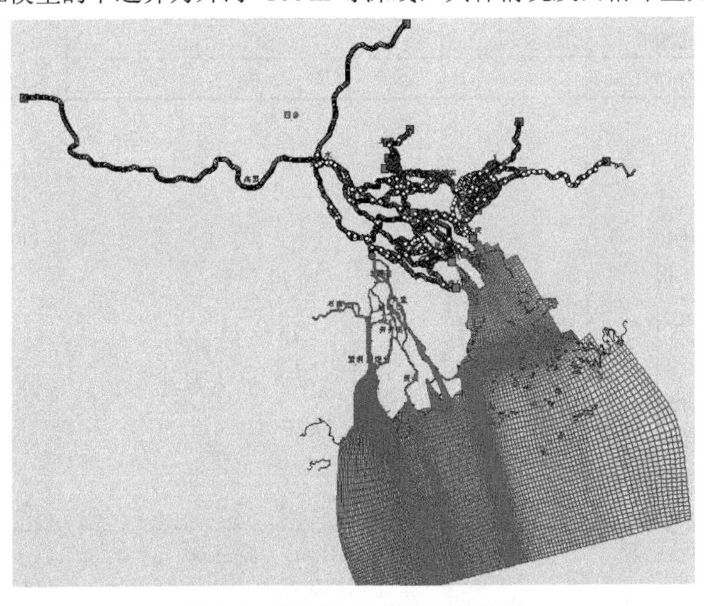

图 4-8　模型范围及网格布置情况

4.4 珠江河口咸潮上溯数值模拟研究

4.4.1 不同径流流量对咸潮上溯的影响

径流是影响咸潮上溯的主要因素之一，通过研究分析不同径流量对下游咸潮变化的规律，可以为调水压咸提供重要的技术支持。本次试验采用一维、三维耦合咸潮学模型对不同流量级径流条件下对咸潮上溯的影响进行模拟计算。

（1）计算条件

试验的计算时段选取为 2005 年 1 月 18 日—2 月 4 日，模型采用的地形条件为一维、三维耦合咸潮数学模型建模时的地形条件，上边界为各级恒定流量（表 4-2），外海下边界以实测半月潮为代表潮型（图 4-9），其余边界参考同时期实际的流量过程。

表 4-2 数学模型上边界条件列 单位：m^3/s

梧州流量＋古榄流量＋官良流量	飞来峡出库流量+石狗流量	其他入流条件
1 000	180	以 2005 年应急调水资料为基础进行调整
1 250	200	
1 500	220	
1 800	320	
2 100	400	
2 500	500	
3 000	600	

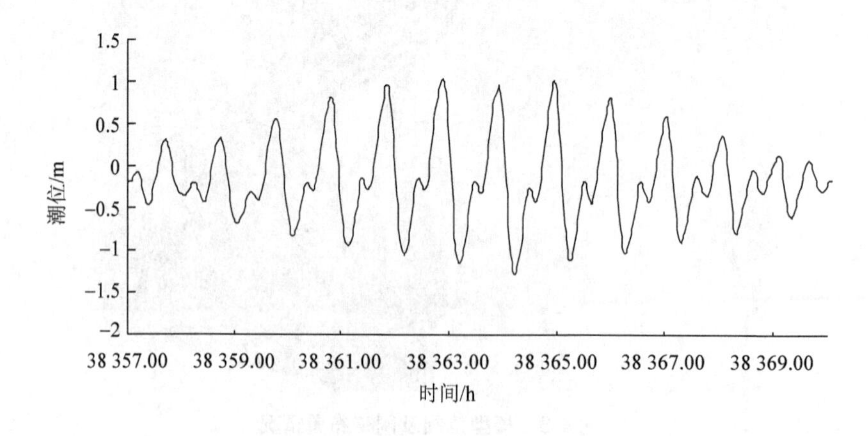

图 4-9 外海边界潮型（计算时段为 484 h）

上游西江径流量 1 000 m³/s 相当于 30 d 最枯径流频率为 97%的径流量，1 500 m³/s 相当于 1959—2004 年马口+三水日平均径流频率为 10%的径流量，2 500 m³/s 相当于 1959—1998 年 1 月多年平均流量或相当于 30 d 最枯径流频率为 10%的径流量，3 000 m³/s 相当于典型特枯年（1963 年）马口+三水年均来水流量。

计算采用的上边界西江最枯来水流量为 1 000 m³/s，低于 2006 年冬—2007 年初调水压咸期间珠江防汛抗旱总指挥部确定的控制西江梧州来水流量不小于 1 800 m³/s 的流量，同时根据《珠江流域水资源保护规划》中规定的压咸和满足河道生态需水量，梧州来水流量控制在 2 100 m³/s 以上，若出现上游来水偏枯，梧州来水流量低于 1 800 m³/s 时，珠江防总将通过上游水利枢纽的统一调度和调配，进行流域性质的调水压咸，因此本研究在恒定流的计算组次中边界的选取上体现为偏安全考虑。

（2）计算结果

在梧州、飞来峡采用不同流量计算，通过统计天河流量的涨潮流量和落潮流量来分析上游不同流量的下游的影响。从表 4-3 中可以看出，随着上游流量的增加，天河的涨潮流量逐渐减少，而落潮流量逐渐增大。

表 4-3　天河站的涨、落潮流量　　单位：m³/s

梧州+飞来峡	1 000 m³/s+180 m³/s	1 250 m³/s+200 m³/s	1 500 m³/s+220 m³/s	1 800 m³/s+320 m³/s	2 100 m³/s+500 m³/s	2 500 m³/s+500 m³/s	3 000 m³/s+650 m³/s
涨潮流量	2 405.91	2 173.48	1 767.18	1 547.48	1 489.90	1 328.08	1 059.33
落潮流量	2 237.88	2 469.51	2 501.58	2 639.66	2 676.29	2 763.79	2 973.85

上游各流量条件下咸潮盐度 0.45 ppt（相当于含氯度 250 mg/L）及 0.9 ppt（相当于含氯度 500 mg/L）上溯距离变化值如表 4-4 所示，以“2005.1”水文组合验证成果的咸界为参照值，上游各级流量下咸潮上溯距离较“2005.1”咸界上移为正，下移为负。从表中统计可以看出，不同流量情况下，咸潮上溯的影响规律是上游流量级越小，上溯距离越大，在上游来水流量较大的情况下，咸潮上溯距离较小。

半月潮期各级流量水厂超标时数统计如表 4-5 所示。统计结果显示，随着上游流量增加，取水口超标时间减少。其中上游梧州 2 500 m³/s+飞来峡 500 m³/s 时，平岗泵站取水口超标时间大幅降低。

表 4-4　不同流量情况下磨刀门的上溯距离变化值　　单位：m

盐度	梧州 1 000 m^3/s+飞来峡 180 m^3/s		梧州 1 250 m^3/s+飞来峡 200 m^3/s		梧州 1 500 m^3/s+飞来峡 220 m^3/s		梧州 1 800 m^3/s+飞来峡 320 m^3/s	
	表层	底层	表层	底层	表层	底层	表层	底层
0.45 ppt	4 000	1 750	3 200	1 250	900	1 050	400	650
0.9 ppt	3 900	2 050	1 900	1 750	1 300	750	300	150

盐度	梧州 2 100 m^3/s+飞来峡 500 m^3/s		梧州 2 500 m^3/s+飞来峡 500 m^3/s		梧州 3 000 m^3/s+飞来峡 650 m^3/s	
	表层	底层	表层	底层	表层	底层
0.45 ppt	−1 000	−1 250	−2 400	−1 750	−3 400	−2 550
0.9 ppt	−900	−750	−2400	−950	−3 500	−4 150

表 4-5　不同流量情况下重要水厂及水闸的超标时间　　单位：h

梧州+飞来峡流量	1 000 m^3/s+180 m^3/s	1 250 m^3/s+200 m^3/s	1 500 m^3/s+220 m^3/s	1 800 m^3/s+320 m^3/s	2 100 m^3/s+500 m^3/s	2 500 m^3/s+500 m^3/s	3 000 m^3/s+650 m^3/s
平岗	270	198	111	87	60	41	30
大涌口	423	401	389	316	287	247	190
广昌	423	407	398	342	383	274	220
挂定角	423	423	423	391	353	314	288

4.4.2　海平面季节变化对咸潮上溯的影响

海平面季节变化是加剧咸潮灾害的重要因素。据有关研究，珠江三角洲地区沿海的海平面到 2030 年可能会上升 30 cm，该项研究的数据来源于广东沿海 11 个验潮站的验潮记录。根据数据，专家计算出相对海平面上升速率为平均每年 2～2.5 mm（与海平面上升 30 cm 结果显然不一致）。从长远角度考虑，在本模型试验中，考虑海平面上升 0.3 m 时对咸潮上溯的影响。

（1）计算条件

计算时段选取在 2005 年 1 月 18 日—2 月 4 日。下边界计算潮位抬高 0.3 m，其他边界条件参考实际边界条件，对比基础为“2005.1”水文组合计算结果。

（2）咸潮上溯距离变化

统计海平面上升条件下咸潮 0.45 ppt（相对于含氯度 250 mg/L）及 0.9 ppt（相对于含氯度 500 mg/L）上溯距离变化如表 4-6 所示，以“2005.1”水文组合验证成果的咸界为参照值，上游各级流量下咸潮上溯距离较“2005.1”咸界上移为正，下移为负。

从表中可以看出，无论表层或底层，海平面上升后的上溯距离变化较大的。而在海平面上升情况下，磨刀门的咸潮上溯动力增强，使得底部的咸潮上溯剧烈，造成底部的咸潮上溯距离较表层大很多。同时可说明海平面上升对咸潮上溯影响较大。

表 4-6　海平面上升后咸潮上溯距离变化　单位：m

环境变化	250 mg/L		500 mg/L	
	表层	底层	表层	底层
海平面上升	5 231	13 826	6 721	5 840

（3）水厂超标时间

水厂取水的含氯度超过 250 mg/L 即为超标。水厂超标的时间过长，将严重影响生活用水的取水安全，故特选取磨刀门口门内的几个较大型的取水泵站进行研究，主要为平岗、大涌口、广昌、挂定角。表 4-7 给出了各工况下主要取水口水厂超标时间。

表 4-7　海平面上升后主要取水泵站或闸超标时间　单位：h

	平岗泵站	大涌口水闸	广昌泵站	挂定角水闸
“2005.1”组合	3	170	173	184
海平面上升	362	456	468	484

本次计算时间为 484 h，从表中可以看出在海平面上升情况下，取水泵站或水闸超标时间大大增加，其中挂定角水闸全部超标，甚至平岗泵站超标时间也高达 362 h。说明这些海平面上升的情况对水厂取水安全有很大的影响。

4.4.3　不同风况对咸潮上溯的影响

风对咸潮活动的影响较大，是影响咸潮运动的主要因素之一。不同的风力和风向直接影响咸潮的推进速度，风通过剪切应力引起水体的平面输送，另外则通过垂向气压的变化促使表底层水体交换而影响盐度的分布。根据往年观测结果发现，当河口区以东北风为主时，咸潮上溯强度更大。为了进一步了解风对珠江口咸潮上溯的影响，选取了两组数值试验来分析研究风对咸潮运动规律的影响。一组为考虑不同风向下的咸潮运动，另一组为考虑不同风速下的咸潮运动。

（1）计算条件

①考虑不同风向下的咸潮运动

计算时段选取 2005 年 1 月 18 日—2 月 4 日。选择东风、北风、东北风 3 种风向，在计算时段内连续吹 8 h 15 m/s 的风速。3 组风况下的水文边界条件相同。

②考虑不同风速下的咸潮运动

计算时段选取2005年1月18日—2月4日。选择在东北风条件下，在计算时段内连续吹8 h 15 m/s、10 m/s、5 m/s的风速。3组风况下水文边界条件相同。

（2）不同风况对磨刀门内各站点盐度影响

①不同风向计算结果

不同风向磨刀门内各站点的盐度差异如表4-8所示。从计算结果看，除了拦门沙站外，各站表层的东北向的盐度值都要大于东向和北向，而底层竹排沙和灯笼山站的东北向盐度要比东向和北向的盐度值大很多，而靠近拦门沙的挂定角，交杯沙及拦门沙站的东北向的底层盐度比东向和北向的底层盐度略大。从表中可以看出，东北向的盐度平均值、最大值、最小值都大于东向和北向。说明东北风对咸潮上溯的影响比较大。靠近拦门沙附近的拦门沙站、挂定角站、交杯沙站的各向表底层的平均值比较接近，说明靠近拦门沙站的水域受拦门沙的影响在强风作用下掺混剧烈，表底层盐度分布比较均匀。而靠近上游的站点表底层盐度值差距较大，盐水楔明显。

表4-8 不同风向下磨刀门各站点的盐度差异 单位：度

站名	项目	东风		北风		东北风	
		表层	底层	表层	底层	表层	底层
竹排沙	平均值	1.603	3.419	1.527	4.520	2.797	9.135
	最大值	10.432	17.272	9.448	19.228	12.742	21.596
	最小值	0.012	0.009	0.010	0.009	0.036	0.046
灯笼山	平均值	5.345	11.675	5.340	10.856	8.078	15.909
	最大值	16.247	25.241	17.467	24.015	21.440	26.367
	最小值	0.199	0.866	0.125	0.117	0.199	0.444
挂定角	平均值	7.885	19.327	8.201	17.334	11.759	20.773
	最大值	20.211	28.242	18.814	27.113	22.999	28.183
	最小值	0.691	5.222	0.691	5.392	0.691	7.527
交杯进口	平均值	6.738	14.105	10.132	15.293	11.883	18.221
	最大值	16.939	29.865	20.402	29.876	20.174	30.692
	最小值	1.684	4.570	1.941	6.010	1.941	10.425
拦门沙	平均值	24.648	25.163	23.470	23.722	24.655	24.844
	最大值	32.639	32.982	33.106	32.979	32.874	32.881
	最小值	10.894	17.634	10.894	17.344	10.894	18.770

②不同风速计算结果

不同风速磨刀门内各站点的盐度差异如表 4-9 所示。从计算结果看，各站的表层盐度对比图中，15 m/s 的东北风的盐度值是最大的，而底层的盐度值除了竹排沙站外，其他站点的 15 m/s 的东北风的盐度值比 10 m/s 的东北风或 5 m/s 的东北风的盐度值都小，靠近拦门沙的交杯进口站、挂定角站、拦门沙站都可以清楚地看到，底层盐度值对比中，5 m/s 的东北风的盐度值最大，10 m/s 的东北风盐度值次之，15 m/s 的东北风的盐度值最小，这与这些站点的表层盐度分布规律正好相反。这是由于 15 m/s 的东北风在强时间的风应力作用下，加大了水体垂向的掺混，使得表底层的盐度值差距不大，而 5 m/s 的东北风的掺混作用最弱，使得表底层盐度相差较大，底层的盐度值要远大于表层的盐度值。从磨刀门内各站点的盐度差异表可以得出，从表层盐度值对比来看，从上游到下游，15 m/s 的东北风的表层盐度值是最大的，10 m/s 的东北风的表层盐度值次之，5 m/s 的东北风的表层盐度值是最小。从底层盐度值对比来看，从竹排沙到挂定角，15 m/s 的东北风的底层盐度值都大于 10 m/s 的东北风的底层盐度值和 5 m/s 的东北风的底层盐度值。而交杯进口和拦门沙站的情况相反，这可能与靠近拦门沙受拦门沙阻隔作用，掺混作用更强烈使得表底层盐度分布的更加均匀。

表 4-9　不同风速条件下磨刀门内站点盐度差异

站名	项目	15 m/s 东北风		10 m/s 东北风		5 m/s 东北风	
		表层	底层	表层	底层	表层	底层
竹排沙	平均值	2.797	9.135	1.830	5.705	1.712	5.852
	最大值	12.742	21.596	11.368	20.414	9.447	16.558
	最小值	0.036	0.046	0.007	0.010	0.005	0.015
灯笼山	平均值	8.078	15.909	4.706	11.335	3.646	10.903
	最大值	21.440	26.367	15.019	24.946	11.350	24.969
	最小值	0.199	0.444	0.186	0.622	0.102	0.406
挂定角	平均值	8.331	13.257	6.174	14.671	5.930	17.031
	最大值	17.053	26.006	13.883	24.761	13.145	28.764
	最小值	1.719	4.273	1.602	4.828	1.636	6.198
交杯进口	平均值	11.883	18.221	8.542	19.336	7.396	21.133
	最大值	20.174	30.692	18.215	31.384	16.141	30.353
	最小值	1.941	10.425	1.941	9.526	1.658	10.028
拦门沙	平均值	22.435	24.000	17.711	24.680	14.943	28.449
	最大值	33.999	34.021	30.704	32.944	31.768	34.337
	最小值	5.628	14.803	5.628	13.956	5.594	14.538

（3）不同风向下磨刀门水道咸潮上溯距离

表 4-10 中给出了在不同风向计算条件下 0.45 ppt（250 mg/L）和 0.9 ppt（500 mg/L）的咸潮上溯距离，从表中可以看出，东北向表层、底层的上溯距离最远，说明东北向风对咸潮上溯最不利。

表 4-10　不同风向下咸潮上溯距离　单位：m

盐度	东向 15 m/s		北向 15 m/s		东北向 15 m/s	
	表层	底层	表层	底层	表层	底层
0.45 ppt	35 520	35 620	30 200	30 800	35 837	36 298
0.9 ppt	28 085	28 150	28 000	28 800	28 600	28 390

表 4-11 中给出了在不同风向计算条件下 0.45 ppt（250 mg/L）和 0.9 ppt（500 mg/L）的咸潮上溯距离，从表中可以看出，东北向 15 m/s 的表底层上溯距离最远，说明风速越大，对咸潮上溯越不利。

表 4-11　不同风速下咸潮上溯距离　单位：m

盐度	东北向 15 m/s		东北向 10 m/s		东北向 5 m/s	
	表层	底层	表层	底层	表层	底层
0.45 ppt	35 837	36 298	29 600	29 800	27 800	30 200
0.9 ppt	28 600	28 390	28 400	28 800	24 500	26 800

4.5 珠江河口咸潮预警预报研究

咸潮规律复杂，影响因素众多，咸潮预报一直是学术界的一个难点。珠江河口咸潮规律研究的准确性需要咸潮预报的准确性予以验证，珠江河口咸潮抑咸方案的制定，需要咸潮预警和预报系统的辅助。

珠江河口盐度扩散及咸情受上游降水产汇流及径流量影响明显，河口区咸潮严重的年份，一定是流域偏枯的水文年。珠江河口咸潮预警预报需要准确地预测上游控制性断面的径流过程，如西江的梧州断面、北江的石角断面及东江的博罗断面。

除此之外，河口咸潮运动规律与外海潮汐运动的相关性也非常明显，珠江河口潮汐具有不规则半日周期变化，在一个潮周期内，与潮位的两高两低相对应，盐度也出现两高两低现象，涨潮时盐度增高，落潮时降低，盐度变化周期与潮位过程有一定的相位差，滞后

1～2 h。因此，咸潮预报需要外海潮汐预报模型的支持。

实现珠江河口咸潮的数值预测预报是一个非常复杂的课题，在现有研究水平条件下，想要通过一个单一的数值模式来完整地实现珠江河口咸潮数值模拟预测、预报，并满足实际应用中的实效要求是不太可行的。为此，通过各模式间的衔接与配合应用，形成一套完整的珠江河口咸潮数值模拟技术，结合上述上游水文过程预测和外海潮汐过程预报方法，实现珠江河口咸潮预测预报，并根据实测资料在咸潮预测预报过程中进行实时校正。基于数值模拟的珠江河口咸潮预警预报模型的整体架构如图 4-10 所示。

图 4-10　珠江河口咸潮预警预报模型系统架构

4.5.1　上游水文过程预测预报

珠江河口咸潮预警预报模型主要采用珠江河口咸潮一维、三维联解数学模型，模型预报必须要考虑珠江流域上游来水过程，主要考虑西江梧州水文站、北江石角水文站和东江博罗水文站的来水情况。在珠江流域内，西江流域的覆盖范围 30.49 万 km^2，占全流域集水面积的 85.7%，水资源总量约占广西水资源总量的 85.5%，如图 4-11 所示。

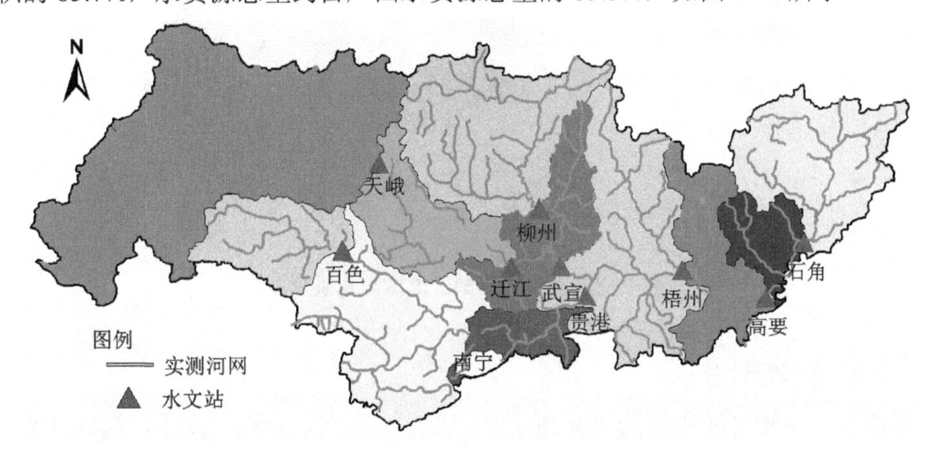

图 4-11　珠江流域西江子流域水系分布

由于西江流域面积大，且流域中下游没有控制性水利工程，无控区间范围大对西江梧州站来水影响较大，为了能够准确地给出梧州水文站的水量过程，为咸潮数学模型提供上边界条件，需要开展无控区间的枯季水文预测预报研究。

而对于北江和东江由于控制性工程发挥了较大的作用，只需研究北江石角断面和东江博罗断面的流量过程就可进行较为准确的模拟预报。

（1）西江中下游无控区间枯季水文预报

为了准确预报梧州水文站的枯季流量过程，需要针对西江中下游实际情况，根据西江中下流域水系和水文站点分布情况，划分无控区间，研究不同区间的降雨径流特性，建立适合西江中下游无控区间的枯季水文预报模型，开展梧州水文站流量过程的预测预报。西江流域无控区间范围较大，根据咸潮预报所需水文站梧州站的位置和特点，西江中下游的无控区间控制范围为干流武宣水文站以下和郁江贵港水文站以下到梧州水文站的控制区域，西江中下游子流域分布如图 4-12 所示。

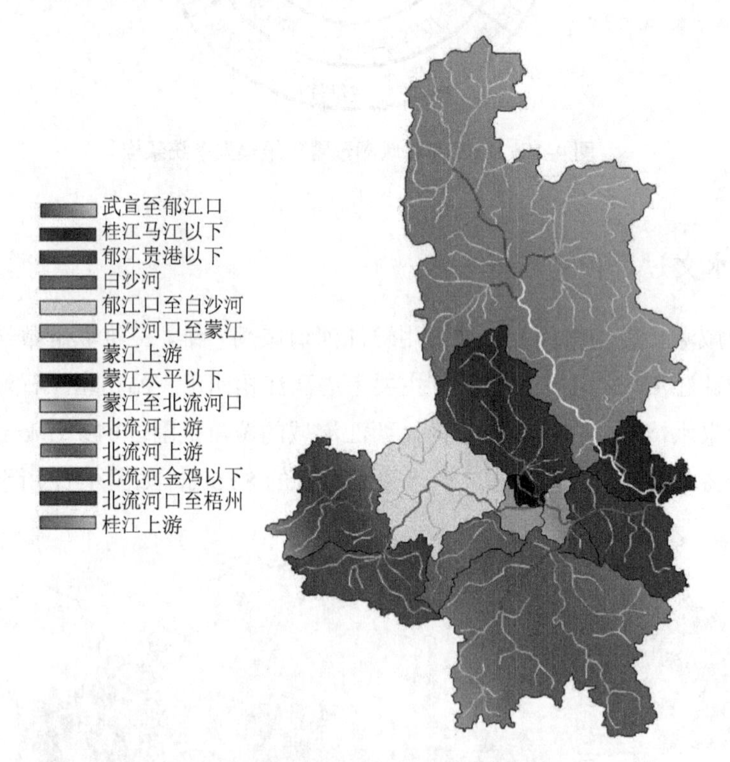

图 4-12 西江中下游子流域与水系分布

（2）区域降雨特性分析

根据西江中下游区域主要的水文站武宣、梧州、贵港、金鸡、太平、马江（京南）和北江流域石角水文站及东江流域博罗水文站的流量资料，西江研究区域主要雨量站的雨量资料，以及流域主要站点 1986 年前的整编资料及部分站点 1999 年至今的报讯资料。

图 4-13、图 4-14 和图 4-15 分别为蒙江、北流河和桂江流域主要站点的月降雨量数据，从图中可以看出，流域内站点的降雨基本是同步的，降雨系列具有一致性。

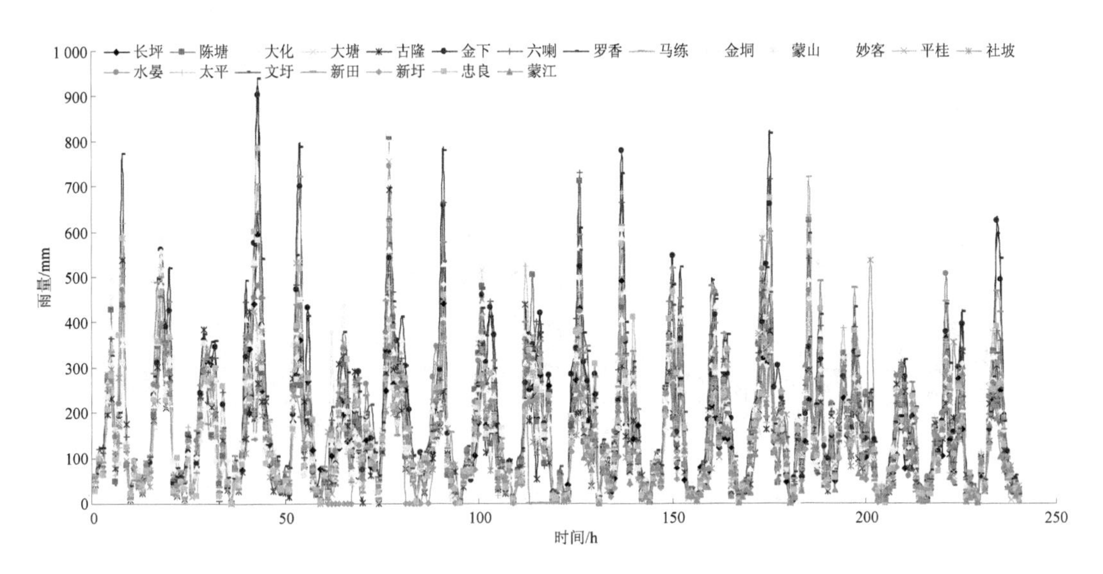

图 4-13　蒙江流域主要雨量站月雨量资料

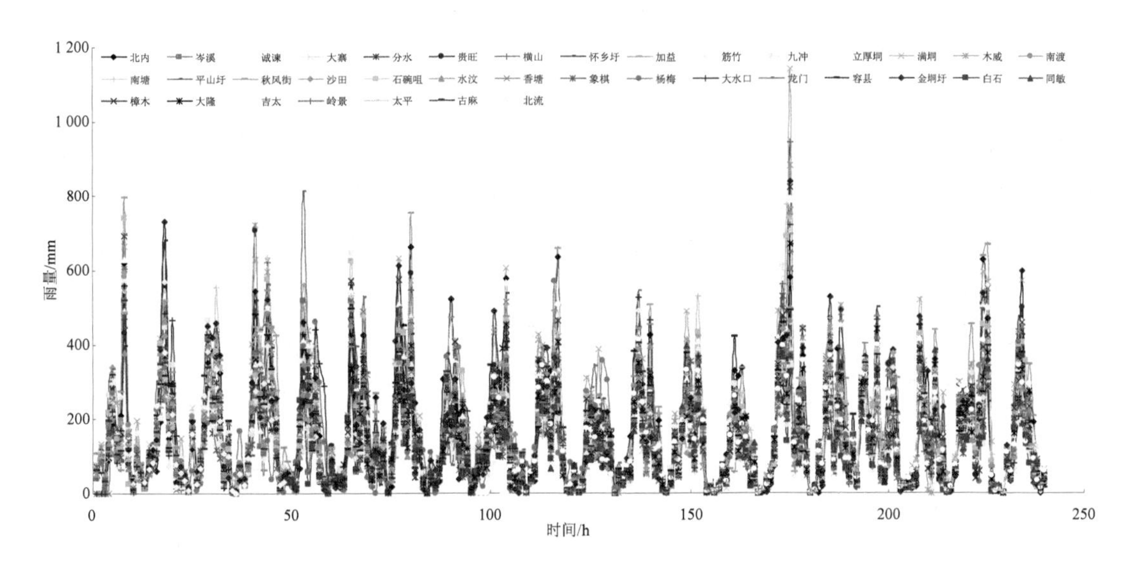

图 4-14　北流河流域主要雨量站月雨量资料

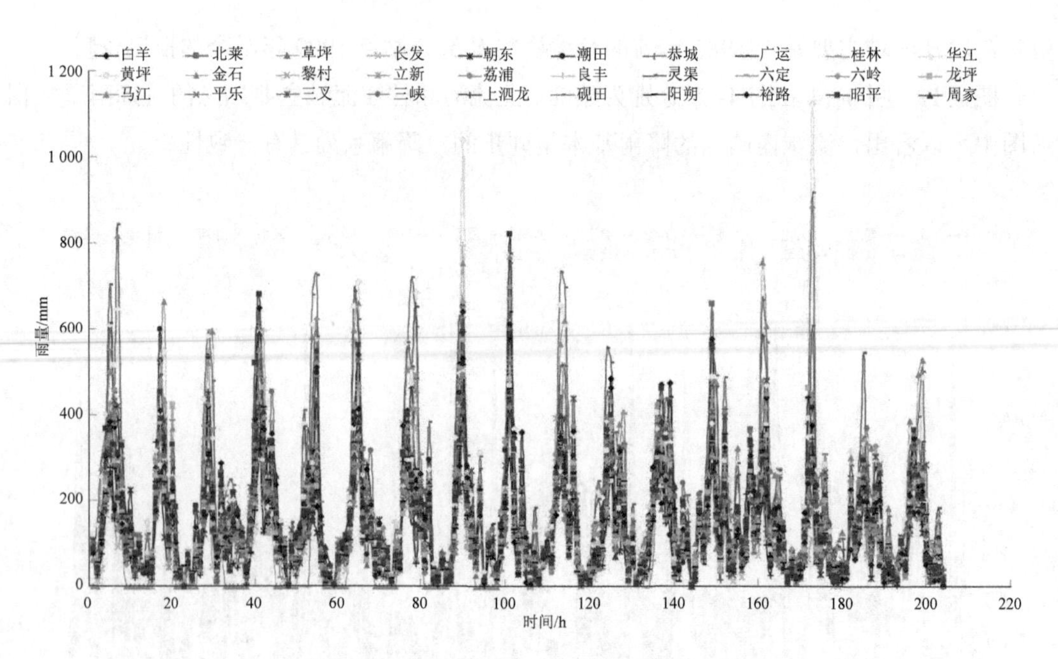

图 4-15　桂江流域主要雨量站月雨量资料

（3）梧州站水文流量过程预测预报

枯季水文预报模型主要采用时间序列自回归模型和新安江模型。

①自回归模型

通过上述武宣水文站和贵港水文站可以看出对于平稳时间序列，其预测预报的精度还是可以满足预报要求，选择梧州水文站 1974 年至今的枯水期流量进行预报，预测过程如图 4-16 所示。从表中可以看出模拟预测 p 值基本稳定为 18，洪峰误差都控制在 20%以内，径流误差控制在 5%以内，确定性系数在 0.75 以上。从过程线对比图可以看出预测预报的流量过程拟合良好。

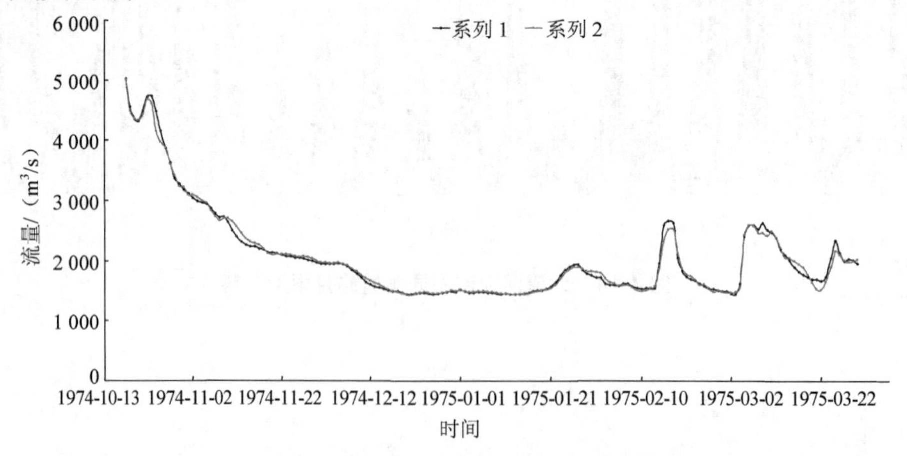

（a）1974 年 10 月—1975 年 3 月枯水期模拟预测

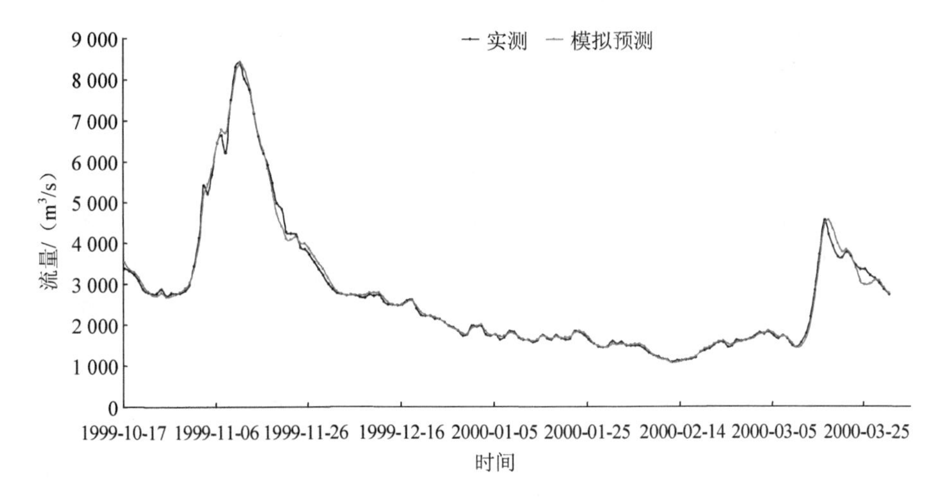

（b）1999 年 10 月—2000 年 3 月枯水期模拟预测

（c）2011 年 10 月—2021 年 3 月枯水期模拟预测

图 4-16 梧州水文站预测与模拟预测过程线对比

②新安江模型

采用新安江水文模型预测梧州水文站水文过程需要上边界武宣水文站和贵港水文站的流量过程，为了在实际预测预报中保证模型的完整性，这里贵港水文站和武宣水文站的水文过程采用时间序列法预报给出，区间水文预报采用新安江水文模型。采用 1974—1986 年的逐日资料对模型进行验证，模拟验证过程线如图 4-17 所示，洪峰误差为–10.59%，计算径流深误差为–1.58%，确定性系数为 0.93，可知建立的模型满足要求。采用新安江对 1999 年至今枯水期的资料进行预报验证，结果如图 4-18 所示，模型验证洪峰误差控制在 20%以内，预报的径流深误差也在 20%以内，预报验证的确定性系数为 0.65，从图中可以看出采用新安江模型预报的精度基本满足要求，预报的流量过程可以为咸潮数学模型的上边界条件。

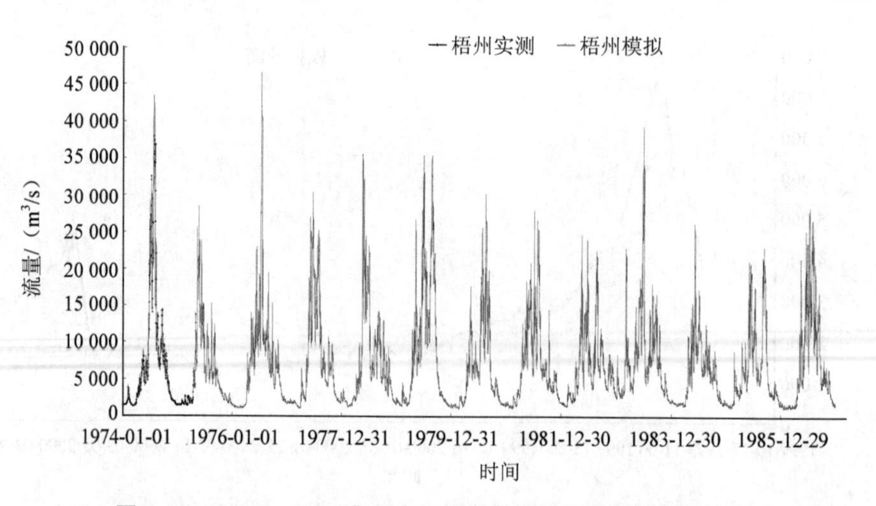

图 4-17 1974—1986 年新安江模型模拟验证结果与实测对比

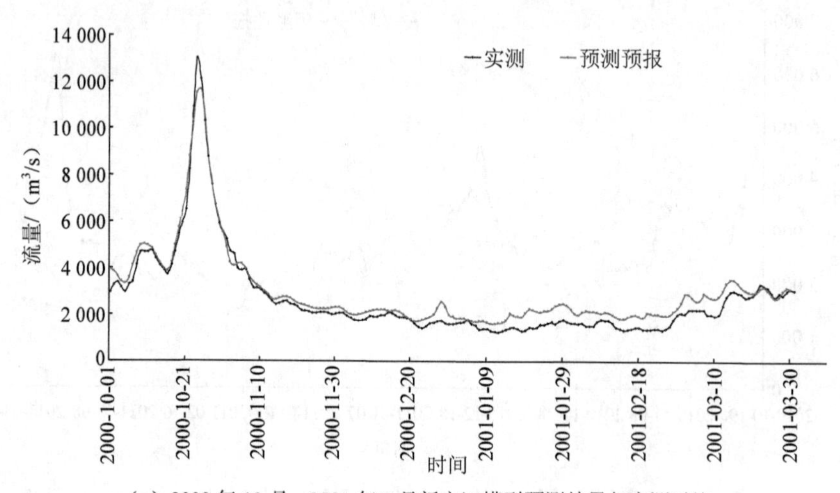

（a）2000 年 10 月—2001 年 3 月新安江模型预测结果与实测对比

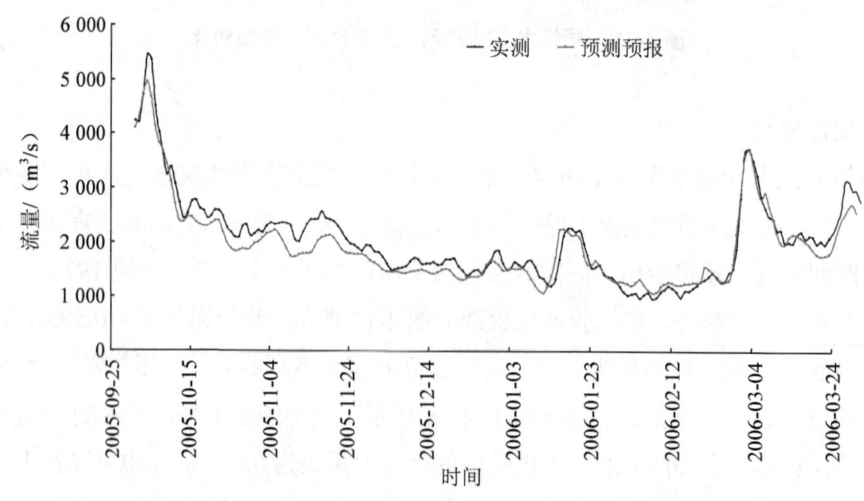

（b）2005 年 10 月—2006 年 3 月新安江模型预测结果与实测对比

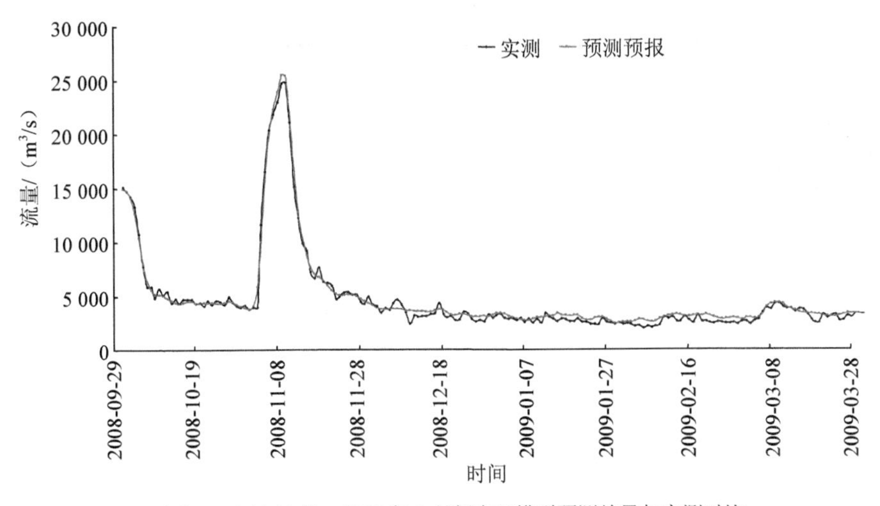

（c）2008 年 10 月—2009 年 3 月新安江模型预测结果与实测对比

图 4-18 2005 年 9 月—2006 年 3 月新安江模型预测结果与实测对比

③北江控制断面水文预报

北江石角控制断面采用时间序列法进行控制断面的流量过程预测预报。采用北江石角站 1954 年至今的枯季流量资料进行模型的率定和验证，枯水期实测流量与预测预报流量过程线对比如图 4-19 所示，可以看出 p 值基本稳定在 18，洪峰误差误差控制在 20%以内，径流量误差控制在 5%以内，确定性系数在 0.8 以上，预测预报过程线与实测过程线拟合良好，说明模型预测预报结果满足要求，预测预报的石角站水文过程可以为咸潮数学模型的上边界条件。

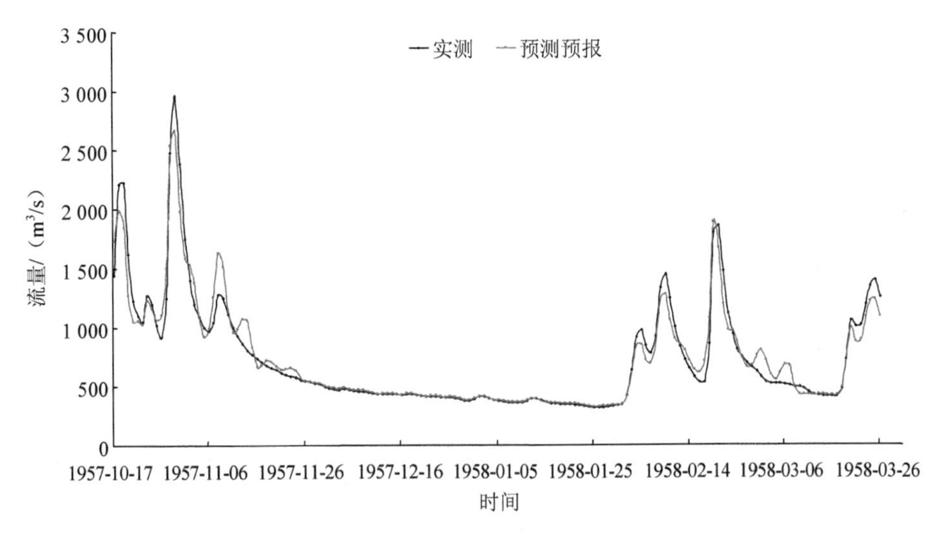

（a）1957 年 10 月—1958 年 3 月枯水期模拟预测

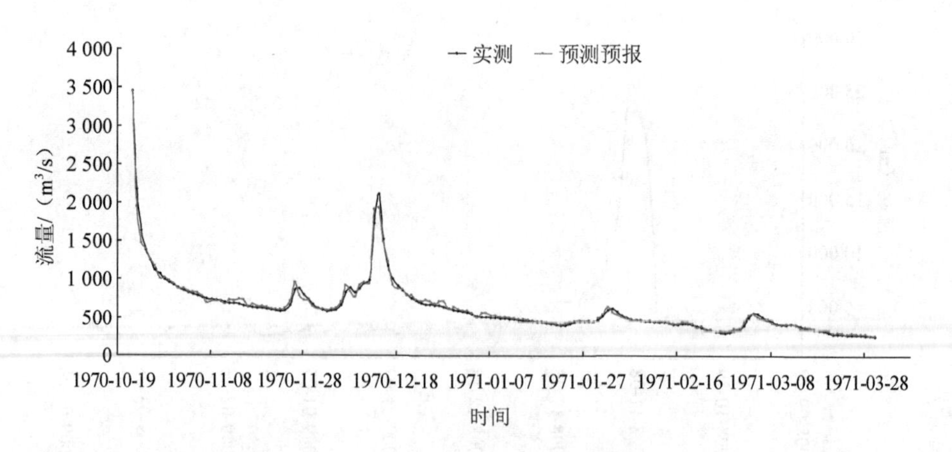

（b）1970 年 10 月—1971 年 3 月枯水期模拟预测

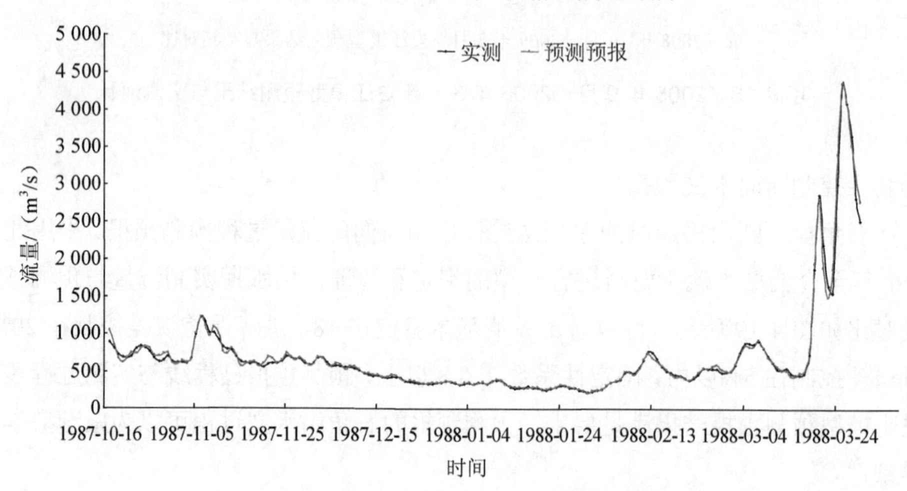

（c）1987 年 10 月—1988 年 3 月枯水期模拟预测

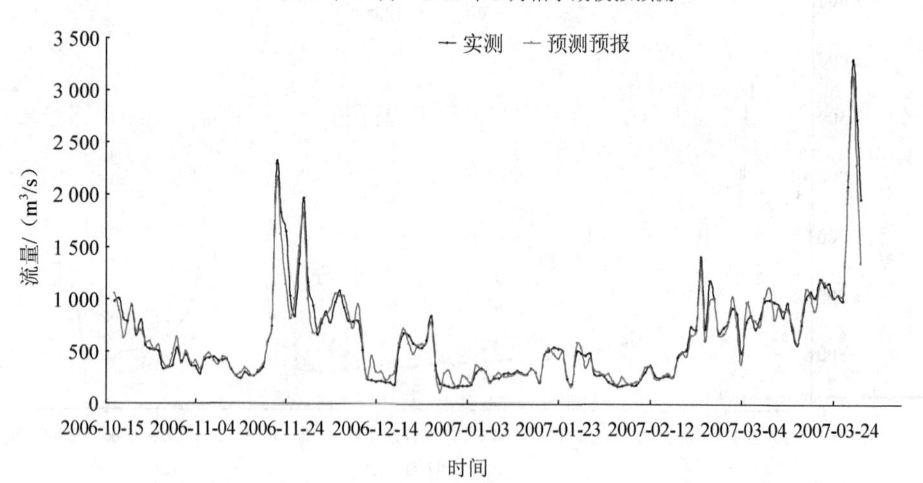

（d）2006 年 10 月—2007 年 3 月枯水期模拟预测

图 4-19 石角水文站预测与模拟预测过程线对比

④东江控制断面水文预报

东江博罗控制断面采用时间序列法进行控制断面的流量过程预测预报。采用东江博罗站 1953 年至今的枯季流量资料进行模型的率定和验证，图 4-20 为枯水期实测流量与预测预报流量过程线对比图，可以看出 p 值基本稳定在 18，洪峰误差基本控制在 20%以内，径流量误差控制在 5%以内，确定性系数在 0.7 以上，预测预报过程线与实测过程线拟合良好，说明模型预测预报结果满足要求，预测预报的石角站水文过程可以为咸潮数学模型的上边界条件。

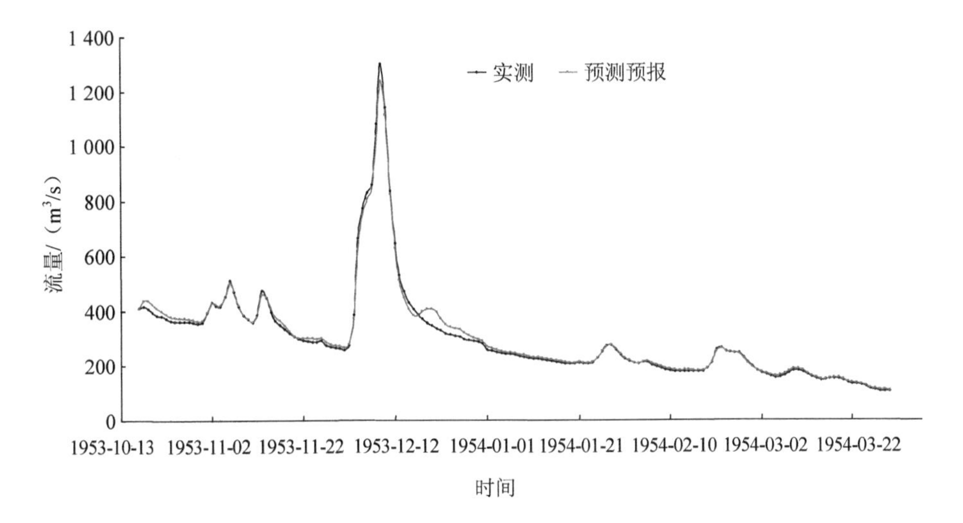

（a）1953 年 10 月—1954 年 3 月枯水期模拟预测

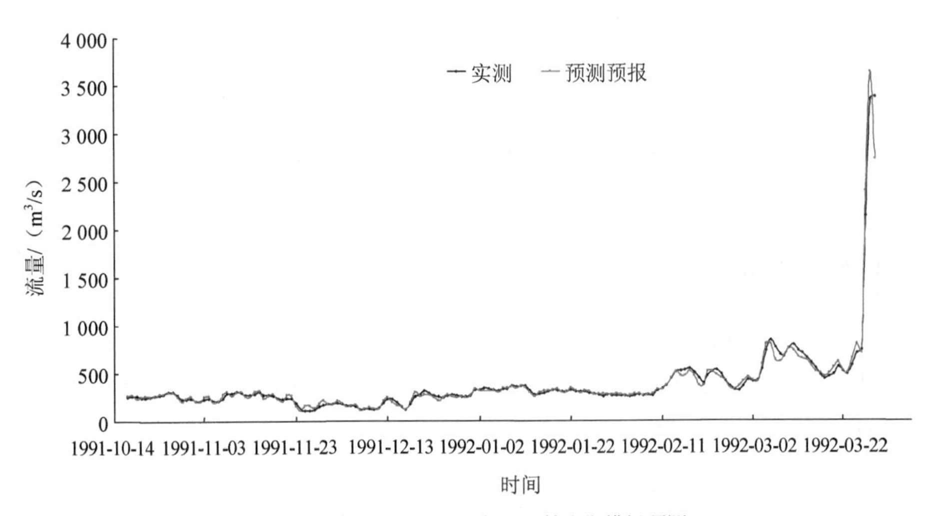

（b）1991 年 10 月—1992 年 3 月枯水期模拟预测

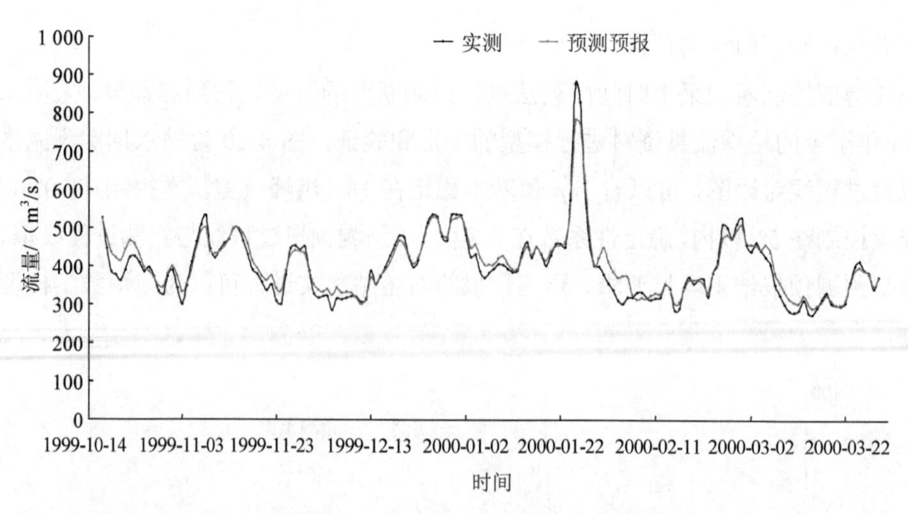

（c）1999 年 10 月—2000 年 3 月枯水期模拟预测

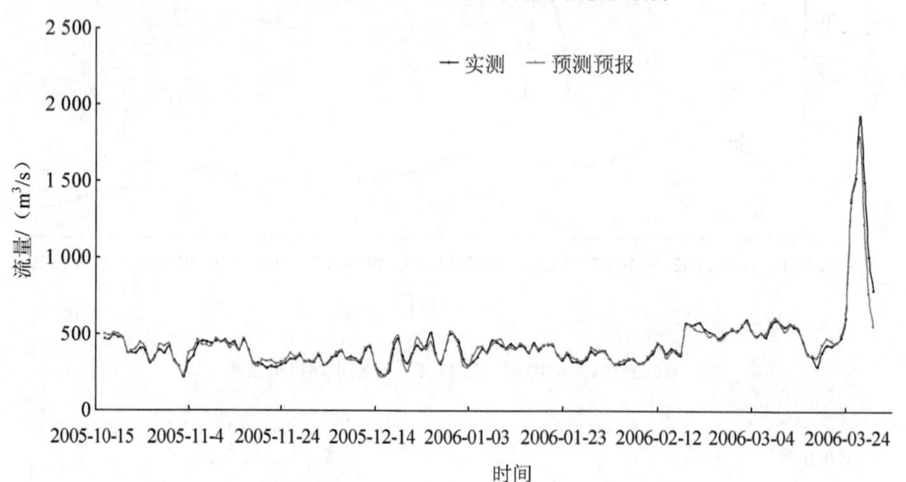

（d）2005 年 10 月—2006 年 3 月枯水期模拟预测

图 4-20 博罗水文站预测与模拟预测过程线对比

4.5.2 外海潮汐过程预测预报

外海潮汐过程是珠江河口咸潮预报模型中，外海开边界上的边界条件，该潮汐边界条件一般可以直接通过潮汐调和常数推算给定，潮汐调和常数一般采用中国近海潮波数学模型通过预测长时间序列的潮位后调和分析获得。

中国近海潮波模型区域包括渤海、黄海、东海和南海 4 个主要海区和台湾岛东岸的太平洋海域以及泰国湾。模型范围 1°44′N—40°54′N，99°06′E—130°56′E。模型区域剖分为 2′×2′的网格，网格数为 1 175×955。本模型的水深资料主要来源于中国科学院海洋研究所的《中国海标准经纬度水深和基准面数据表》，原始数据是 5′×5′网格，将其插值到 2′×2′

网格点上。

由于模拟复合潮波运动，外海边界条件应给定 8 个主要分潮（M2、S2、N2、K2、K1、O1、Q1、P1）的调和常数。空间步长 2′，时间步长 450 s。水平涡黏系数 A_H 对计算结果影响不大，但有利于计算稳定，取为 1 000 m²/s。初始值取曼宁系数 n 为 0.015。

为了验证潮位计算的结果精度，选取 M2、S2、K1、O1 4 个分潮的调和常数作为验证资料。计算了 2002 年 2 月 1—28 日 1 个月内 8 个主要分潮的复合潮波运动。通过对每个计算网格点的一个月潮位资料进行调和分析得到主要调和常数和《英国潮汐表》的结果进行验证，验证结果精度良好，如图 4-21、图 4-22 所示。

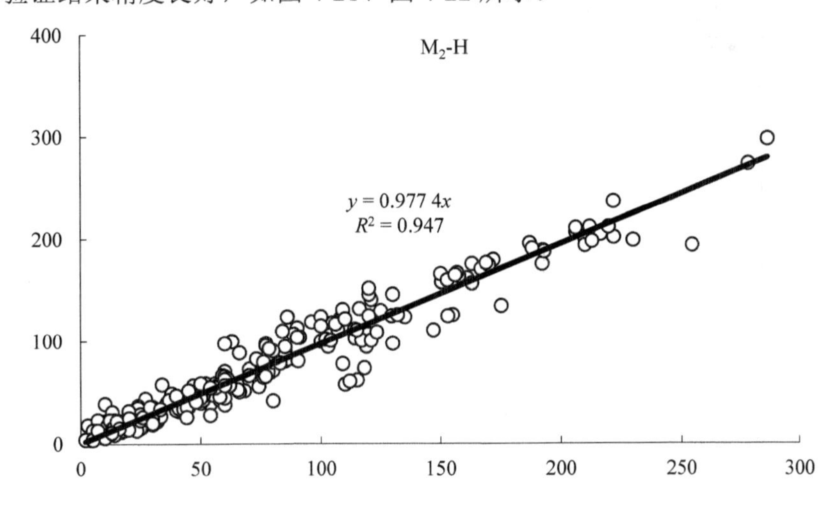

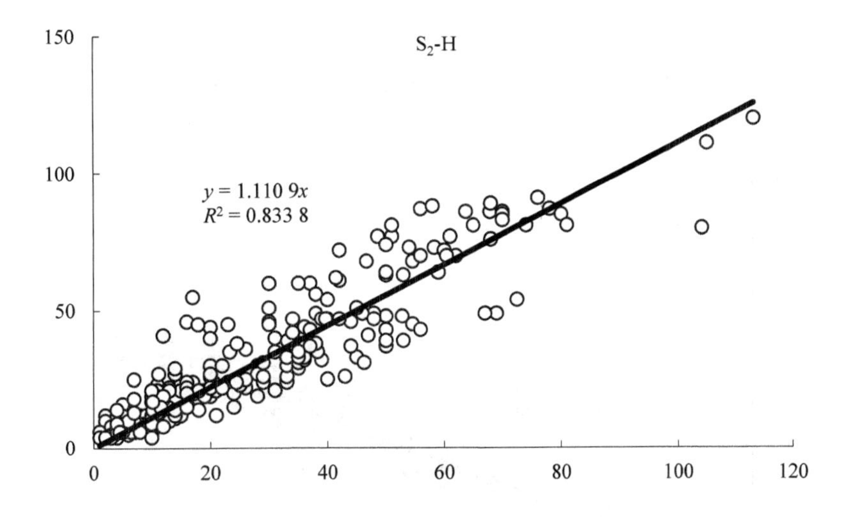

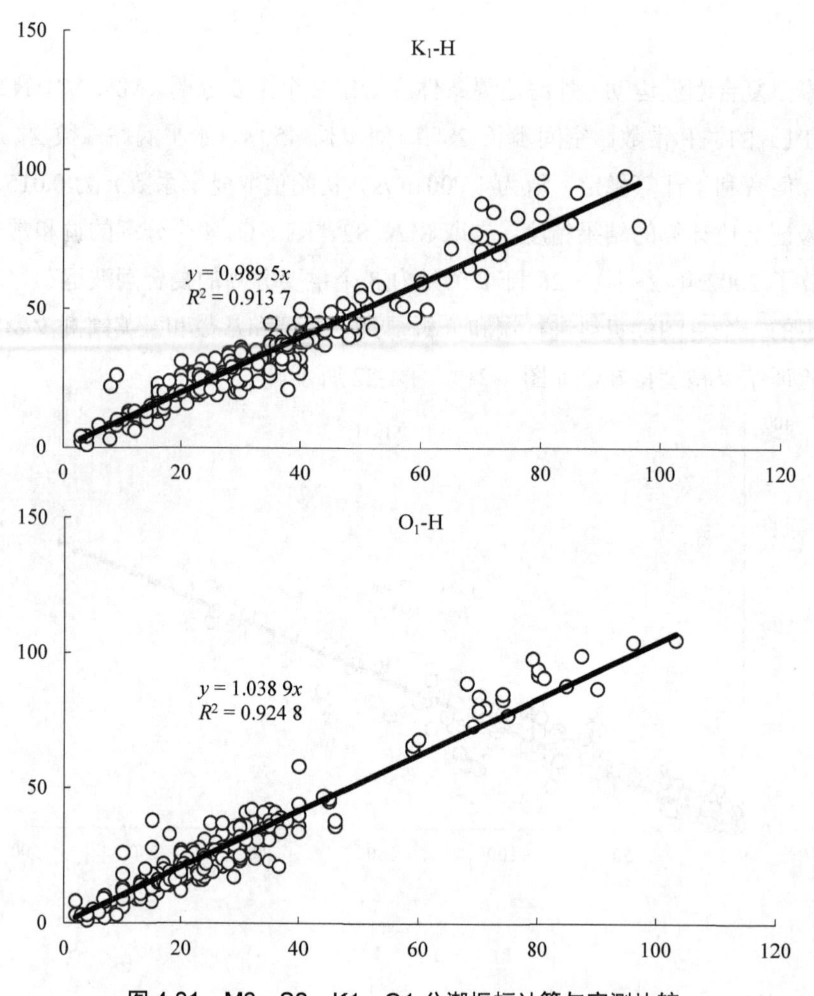

图 4-21　M2、S2、K1、O1 分潮振幅计算与实测比较

注：图中横轴代表实测值，纵轴代表计算值；单位：cm。

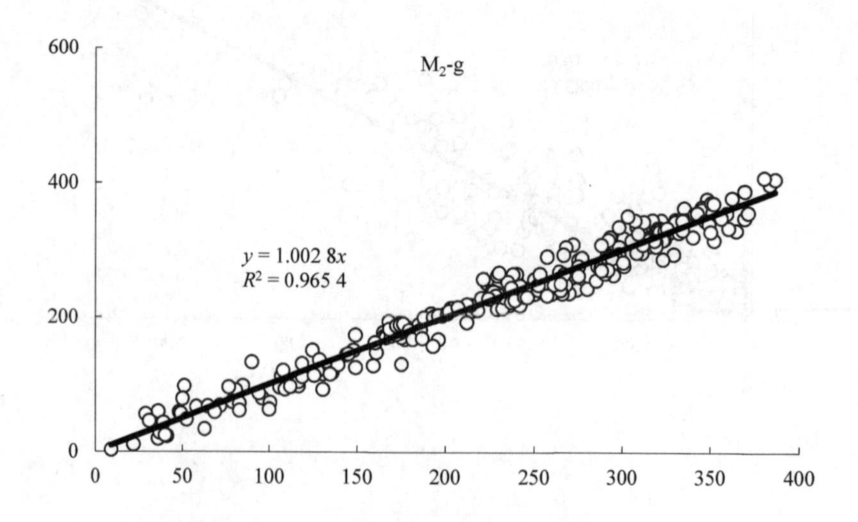

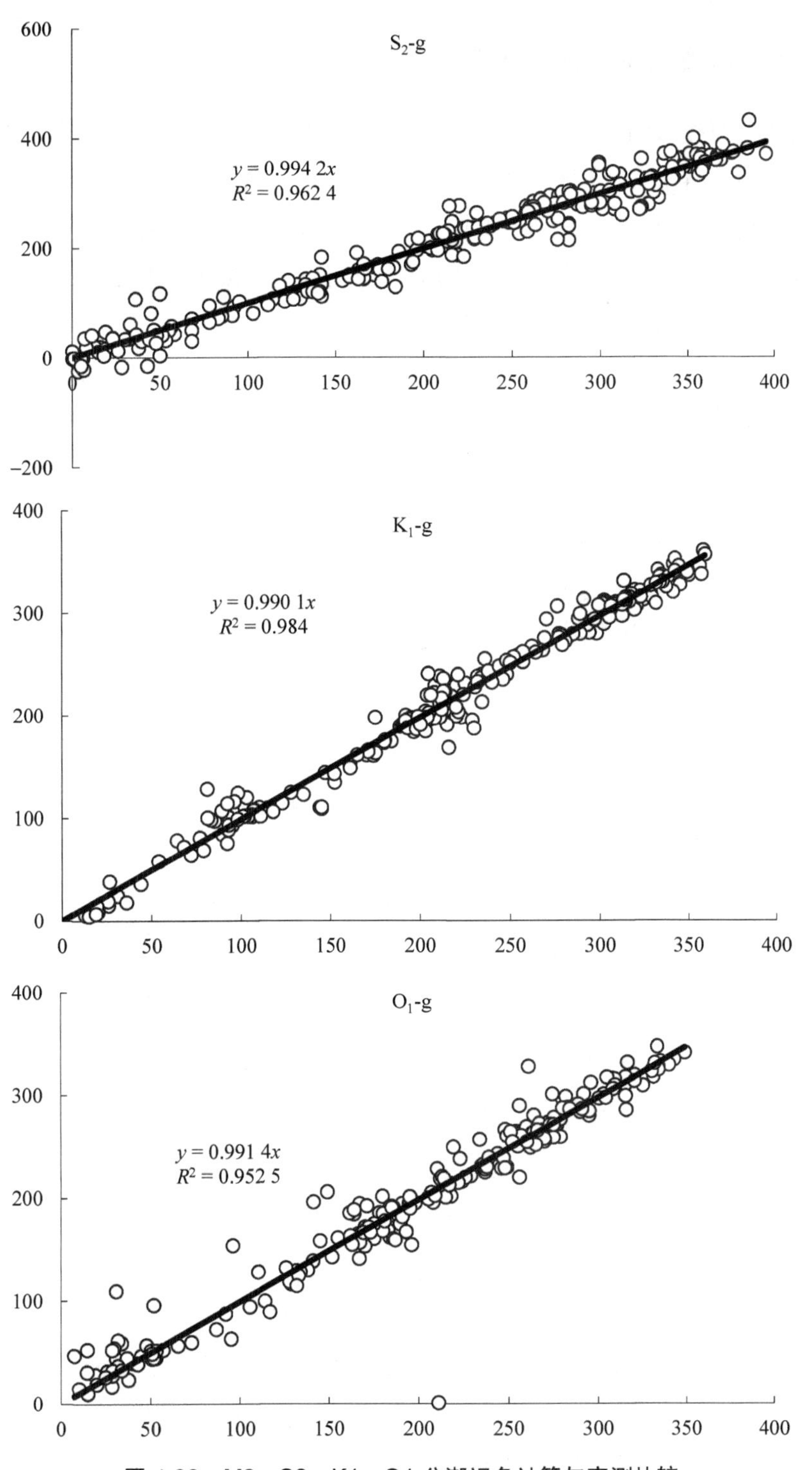

图 4-22　M2、S2、K1、O1 分潮迟角计算与实测比较

注：图中横轴代表实测值，纵轴代表计算值；单位：°。

4.5.3　珠江河口咸潮预警预报模型

基于数值模拟技术的咸潮预报技术主要采用珠江河口一维、三维耦合咸潮数学模型，该模型主要依靠上游水文过程预报模型提供西江梧州断面、北江飞来峡断面、东江博罗断面的流量预报过程（增江麒麟咀和潭江石咀站暂时不予考虑），依靠外海潮汐预报提供的潮位预报过程，计算和预报珠江三角洲网河区及河口区的淡水与盐水混合过程，获得咸潮的运动过程，预报咸潮的强度和取水口的供水保证率。

3 个不同类型的数值模式各有不同的侧重点，实现的功能和目标也有所不同，但相互联系形成一个整体，各模式间的相互关系如图 4-23 所示。

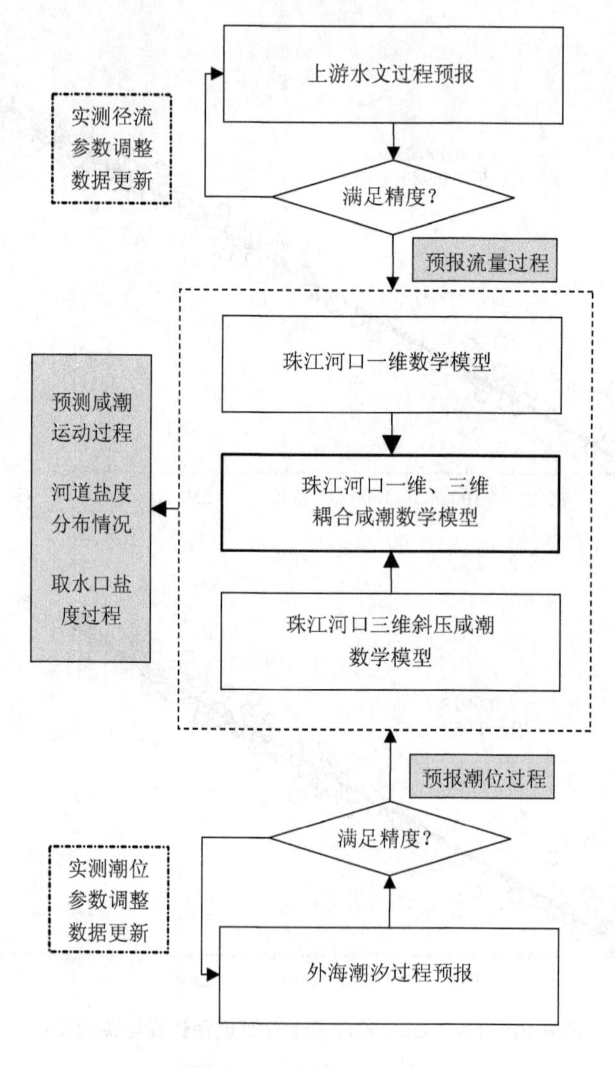

图 4-23　各模型间关系

4.5.4　珠江河口咸潮预警预报模型示范应用

基于上述珠江河口咸潮预测预报模型，2012 年 11 月 11 日启动了相应的示范应用工作，顺利实施了为期 1 个月的磨刀门水道枯季咸潮预测预报示范应用。

在本次咸潮预测预报的示范应用过程中，将预报结果与实时监测资料进行无缝对接，并实时对比分析和反馈预报结果，并在误差范围超出预定标准时启动预测预报平台的实时校正，依据实时监测数据及时修正相应的上游水文预报、外海潮汐预报、盐度初始场等输入条件。在为期 1 个月的试运行过程中，总共启动了 6 次实时校正，相应的日期分别为 11 月 11 日、13 日、14 日、15 日、19 日和 21 日，每次实时校正后，挂定角、联石湾站的预报-监测盐度过程对比分别如图 4-24 和图 4-25 所示；其中，联石湾站在预报时段内含氯度超标时数较少，且预报值与监测值满足精度要求，在本书中只绘制了最终的 15 日预报结果图；竹银站全时段内含氯度不超标，未列出相应的计算结果。另外，根据预报结果，分别统计了预报期内每天的 1 日、3 日、5 日、15 日挂定角和联石湾站超标时数（含氯度超过 250 mg/L 的小时数）的预报值及其与监测值的对比。

根据挂定角盐度过程预报-监测对比图，在启动实时校正前，预报值与监测值在一定预报时效内大体趋势吻合，但盐度过程线的峰值和相位上存在着差异，特别是 11 月 23 日以后，预报值与监测值出现明显的偏差；经 11 月 11 日第一次校正后，前两日的预报结果明显得到改观，但之后的预报结果改善不大，盐度过程线的预报与监测结果间还存在一定的相位差；11 月 13 日第二次校正，同时修正了预报潮位和三维盐度场的输入，相位误差基本消除，预报-监测值之间的误差进一步缩小；11 月 14 日第三次校正，主要针对输入初始盐度场进行了修正，预报盐度过程线的峰值与监测值更为接近，预报误差进一步减小；11 月 15 日第四次校正，输入条件的修正幅度较小，预报精度提高不明显；11 月 19 日第五次校正后，3 日内的预报精度得到进一步的提高，但 3 日后预报精度的改善非常有限；考虑到前几次校正对 11 月 22 日以后预报效果的改观不理想，在 11 月 21 日启动的校正过程中，同时对盐度初始场、上游径流和外海潮汐过程进行了综合修正，结果显示预报精度得到了明显的提升，并且在接下来的半个多月的时期内预报精度能够一直保持较高的精度，12 月 1 日以后其含氯度已基本处于不超标的状态，这也是之后不再需要启动实时校正的原因。联石湾站，在预报时段内含氯度超标时数较少，且预报值与监测值之间的误差一直相对较小，足以满足精度要求。

在本次咸潮预测预报的示范应用过程中，挂定角位置含氯度过程变化较大，大部分时段在含氯度超标值 250 mg/L 附近波动，处于磨刀门水道含氯度超标的临界位置，是本次示范应用的重点和难点。根据上述预报结果，本研究所构建的预测预报平台较好的预报了其盐度过程，说明本研究所提出的珠江河口咸潮预测预报技术具有很好的可行性，在 1 日和

3 日较短的预报时效内具有较好的精度。根据挂定角和联石湾站含氯度超标时数的统计结果，1 日、3 日、5 日和 15 日预报时效内的平均预报误差分别为 10.04%、16.43%、20.71% 和 36.56%，预报精度基本达到了预期目标，预报时效越短，相应的预报精度也越高。另外，得益于预报模块数值模拟的高性能并行计算，预报平台具有非常高的运行效率，根据本次示范应用的实际运作情况，在数据完备的情况下，16 h 的计算机时内，可以完成一次实时校正和 15 日的预报计算，24 h 的计算机时内，可以完成一次实时校正和 30 日的预报计算，能够满足预报时效的要求。

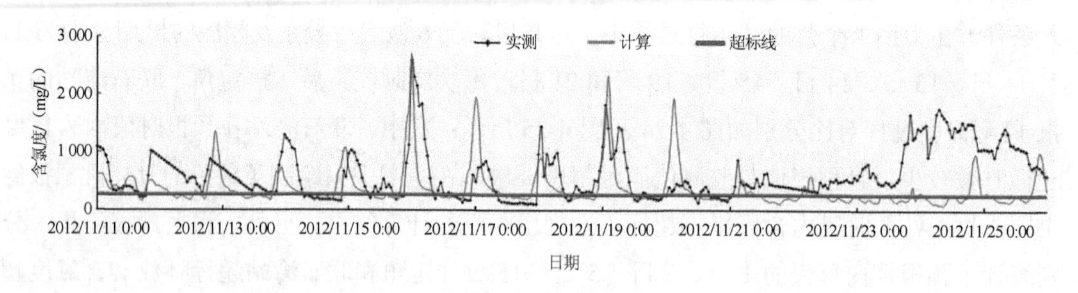

（a）未启动实时校正时预报与监测盐度过程对比（挂定角）

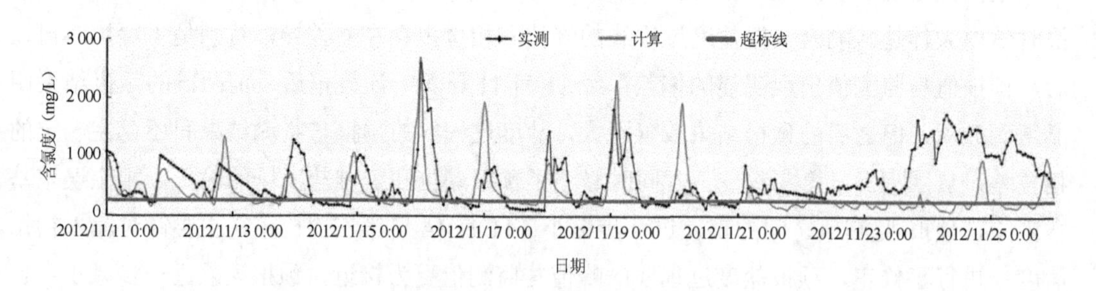

（b）第一次实时校正后预报与监测盐度过程对比（挂定角）

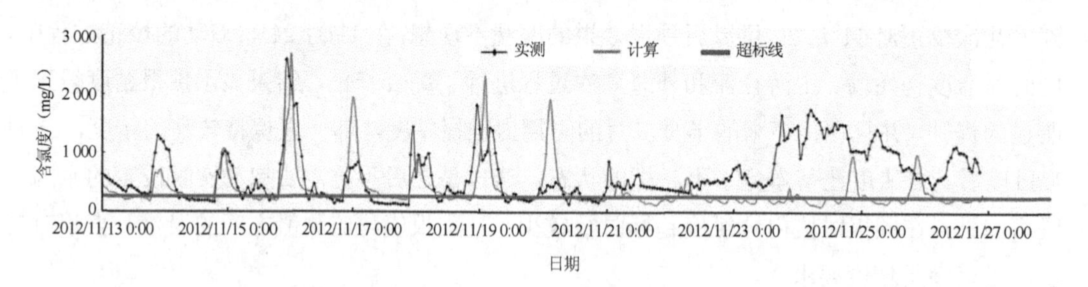

（c）第二次实时校正后预报与监测盐度过程对比（挂定角）

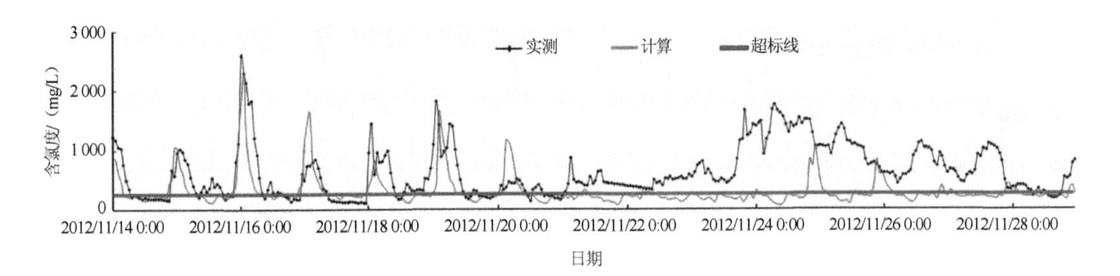

（d）第三次实时校正后预报与监测盐度过程对比（挂定角）

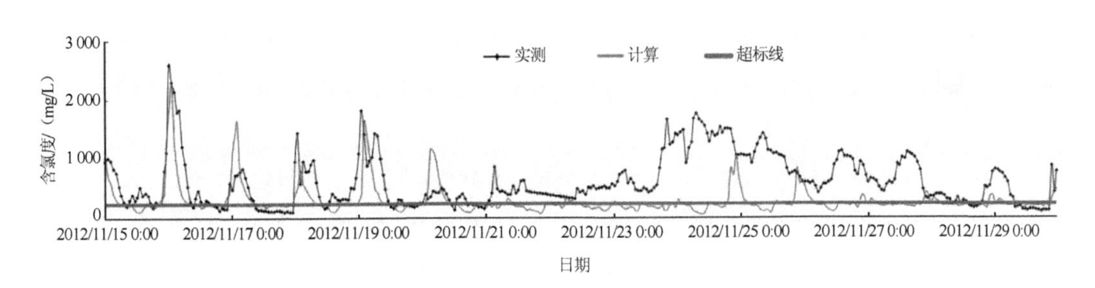

（e）第四次实时校正后预报与监测盐度过程对比（挂定角）

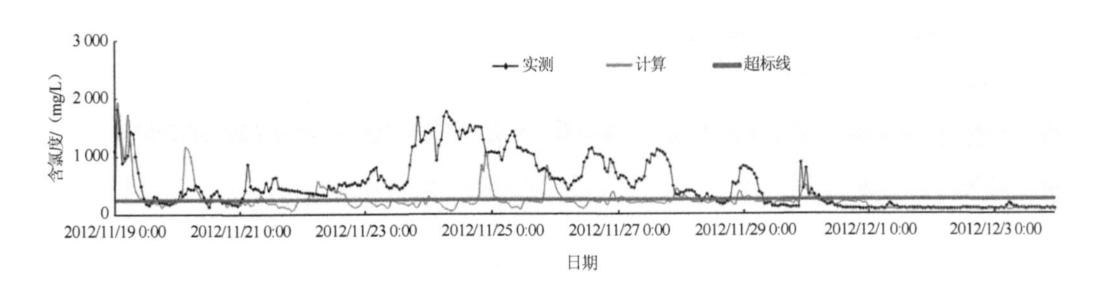

（f）第五次实时校正后预报与监测盐度过程对比（挂定角）

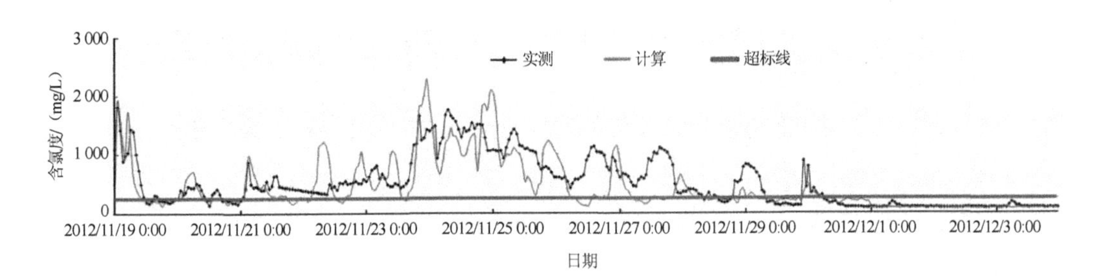

（g）第六次实时校正后预报与监测盐度过程对比（挂定角）

图 4-24　实时校正预报与监测盐度过程对比

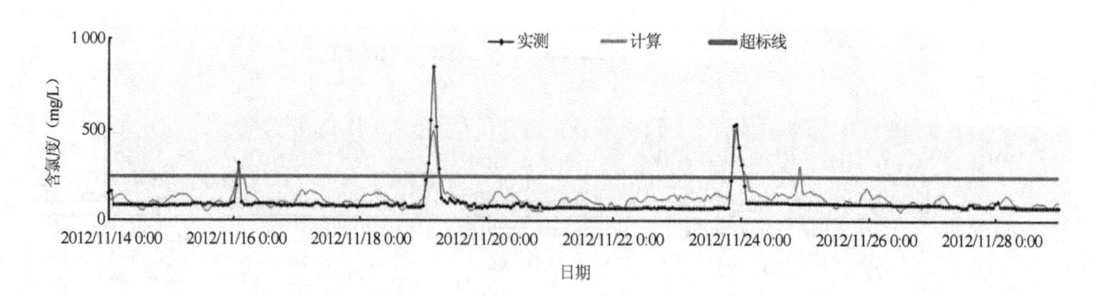

图 4-25 实时校正后预报与监测盐度过程对比（联石湾）

参考文献

[1] 朱松林，印霞隽. 复杂区域流场计算的驾驭式可视化软件开发[J]. 计算机辅助工程，1996（2）.

[2] 叶清华. 组件式海岸工程数学模型集成系统的开发与应用[D]. 南京：南京水科院，2001.

[3] 辛文杰，罗小峰. 滨海、河口电厂取排水口冲淤变化数值模拟系统研发报告[R]. 南京水利科学研究院，2002.

[4] Wenjie Xin，Xiaofeng Luo. Visualization Simulation System in Coastal and Estuarine Areas[R]. US-CHINA Workshop on Advanced Computational Modelling in Hydroscience & Engineering. Oxford，Mississippi，USA，2005.

[5] 周振红，杨国录，周洞汝. 基于组件的水力数值模拟可视化系统[J]. 水科学进展，2002，13（1）：9-13.

[6] 方春明，鲁文，钟正琴. 可视化河网一维恒定水流泥沙数学模型[J]. 泥沙研究，2003（6）：60-64.

[7] 张细兵，龙超平，李线纲. 可视化数学模型及动态演示系统的初步研究与应用[J]. 长江科学院院报，2003，20（4）：21-28.

[8] 张尚弘. 都江堰水资源可持续利用及三维虚拟仿真研究[D]. 北京：清华大学，2004.

[9] 王玲玲，戴会超，王琼. 三峡船闸水力学数值实验室的研制及应用[J]. 河海大学学报（自然科学版），2004，32（1）：100-103.

[10] 尹海龙，徐祖信. 可视化黄浦江水环境数学模型系统设计与开发[J]. 环境污染与防治，2005，27（1）：5-11.

[11] 李孟国，张华庆，陈汉宝，等. 海岸河口多功能数学模型软件包 TK-2D 的开发研制[J]. 水运工程，2005（12）：1-4.

[12] 罗小峰. 河口海岸水盐沙数值模拟系统研究及应用[D]. 武汉：武汉大学，2006.

[13] Steve Teixeira Xavier Pacheco，Delphi 5 开发人员指南[R]. 2000.

[14] SDI-12：A Serial-Digital Interface Standard for Microprocessor-Based Sensors[R]，SDI-12 Support

Group，2005.

[15] 马忠梅，等. 单片机的 C 语言应用程序设计[M]. 北京：航空航天大学出版社，2000.

[16] 黄承安，张跃. 微控制器的 GPRS 无线上网[J]. 单片机与嵌入式系统应用，2003（12）：19-22.

[17] James W. Borland C++开发 Windows 应用程序[M]. 北京：清华大学出版社，1993.

[18] John M，Tom C，Harold H. Borland C++ BUILDER 编程指南[M]. 北京：电子工业出版社，1998.

第5章　珠江河口咸潮物理模型试验研究

5.1　玻璃水槽模型

5.1.1　分层水流模拟

玻璃水槽长72.44 m，宽0.52 m，高0.65 m，水槽主体采用透明玻璃制成，水槽两侧采用三角钢固定。该玻璃水槽的立面图和剖面图如图5-1所示。

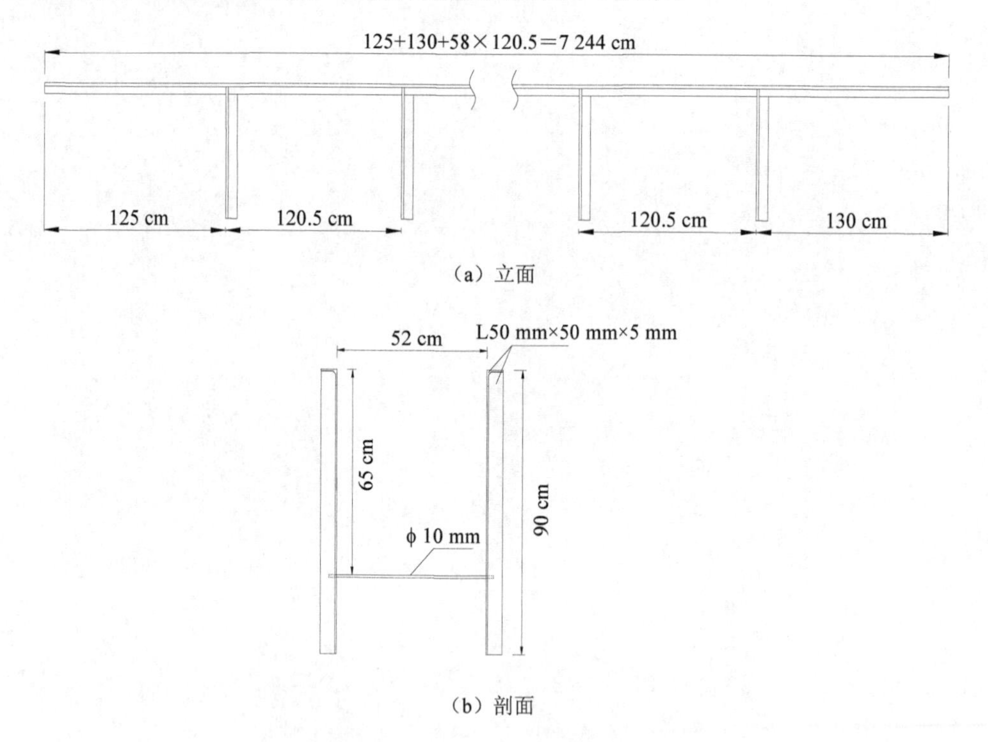

图5-1　玻璃水槽的立面和剖面图

5.1.2　高锰酸钾示踪剂对试验用咸水的影响

为了便于观察咸水运动状态，在试验咸水中加入高锰酸钾示踪剂。为了分析高锰酸钾对试验咸水物理性质的影响，进行了不同浓度情况下的比对试验。

首先在试验室配制不同浓度（质量百分比浓度）的氯化钠溶液，测量各特征浓度的盐水比重；然后掺加一定量的高锰酸钾饱和溶液，配制与上述各特征盐水浓度相同的氯化钠溶液，研究含有一定量高锰酸钾的盐水比重。图 5-2 为各特征浓度的氯化钠溶液（质量百分比浓度）和掺加一定量高锰酸钾浓度后的咸水比重。

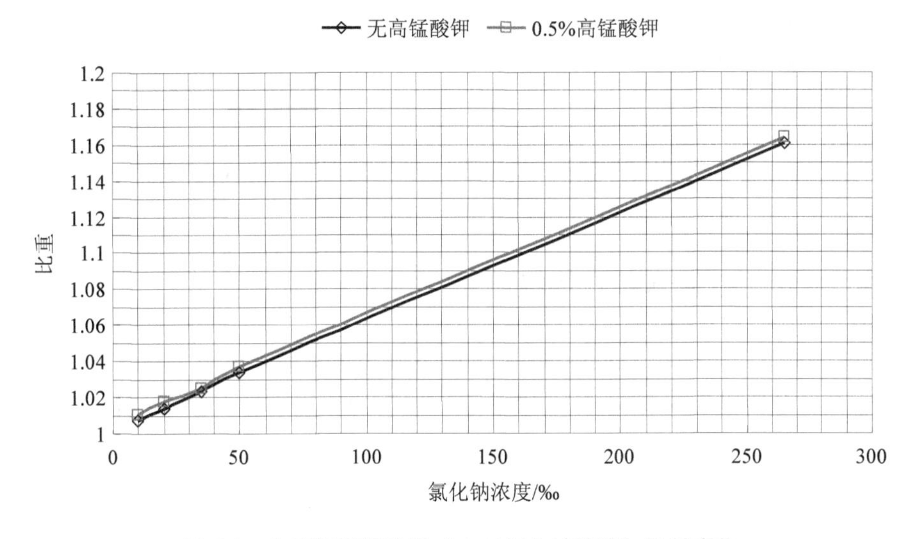

图 5-2　加高锰酸钾前后咸水（氯化钠溶液）比重变化

掺加高锰酸钾前后对各特征浓度咸水（高锰酸钾质量百分比浓度为 5‰）比重影响如表 5-1 所示，比重增幅为 0.18%～0.32%。上述试验成果是在溶质的质量百分比浓度下进行的研究。本次试验还采用了单位体积溶液的溶质含量（g/L）来进行试验研究，掺加高锰酸钾（3.0 g/L）前后咸水比重变化结果如图 5-3 所示。试验数据表明：一定量的高锰酸钾示踪剂将对试验咸水的力学特性产生的影响较小。

表 5-1　加高锰酸钾前后对咸水比重试验值（25℃）

咸水浓度/‰	10	20	35	50	265
咸水比重	1.007	1.014	1.023	1.034	1.161
咸水+高锰酸钾（5‰）比重	1.010	1.017	1.025	1.037	1.163
比重增值/%	0.267	0.322	0.182	0.296	0.216

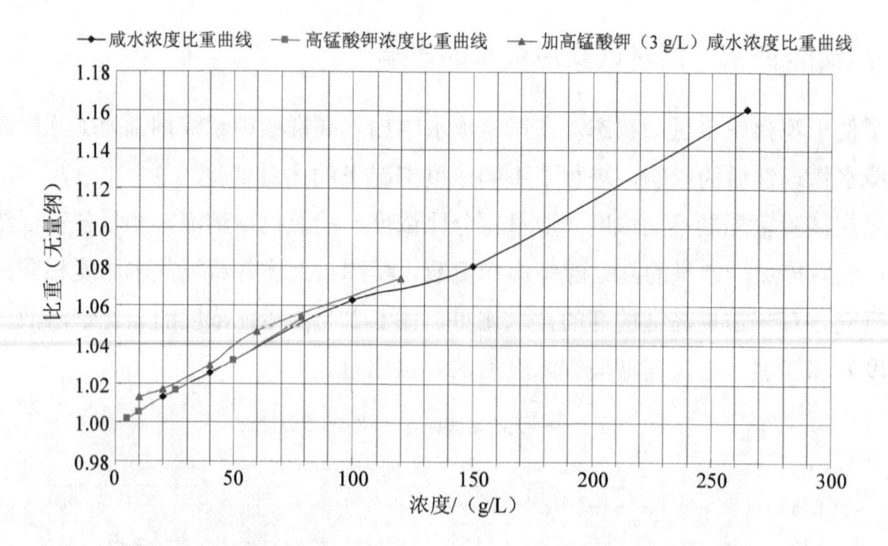

图 5-3 加高锰酸钾（3.0 g/L）前后咸水比重变化试验结果

5.1.3 重力作用下咸淡水相互掺混过程

在预制的玻璃水槽中，用隔板间隔咸淡水水体，研究理想状态条件下的咸水水体（掺加了一定量高锰酸钾的氯化钠溶液）、淡水水体在重力作用下相互掺混过程的规律和特性。本次配制了盐度为 5 度、10 度、20 度和 35 度共 4 种咸水水样进行试验研究。

试验结果表明：隔板移除后，咸水水体比重大于淡水水体，咸水体在重力作用下沿淡水水体底部入侵，咸水体逐步演变呈楔形体沿玻璃水槽底部向淡水侧行进，淡水沿表层向咸水侧运动。底部咸水楔和表层淡水体运动方向相反，行进速度与盐水浓度有明显正相关，底部盐水楔行进平均速度介于 4.5～12.1 cm/s，表层淡水行进平均速度介于 3.2～10.3 cm/s，咸水体盐度越高，底部盐水楔和表层淡水体运动速度越快。自重作用条件下咸淡水楔行进速度实测结果如图 5-4 和图 5-5 所示。

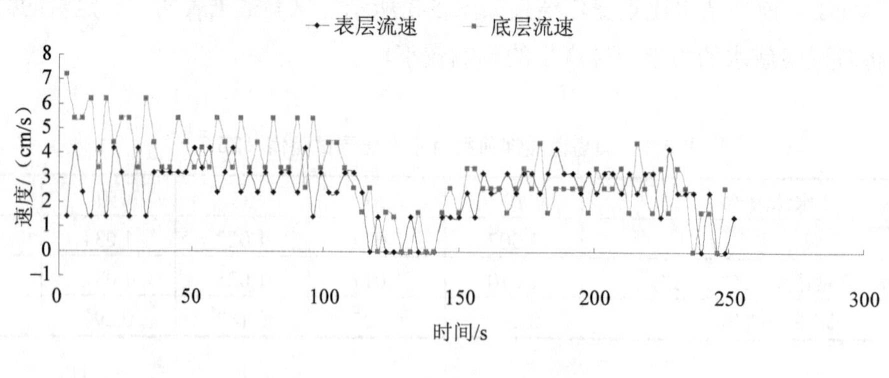

（a）C=5

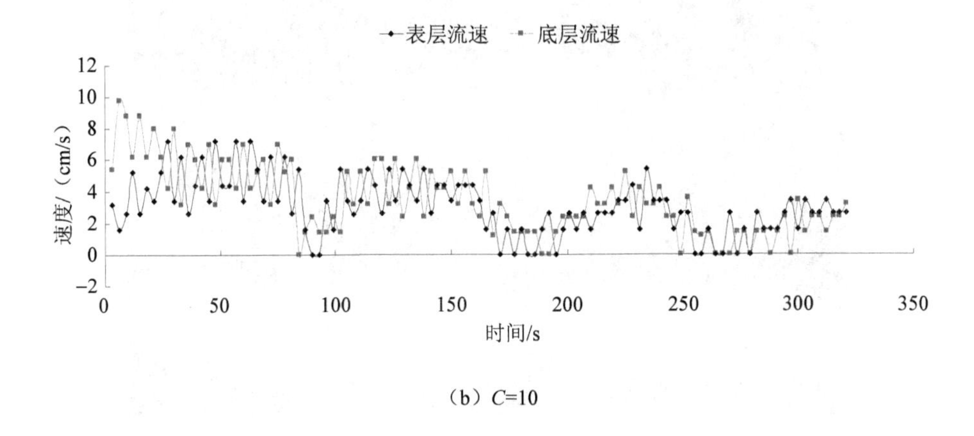

（b）C=10

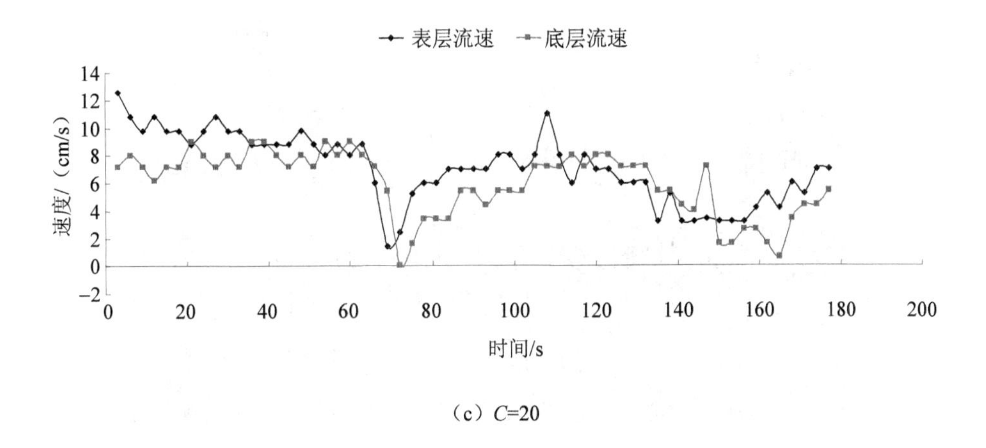

（c）C=20

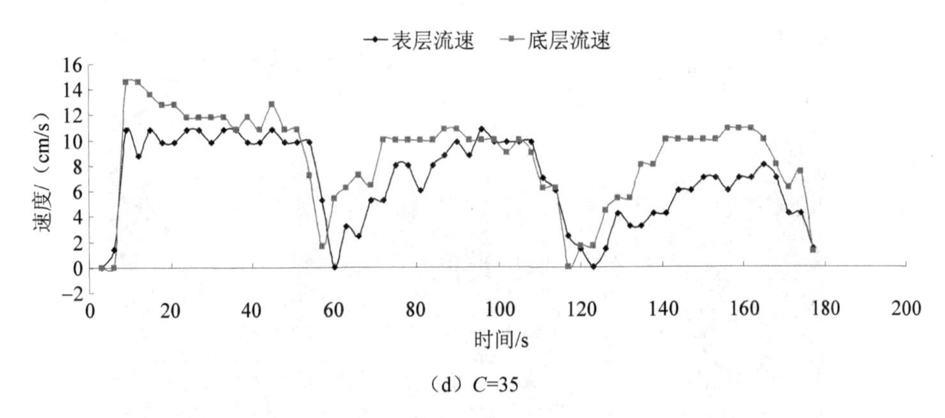

（d）C=35

图 5-4　静水条件下底层盐水楔和表层淡水速度过程

（a）试验前

（b）盐水楔运动监测 1

（c）盐水楔运动相对稳定状态

图 5-5 静水条件下咸淡水扩散过程试验

5.1.4　盐水头部在静水中的运动速度

（1）试验方法

试验是在珠江水利委员会珠江河口防咸防潮大厅咸潮风浪流水槽中进行的。该水槽长 76.0 m，宽 1.2 m，高 1.5 m。水槽配有造波机、风机和循环水泵，能够研究风浪流作用下的咸潮运动。实验段设置水渠，长 22.0 m，宽 0.5 m，高 0.4 m。水渠布置在水槽中部的平台上，用瓷砖将 1.2 m 宽的水槽分割出 0.5 m 宽的一部分。水渠的两端均设有尾坎，其中左端坎高 0.3 m，厚 0.12 m。右端坎设置成潜坎的形式，高 0.2 m。中间的隔板用实木制成，高 0.4 m，距离左端坎 4.3 m。实验分以下步骤进行：

①注入静水：将水槽内水位加至实验水深，将隔板合上，并用橡皮泥密封好。

②配制盐水：在左端河段加入精细工业盐，搅拌使其溶解，使盐度达到实验盐度。然后加入适量的高锰酸钾，使盐水呈紫红色，图 5-6 显示了盐水配制好以后隔板所在的水槽段的图像，可以隔板两端紫红色的盐水和透明的淡水。

③待水面稳定后，抽离隔板，观察并记录盐水楔的运动。

图 5-6　抽取隔板前的水槽

（2）盐水头部在静水中的运动速度

由于盐淡水密度的差异，隔板抽离后，盐水呈楔状钻入淡水下部，形成明显的盐水楔，如图 5-7 所示。盐水头部的厚度约为实验水深的一半。图 5-7 显示了盐水头部行进速度随实验水深及盐水浓度值变化。由图可以看出，盐水头部行进的平均速度随着盐度的增加而增加，通过拟合可得：

$$V = 40\sqrt{ghk\Delta S} \tag{5-1}$$

式中：g 为重力加速度（m/s）；h 为水深（m）；ΔS 为海水与淡水之间的密度差与盐度差（度）；常数 $k = 7.6\times10^{-4}$。

图 5-7　隔板抽取后的盐水运动（h=0.23 m，S=15.0 ppt）

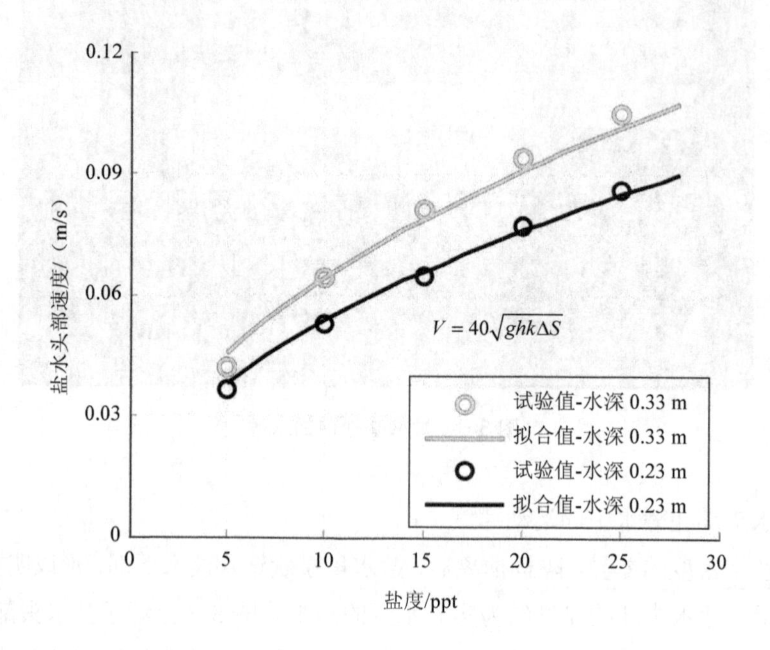

图 5-8　盐水头部行进速度

5.1.5　分层盐水对风、流的响应

（1）分层示踪粒子

基于咸潮模型试验中盐度分层特性，采用新技术配制数种密度不同、颜色不同且与水不互溶的示踪溶剂后，将溶剂粒子化并用于显示分层流动。这些密度不同的粒子由于浮力作用会在不同的水深位置随着水流运动，这样就可以直观地显示流动的垂向和纵向的详细分布，同时了解密度的垂向变化。示踪粒子配制和使用步骤包括以下几个步骤。

①选择和配制粒子溶剂

本技术选用两种不同密度的油性化工酯来配制溶剂。这两种酯性质相近，均不溶于水，所以能在水中形成球形颗粒状，并保持形状相对稳定。由于淡水的比重在 0.993～0.997（随温度变化而略有不同），盐水的比重在 1.001～1.015（随盐度与温度变化而略有不同），选择的两种酯的比重分别为 1.04 和 0.98，将它们按一定的比例配到一起，就可以得到比重在盐水与淡水之间的多种示踪溶剂。最后将不同颜色的染料加入不同比重的溶剂中，以便通过颜色区分盐度的大小，如图 5-9 所示。

图 5-9　调配好的示踪溶剂

②投放粒子

将配好的溶剂装入塑料瓶内，并在塑料瓶盖上连接一根细小的铜管。在试验时将铜管前端伸至水面以下，挤压塑料瓶的同时均匀摆动铜管，就会出现连续的油滴。调节挤压的力度和铜管摆动的速度，可以得到大小合适的粒子。比重较大的粒子会下沉至盐水层内，甚至水槽底，比重较小的粒子则多数停留在盐淡水的交界面上，少数能悬浮在淡水层内，

如图 5-10 所示。

③观察与图像处理和分析

在水槽中投入足够数量不同比重（颜色）的粒子后，在试验段加入风、波浪或者水流，通过观察粒子的运动，了解流动的情况。观察过程中需要较强的片光源，目前以碘钨灯作为光源。在光照较好的情况下，采用高清摄像机或者彩色 CCD 获取连续图像，以供处理。图像处理和分析依靠自编软件完成。

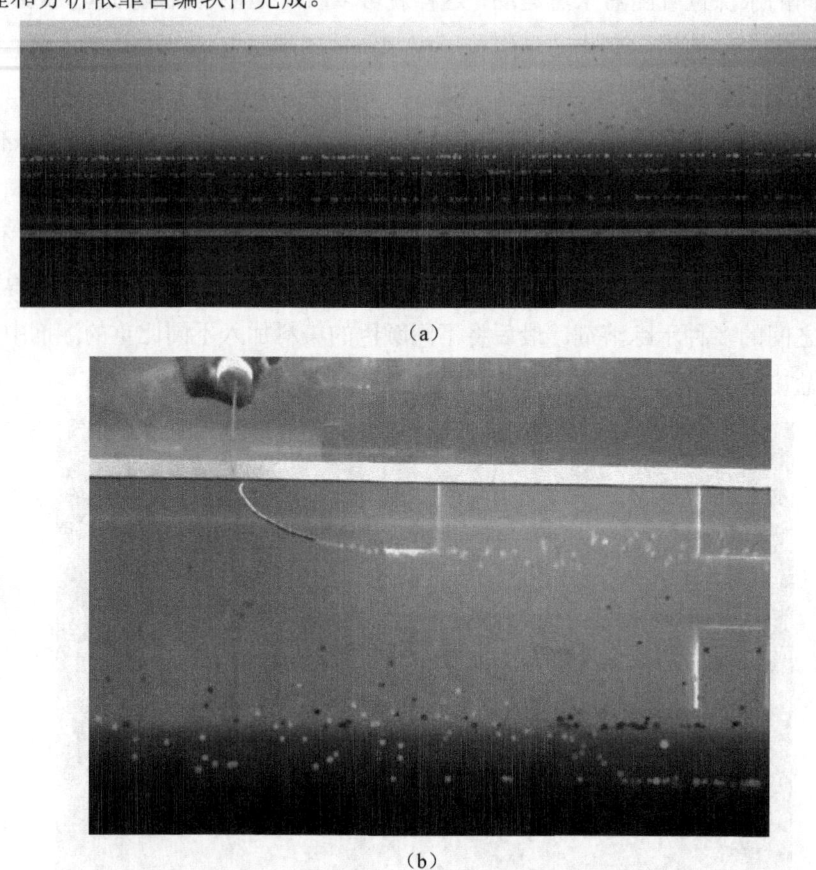

（a）

（b）

图 5-10 咸淡水混合后示踪粒子的分层效果

（2）分层盐水对风的响应

在静水条件下，盐水楔在淡水中运动受到首尾两个坎的限制，最终静止下来，在水槽中形成分层流，淡水密度较小，位于分层流的上部，咸水密度较大，在分层流的下部。在此基础上，开启水槽一端的风机，研究分层盐水对风的响应。

在表面风的作用下，表层淡水随着风向左运动，而底层的咸水则朝相反的方向运动。这样，上风侧盐水厚度降低，下风侧盐水厚度增加，咸淡水界面形成与风向相同的坡度。当稳定的风作用一段时间后，咸淡水分层流达到相对稳定的状态。风速变化后，盐淡水界面随之调整，直至达到下一个稳定状态。图 5-11 显示了风速为 2.3 m/s 时（风向为从右至左）的实验照片，可以看到咸水（底层）右端高，左端低，形成一个明显的坡度。

图 5-11　风作用下的咸水坡度

图 5-12 给出不同风速作用下的咸淡水界面平均坡度值。由图可以看出，咸淡水界面坡度随着风速的增大而增大。对于水深 h=0.23 m，坡度变化值与风速基本呈线性关系，且盐度 S=15 ppt 对应的坡度值略大于 S=5 ppt。对于水深 h=0.33 m，盐淡水界面坡度随风速变化规律相似。

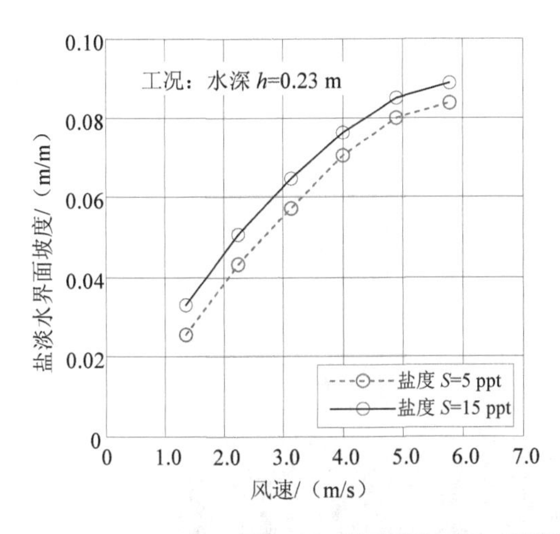

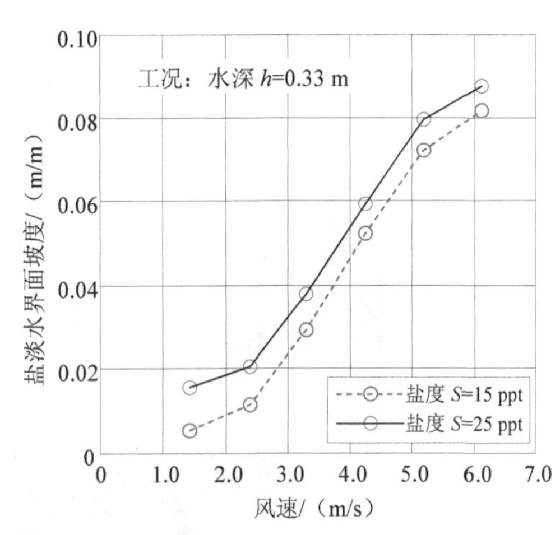

图 5-12　盐水层坡度与风速的关系（试验水深为 33 cm）

为了对比不同试验水深对咸水坡度的影响，图 5-13 给出了 S=15 ppt 时不同实验水深下的咸水坡度。由图可以看出，在风速较小时，实验水深 h=0.23 m 时的坡度明显大于水深 h=0.33 m。其原因在于，水深越大，底部咸水收到表层风的剪切力越小。

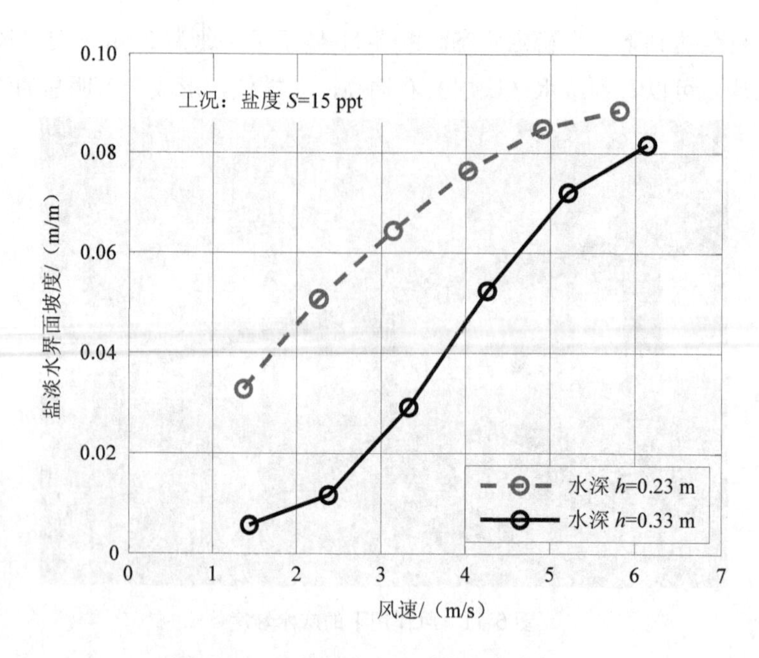

图 5-13 不同试验水深时盐水层坡度对比

（3）分层盐水对流的响应

如图 5-14 所示，在单向流作用时，浓盐水、冲淡水（盐度 0.1～1.0 度）、淡水的厚度比约为 1∶2∶1。图 5-15 给出了不同风力作用下盐水层厚度的变化及由此计算得到的盐水层坡度的变化。由图可以看出，在流作用下，盐水厚度下游高，上游低，坡度方向与风作用时相反；盐水厚度逐渐降低；盐水层坡度在流速较小时保持不变，随着流速增大，界面坡度相对稳定。

图 5-14 水流作用时盐淡水分层状态

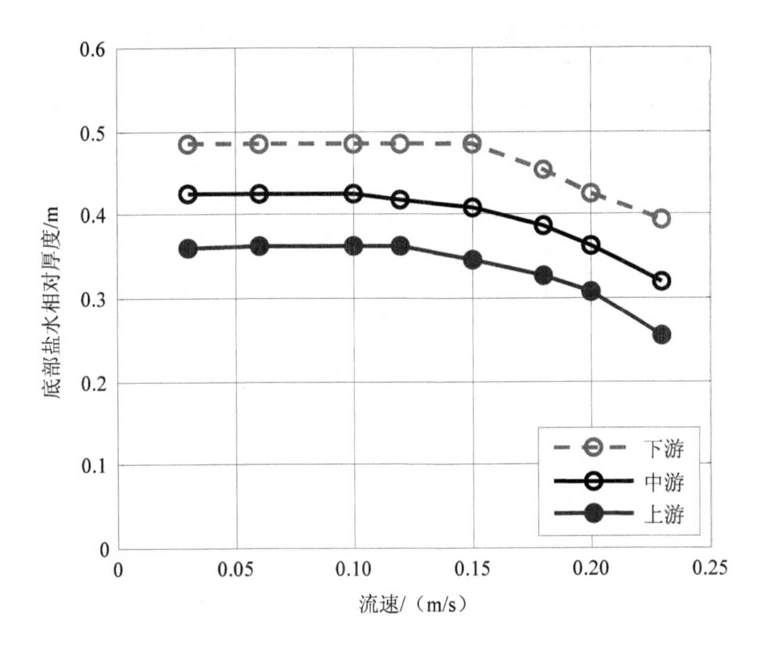

图 5-15　流作用下盐水厚度变化

5.2　整体物理模型

珠江“压咸补淡”应急调水物理模型研究的主要任务是在珠江流域“压咸补淡”应急调水工作的不同阶段提供相关的水情和咸情资料，了解珠江流域内咸潮前锋（250 mg/L 含氯度线）的变化情况，为评估“压咸补淡”应急调水提供技术支撑。

模型采用“2001 年 2 月”“2005 年 1 月”两组枯季水文组合进行验证，经验证后，开展珠江河口咸潮上溯研究，为调水压咸提供决策依据，并为重点河段的水槽试验提供边界条件。

5.2.1　珠江河口抑咸调水方案实验研究

（1）试验条件

试验水文条件选择典型代表条件，下游选择中潮、小潮典型潮型，由于是典型水文条件下的概化试验，模型上游马口、三水流量按照恒定流处理，逐级增加流量，三水流量按马口流量 30%简化。模型试验条件如表 5-2 所示。

表 5-2 珠江河口整体物理模型试验水文条件

潮型	潮位/m				实测流量/（m^3/s）	
	站点	高潮位	低潮位	潮差	马口	三水
中潮“010212”	赤湾	1.17	−0.89	2.06	1 998	618
	灯笼山	0.91	−0.61	1.52		
小潮“010215”	赤湾	0.70	−0.28	0.98	1 686	587
	灯笼山	0.51	−0.39	0.90		

考虑到“压咸补淡”应急调水方案将在原型中、小潮型条件下实施，模型试验主要选择中、小潮型作为下游边界条件，珠江河口不同位置的潮型过程如图 5-16 和图 5-17 所示。选择在小潮过程中的高潮位、低潮位加入示踪浮标及示踪剂，加入时刻见图 5-16 虚线位置。选择在中潮过程中的次低潮位加入示踪浮标及示踪剂，加入时刻见图 5-17 虚线位置。

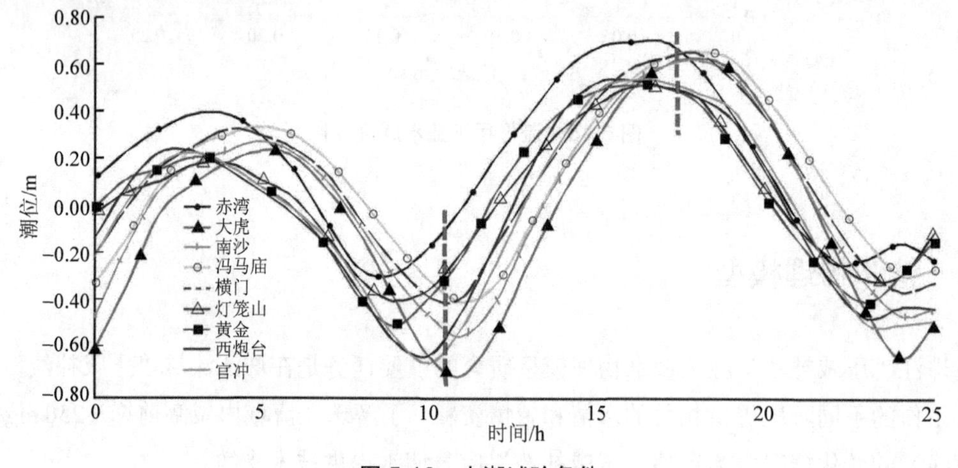

图 5-16 小潮试验条件

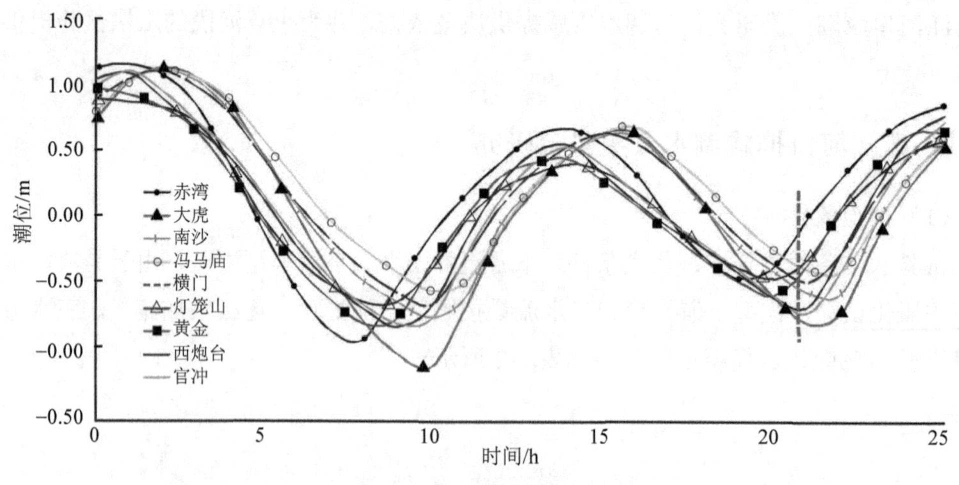

图 5-17 中潮试验条件

（2）试验成果

分别在上游不同流量、下游不同潮型条件下进行试验，马口流量分别为 0 m^3/s（假定情形）、1 000 m^3/s、2 000 m^3/s、3 000 m^3/s，相应三水流量分别为 0 m^3/s（也为假定情形）、300 m^3/s、600 m^3/s、900 m^3/s，下游分别为小潮、中潮组合成为 8 种试验条件。观测示踪浮标在主潮、全潮期间的运动变化，观测染色示踪剂在全潮期间的扩散变化，以此说明不同径流的压咸效果，经试验，得到如下成果（表 5-3 至表 5-5，图 5-18 至图 5-21）。

表 5-3　下边界为中潮不同径流条件下上溯距离情况　　单位：km

中潮	主潮（浮标）					周期（染色剂）					周期（浮标）				
$Q_{马}$ /（m^3/s）	0	1 000	2 000	3 000	平均	0	1 000	2 000	3 000	平均	0	1 000	2 000	3 000	平均
$Q_{三}$ /（m^3/s）	0	300	600	900	差值	0	300	600	900	差值	0	300	600	900	差值
虎跳门	9.9	9.2	8.3	7.8	0.7	3	−0.2	−2.8	−5.4	2.8	−0.5	−3.2	−6	−8.9	3
黄金	9.7	9.2	8.9	8.5	0.4	3.9	2.3	0.7	−0.5	1.5	0.2	−2	−3.9	−5.5	1.9
灯笼山	8.9	8	7.4	7	0.6	4	1.6	−0.4	−3.6	2.6	0	−3	−5.9	−9.1	3
竹银	10.1	9	8.2	7.5	0.8	4.3	0.7	−3	−6	3.4	−0.4	−4.4	−7.8	−11.4	3.7
大敖	9.1	8.1	7	6.3	0.9	3.8	0.2	−4	−7.6	3.8	−0.5	−4.3	−8.6	−12.4	4
横门—鸡鸦	9.8	8.8	8	7.4	0.8	3.4	−0.3	−3.5	−6.6	3.3	−0.3	−3.5	−7.2	−11	3.6
横门—小榄	9.5	8.6	7.8	7.3	0.7	3.5	−0.2	−3.7	−6.6	3.4	−0.4	−3.6	−7.6	−10.2	3.3
冯马庙	10.6	9.8	9.3	8.8	0.6	3.2	0.2	−2.8	−6	2.7	0.4	−2.8	−5.8	−8	2.8
南沙	11.4	10.9	10.6	10.2	0.4	4.5	2.5	0.8	−1	1.8	−0.4	−2.3	−4.5	−6.7	2.1
三沙口	11.2	10	9.5	8.8	0.8	4.9	1.3	−1.6	−5	3.3	0.5	−3	−6.8	−9.7	3.4
黄埔	11	10.8	10.6	10.5	0.1	5	4.3	3.9	3.5	0.5	0.8	0.2	−0.2	−0.7	0.5

表 5-4　下边界为小潮不同径流条件下上溯距离情况　　单位：km

小潮	主潮（浮标）					周期（染色剂）					周期（浮标）				
$Q_{马}$ /（m^3/s）	0	1 000	2 000	3 000	平均	0	1 000	2 000	3 000	平均	0	1 000	2 000	3 000	平均
$Q_{三}$ /（m^3/s）	0	300	600	900	差值	0	300	600	900	差值	0	300	600	900	差值
虎跳门	7.6	7.0	6.5	5.5	0.7	2.2	−0.6	−3.6	−6.2	2.8	−0.2	−3.0	−6.4	−8.8	2.9
黄金	7.2	6.6	6.2	5.9	0.4	3.0	1.6	−0.1	−1.5	1.5	0.1	−1.5	−3.6	−5.0	1.7
灯笼山	7.0	6.2	5.3	4.9	0.7	3.2	0.1	−2.7	−5.3	2.8	−0.1	−3.0	−6.5	−8.9	2.9
竹银	8.4	7.1	6.7	5.6	0.9	3.2	−0.8	−4.5	−7.9	3.7	−0.3	−4.2	−7.9	−11.9	3.9
大敖	7.5	6.7	5.7	4.5	1.0	3.3	−0.7	−4.4	−8.0	3.8	−0.5	−5.0	−9.2	−13.1	4.2
横门—鸡鸦	7.8	6.6	6.0	5.0	0.9	2.8	−1.0	−4.2	−7.7	3.5	−0.3	−4.6	−8.4	−11.7	3.8
横门—小榄	7.6	6.8	5.6	5.0	0.9	2.7	−1.0	−4.3	−8.0	3.6	−0.3	−4.5	−8.0	−11.5	3.7
冯马庙	8.9	8.0	7.3	6.8	0.7	2.5	−0.5	−3.5	−5.4	2.6	0.5	−2.6	−5.9	−8.3	2.9
南沙	9.3	8.7	8.3	8.0	0.4	3.7	2.4	0.2	−1.8	1.8	−0.5	−2.8	−5.1	−7.0	2.2
三沙口	9.2	8.6	7.6	6.7	0.8	3.8	1.7	−1.8	−6.4	3.4	0.3	−2.9	−7.5	−10.8	3.7
黄埔	8.9	8.8	8.2	8.5	0.1	4.0	3.6	3.1	2.8	0.4	0.5	−0.1	−1.0	−1.6	0.7

表 5-5　不同径流涨潮距离统计　　　单位：km

站名	中潮					小潮				
$Q_{马}$ / (m³/s)	0	1 000	2 000	3 000	平均差值	0	1 000	2 000	3 000	平均差值
$Q_{三}$ / (m³/s)	0	300	600	900		0	300	600	900	
虎跳门	9.9	9.2	8.3	7.8	0.7	7.6	7.0	6.5	5.5	0.7
黄金	9.7	9.2	8.9	8.5	0.4	7.2	6.6	6.2	5.9	0.4
灯笼山	8.9	8.0	7.4	7.0	0.6	7.0	6.2	5.3	4.9	0.7
竹银	10.1	9.0	8.2	7.5	0.8	8.4	7.1	6.7	5.6	0.9
大敖	9.1	8.1	7.0	6.3	0.9	7.5	6.7	5.7	4.5	1.0
横门—鸡鸦	9.8	8.8	8.0	7.4	0.8	7.8	6.6	6.0	5.0	0.9
横门—小榄	9.5	8.6	7.8	7.3	0.7	7.6	6.8	5.6	5.0	0.9
冯马庙	10.6	9.8	9.3	8.8	0.6	8.9	8.0	7.3	6.8	0.7
南沙	11.4	10.9	10.6	10.2	0.4	9.3	8.7	8.3	8.0	0.4
三沙口	11.2	10.0	9.5	8.8	0.8	9.2	8.6	7.6	6.7	0.8
黄埔	11.0	10.8	10.6	10.5	0.1	8.9	8.8	8.2	8.5	0.1

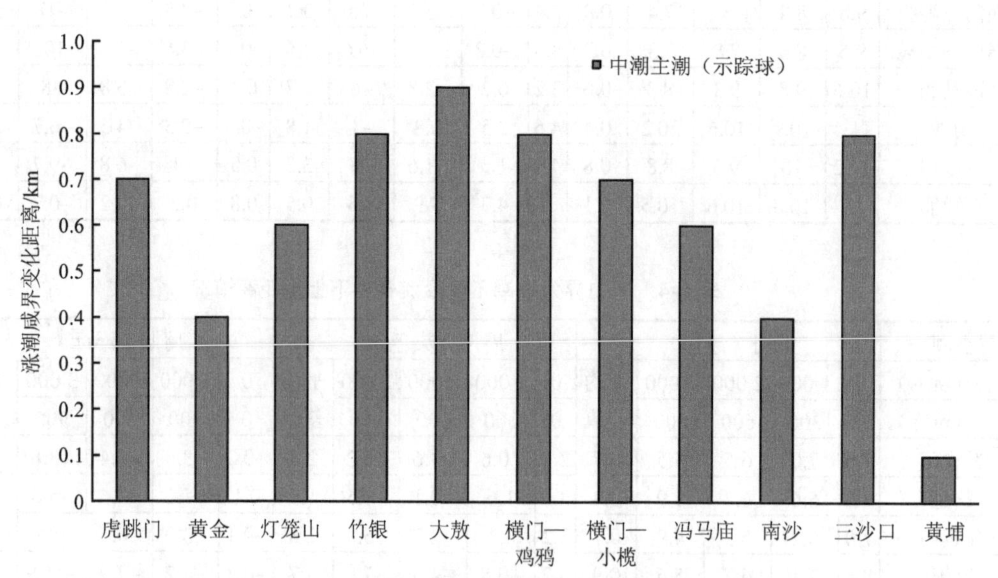

注：图中数据为上游马口径流增加 1 000 m³/s、三水径流增加 300 m³/s 时距离变化值。

图 5-18　中潮最大涨潮咸界距离变化

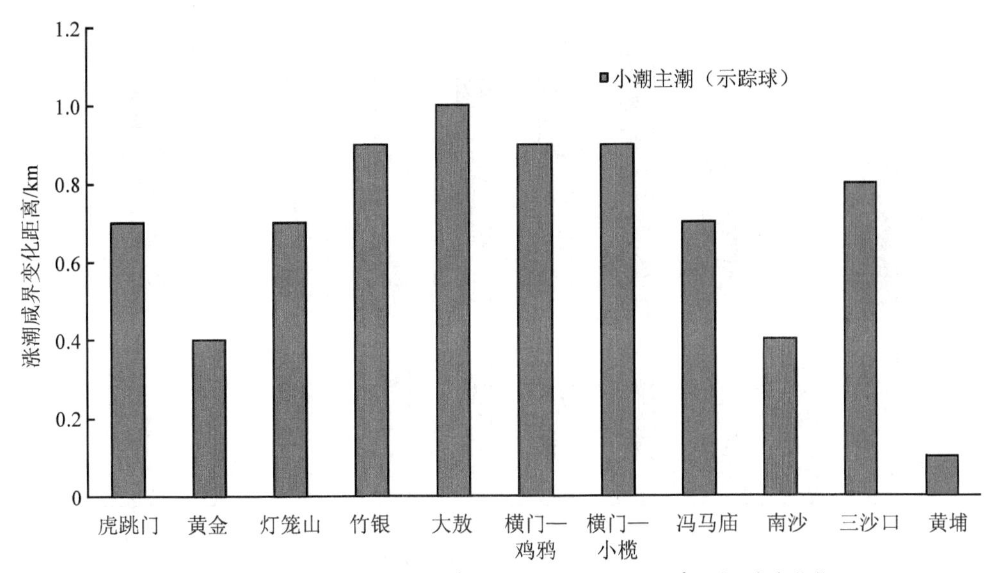

注：图中数据为上游马口径流增加 1 000 m³/s、三水径流增加 300 m³/s 时距离变化值。

图 5-19　小潮最大涨潮咸界距离变化

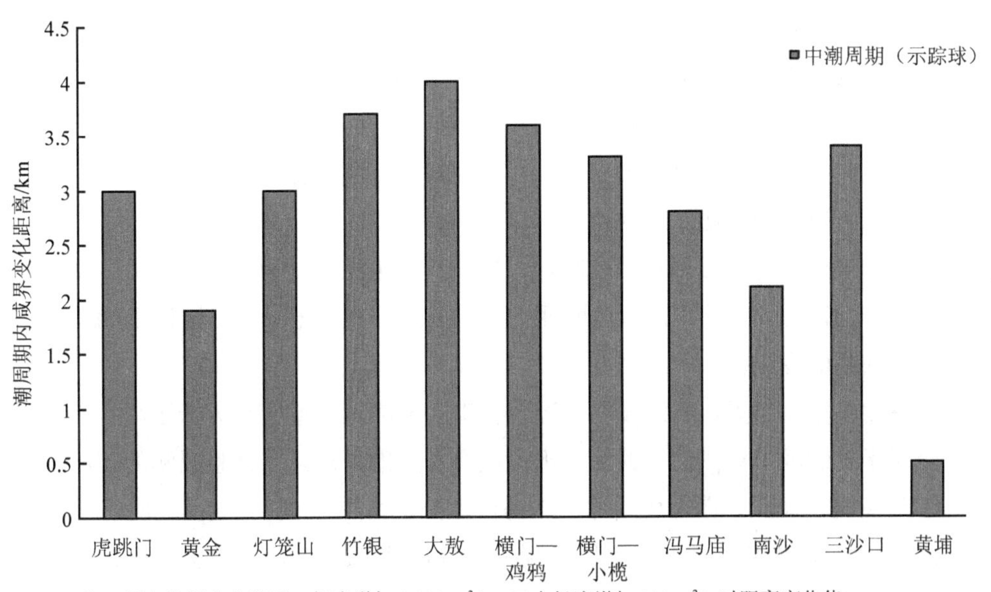

注：图中数据为上游马口径流增加 1 000 m³/s、三水径流增加 300 m³/s 时距离变化值。

图 5-20　中潮周期咸界距离变化

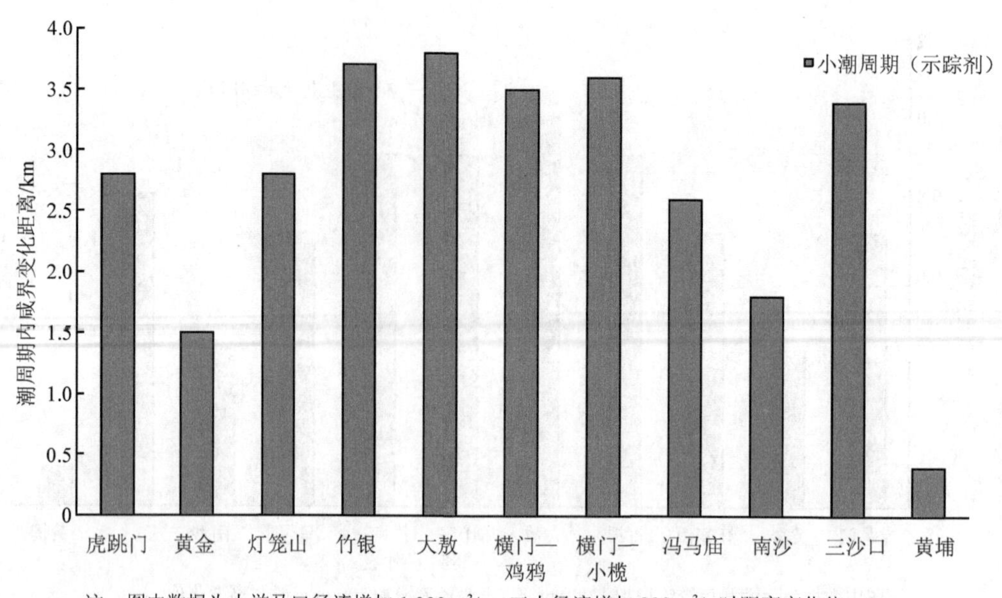

注：图中数据为上游马口径流增加 1 000 m³/s、三水径流增加 300 m³/s 时距离变化值。

图 5-21 小潮周期咸界距离变化

①涨潮特性变化试验

评价“压咸补淡”方案可行性的一项重要技术参数，是增加西北江流量对河口水厂附近的压咸效果，本阶段试验以受咸潮影响水厂附近河道的涨潮水流变化，来间接说明咸潮上溯能力的变化。试验中逐级增加三水、马口径流，观测试验河段最大涨潮距离变化，以此说明增加径流对河口涨潮水流的影响。

珠江河口潮汐具有一日两涨两落特性，选择一次主涨潮（一天中的大涨）过程进行观测，从涨潮开始，在设定的河道观测断面上加入示踪浮标，记录示踪浮标上溯最远距离随上游不同径流量的变化。

由上述表中数据可见，各河段在中潮条件下的涨潮距离均明显大于小潮；三水、马口增加径流对于抑制河口观测河段的涨潮水流具有明显的作用，在试验观测的各河段中，以大敖涨潮距离变化最大。在小潮条件下，马口径流每增加 1 000 m^3/s（相应三水流量增加 300 m^3/s）条件下，大敖涨潮距离平均约减少 1 km；其次为横门—鸡鸦水道、磨刀门水道的竹银，涨潮距离平均约减少 0.9 km；三沙口水道涨潮距离减少 0.8 km，灯笼山水道涨潮距离减少 0.7 km，虎跳门水道涨潮距离减少 0.7 km；由试验成果可以得出几点认识。

a. 增加上游径流对抑制珠江八大口门的涨潮水流均有一定作用，但是，不同河道、不同口门显示出较大的差异性；

b. 增加上游径流对抑制径流作用为主的河道具有明显作用，而对潮流作用为主的河道，如广州水道作用较弱；

c. 对同一河道的上游断面作用明显，下游断面作用相对较弱；

d. 增加上游径流对抑制横门、磨刀门、沙湾水道等受咸潮影响严重的河段，具有明显的抑制涨潮水流的作用，由此间接说明，“压咸补淡”应急调水方案对抑制横门、磨刀门、沙湾水道咸潮上溯具有明显作用。

②全潮净泄距离观测试验

试验选择示踪浮标在一个潮周期中的移动距离来进行观察。表 5-6 为中、小潮型示踪浮标在一个潮周期的移动距离。从表中可见，当上游流量为 0 时，示踪浮标经过一个潮周期后，差不多回到原处，只是由于各河道在一个潮周期中的涨落潮量不等，而导致示踪浮标于初始位置略有偏离。通常在有径流的条件下，示踪浮标是向下游运动。上游流量越大，示踪浮标向下游漂移距离越大，说明增加上游流量导致的净泄距离越大、压咸效果也越好。

表 5-6　中、小潮型示踪浮标漂移距离统计　　单位：km

站名	中潮					小潮				
$Q_{马}$ / （m^3/s）	0	1 000	2 000	3 000	平均差值	0	1 000	2 000	3 000	平均差值
$Q_{三}$ / （m^3/s）	0	300	600	900		0	300	600	900	
虎跳门	−0.5	−3.2	−6.0	−8.9	3.0	−0.2	−3.0	−6.4	−8.8	2.9
黄金	0.2	−2.0	−3.9	−5.5	1.9	0.1	−1.5	−3.6	−5.0	1.7
灯笼山	0.0	−3.0	−5.9	−9.1	3.0	−0.1	−3.0	−6.5	−8.9	2.9
竹银	−0.4	−4.4	−7.8	−11.4	3.7	−0.3	−4.2	−7.9	−11.9	3.9
大敖	−0.5	−4.3	−8.6	−12.4	4.0	−0.5	−5.0	−9.2	−13.1	4.2
横门—鸡鸦	−0.3	−3.5	−7.2	−11.0	3.6	−0.3	−4.6	−8.4	−11.7	3.8
横门—小榄	−0.4	−3.6	−7.6	−10.2	3.3	−0.3	−4.5	−8.0	−11.5	3.7
冯马庙	0.4	−2.8	−5.8	−8.0	2.8	0.5	−2.6	−5.9	−8.3	2.9
南沙	−0.4	−2.3	−4.5	−6.7	2.1	−0.5	−2.8	−5.1	−7.0	2.2
三沙口	0.5	−3.0	−6.8	−9.7	3.4	0.3	−2.9	−7.5	−10.8	3.7
黄埔	0.8	0.2	−0.2	−0.7	0.5	0.5	−0.1	−1.0	−1.6	0.7

从表中还可看到，不同潮型，在上游同样流量的情况下，对于同一个观测站示踪浮标移动距离基本相同。这表明，示踪浮标的移动距离主要是与一个潮周期的下泄水体有关，而与潮型关系不大。

利用珠江河口物理模型的直观优势，对咸潮上溯过程进行了仔细观察，得出两点主要认识。

a. 咸潮上溯的主要形式是潮汐涨落过程中引起的纵向离散。咸潮上溯的动力是潮汐运动，河口水域受潮汐影响，表现为一天两涨两落，含盐海水在潮汐动力的推进下，一次又一次被推向上游河段，然后又退下来，一个潮周期过程中盐水向上游推进的距离十分有限。但是，一次又一次循环不断的潮涨潮落产生巨大的累计效果，含盐海水在涨落运动过程中表现为两种分散形式：一是扩散运动，高含氯度海水向淡水扩散；二是离散运动，高含氯度海水在涨落潮过程中停滞、吸附在河床附近，造成盐水的纵向离散。咸潮上溯的主要形式正是潮汐涨落过程中引起的含盐海水纵向离散。

b. 咸潮前锋的上溯、下移主要取决于径流下移作用与潮流过程中的离散上溯作用的对比。模型试验以染色示踪剂前锋的运动来模拟、观察咸潮前锋的上溯、下移运动。染色示踪剂在河道中扩散、输移情况，与示踪浮标的运动情况不同，示踪浮标在一个潮周期的下移距离代表该河道净泄量的流动距离。染色示踪剂的运动与咸潮上溯运动基本相似，是径流作用与潮流作用相互影响的结果。当径流作用大于潮流运动引起的水体上溯，模型染色示踪剂的前锋，在一个潮周期中被推向下游，说明这时的径流条件具有一定的压咸效果。当径流作用小于潮流运动引起的水体上溯，模型染色示踪剂的前锋，在一个潮周期中被推向上游，说明这时的径流条件还不足以起到压咸效果。

③压咸流量分析

评价“压咸补淡”工程可行性的另一项重要技术参数，是确定最小压咸流量。以中潮染色示踪剂扩散距离变化进行分析，其中有两个考虑：首先是中潮条件实施“压咸补淡”工程，对压咸流量的要求比小潮要求大，作为不利工况考虑，选择中潮条件试验数据进行分析；其次是染色示踪剂扩散情况与咸潮上溯机理相似，反映扩散、输移的综合效果。

试验采用染色示踪剂方法，观测不同河道代表断面染色示踪剂前锋在一个潮周期中运动情况，逐级增加三水、马口径流，记录染色示踪剂前锋在潮周期中变化距离。表 5-7 为三水、马口不同径流条件下，示踪剂在不同潮型时的上溯距离，染色示踪剂前锋被径流推向下游时，表中以负值表示。

表 5-7　不同径流示踪剂上溯距离统计　　单位：km

站名	中潮					小潮				
$Q_{马}$ / (m^3/s)	0	1 000	2 000	3 000	平均差值	0	1 000	2 000	3 000	平均差值
$Q_{三}$ / (m^3/s)	0	300	600	900		0	300	600	900	
虎跳门	3.0	−0.2	−2.8	−5.4	2.8	2.2	−0.6	−3.6	−6.2	2.8
黄金	3.9	2.3	0.7	−0.5	1.5	3.0	1.6	−0.1	−1.5	1.5
灯笼山	4.0	1.6	−0.4	−3.6	2.6	3.2	0.1	−2.7	−5.3	2.8
竹银	4.3	0.7	−3.0	−6.0	3.4	3.2	−0.8	−4.5	−7.9	3.7
大敖	3.8	0.2	−4.0	−7.6	3.8	3.3	−0.7	−4.4	−8.0	3.8
横门—鸡鸦	3.4	−0.3	−3.5	−6.6	3.3	2.8	−1.0	−4.2	−7.7	3.5
横门—小榄	3.5	−0.2	−3.7	−6.6	3.4	2.7	−1.0	−4.3	−8.0	3.6
冯马庙	3.2	0.2	−2.8	−6.0	2.7	2.5	−0.5	−3.5	−5.4	2.6
南沙	4.5	2.5	0.8	−1.0	1.8	3.7	2.4	0.2	−1.8	1.8
三沙口	4.9	1.3	−1.6	−5.0	3.3	3.8	1.7	−1.8	−6.4	3.4
黄埔	5.0	4.3	3.9	3.5	0.5	4.0	3.6	3.1	2.8	0.4

由表可见，增加上游流量对抑制不同河道的咸潮上溯具有明显不同的效果，在中潮条件下，马口每增加 1 000 m^3/s 流量（同时，三水增加 300 m^3/s），横门鸡鸦水道、小榄水道及虎跳门水道的咸潮上溯开始受到抑制，说明这 3 条河道对增加下泄流量响应敏感。马口增加 2 000 m^3/s 流量，才可以对磨刀门出口灯笼山的咸潮产生抑制效果；增加 3 000 m^3/s 流量才可以对黄金、南沙水道的咸潮起到抑制效果；对黄埔水道 3 000 m^3/s 流量仍然不能起到压咸作用。

从明显改善受咸潮影响的磨刀门、横门水厂取水条件看，马口增加 2 000 m^3/s 的压咸流量是合适的。

④压咸起效时间

评价“压咸补淡”工程可行性的技术参数之一是压咸流量的起效时间，进行这项研究的试验方法是增加三水、马口径流观测河口典型河道的水位响应时间及流量变化响应时间。试验及分析从 3 个方面进行：沿程水位变化响应过程；压咸流量起效果时间；原型资料分析验证。

a. 沿程水位变化响应过程

在试验放水过程中，加大马口、三水流量，观察下游河道水位响应变化时间。图 5-22 为马口、天河、灯笼山站的水位变化过程对比图，由图可得出以下初步认识：马口流量增加导致沿线水位逐渐升高，天河水位发生变化的响应时间约为 3 h；灯笼山水位发生变化的响应时间约为 6 h；灯笼山水位受马口水位变化的影响较小，若马口水位变化值为 10 cm，灯笼山水位变化值为 1～2 cm，天河水位变化值介于其间。

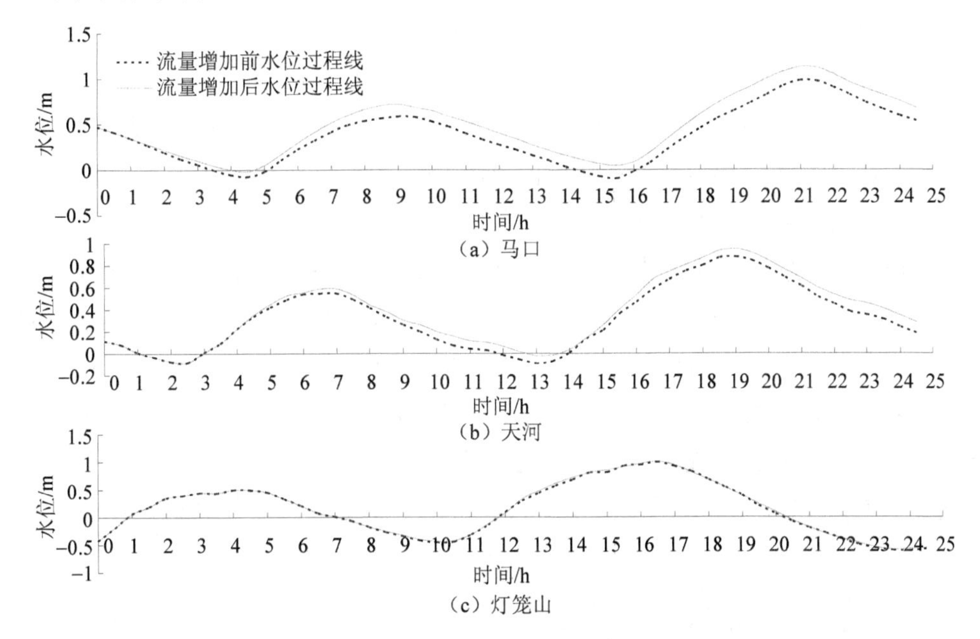

图 5-22 西江干流—磨刀门水位变化响应时间图

b. 压咸流量起效时间

从测流断面的水位流量关系分析可知，断面的水位、流量基本同时发生变化，即某一河道断面的水位发生变化时，其流量也迅速响应发生相应变化。因此，从一般测流断面的水位流量关系上分析，压咸流量起效果时间应该与水位响应时间基本一致；马口增加流量，灯笼山在 6 h 之后开始发生水位流量变化，逐步起到压咸效果。这是指压咸起效时间，至于何时达到稳定压咸效果以及上游水体到达灯笼山的时间还需要进行另外分析。

c. 压咸流量起到稳定效果的时间

为观测马口增加流量后达到稳定压咸效果的时间，模型试验利用物理模型的直观优势，突然加大马口、三水流量，造成一个上游流量的突然变化（人为扰动），然后检测珠江三角洲各水位测站的水位变化，观察需要经过多长时间，珠江三角洲各站水位才能达到基本稳定。

这是一个难以给出准确时间的测试，经过多次试验得出一个粗略的结论，马口流量发生突然变化后，一般需要经过一个潮周期（24 h）的动态调整，河口水位流量基本达到稳定，因此可以认为达到稳定压咸效果的时间约为 24 h。

d. 压咸流量下泄至河口的时间

“压咸补淡”方案开始计划实施时，有一种提法是要让珠海和澳门人民早日喝到上游压咸调来的淡水，靠近河口的有关水厂也在等待抽取上游压咸调来的淡水，本次模型试验附带对上游压咸调来的淡水何时到达珠江河口进行了试验的粗略观测。

试验观测表明，“压咸补淡”调水起到压咸效果的时间与上游水体到达河口的时间是完全不同的两个概念。增加马口流量大约需要 6 h 即可以起到压咸效果，24 h 后基本达到稳定的压咸效果；但是，要等上游三水、马口水体到达河口则需要较长的时间，且与上游径流量有关，本试验难以给出明确的时间，大约需要一星期左右（这也说明调水补淡具有一段时间的延续作用），这与珠江三角洲河道巨大的调蓄、分流作用有关。

e. 与原型资料对比分析

对于压咸起效时间，可以从原型资料分析中得到验证：由上游水位变化导致下游水位变化的响应时间，与下游潮汐变化导致上游水位变化的响应时间应该基本相同，灯笼山潮位变化导致天河、马口水位变化的响应时间分别为 3 h、6 h，而模型试验给出灯笼山水位对马口流量变化的响应时间为 6 h，试验数据与原型潮汐响应时间相互验证；关于压咸效果及达到稳定效果的时间，马口流量的 1 日平均变化与磨刀门附近水厂含氯度变化具有较好的对应关系，与模型试验得出一个潮周期后起到稳定压咸效果的结论基本相符。

5.2.2　拦门沙对咸潮上溯的影响试验

（1）试验工况及边界条件

①水文边界

由咸潮上溯的规律可知，在半月潮中咸潮表现出较强的规律性，下边界潮型选择本月潮，包含大小潮型的更替。本次试验下边界潮汐过程的时段选定为 2008 年 1 月 7 日 17 时—22 日 10 时。

为了反映拦门沙变化的影响，上游径流采用恒定流控制，研究时段内马口径流为 1 500～1 850 m^3/s，平均流量 1 700 m^3/s，试验时采取 1 700 m^3/s 和 2 300 m^3/s。咸界初始位置为平岗泵站以上 4 km。

②地形边界

磨刀门口门段采用 2005 年地形，拦门沙采用两种边界：2008 年拦门沙局部地形及在此基础上将拦门沙平均高程抬高 1 m 的 2000 年地形，研究近年来拦门沙主槽和浅滩不断侵蚀加深对咸潮的影响。

③模型验证

模型验证主要针对本次采用的潮型水文过程，调试模型水位并调试模型局部糙率，使得水流和咸潮运动与模型基本相似。

试验主要研究磨刀门水道的咸潮上溯，当马口 Q=1 700 m^3/s，灯笼山模型与原型潮位曲线过程如图 5-23 所示。磨刀门主干道的模型潮位过程基本与原型一致。

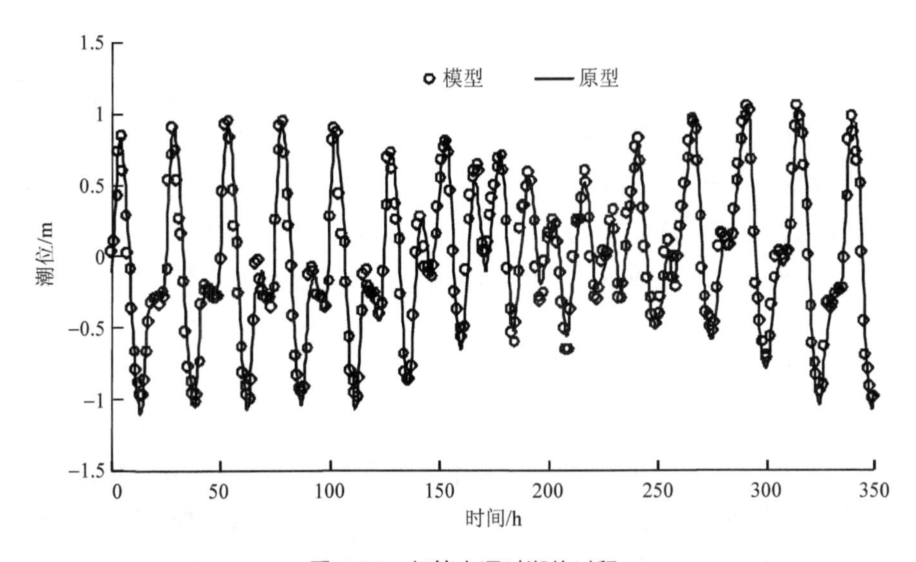

图 5-23　灯笼山逐时潮位过程

由于咸潮上溯的复杂性，咸潮上溯是不断累积的过程，与径流、潮汐关系密切，网河区的节点分流比对不同口门的咸潮上溯距离影响明显，在模型验证时重复试验，通过调整节点分流比等措施，使累积误差减小。模型中咸潮界的移动过程如图 5-24 中红线所示，咸界的移动过程表现出与潮汐过程类似的周期性变化，模型中咸界的日变化幅度略大于原型。在半月潮模型与原型咸界活动的范围基本一致，后期原型由于风等因素影响咸潮上溯速度较一般潮型快，造成后期模型咸潮上溯速度小于原型。

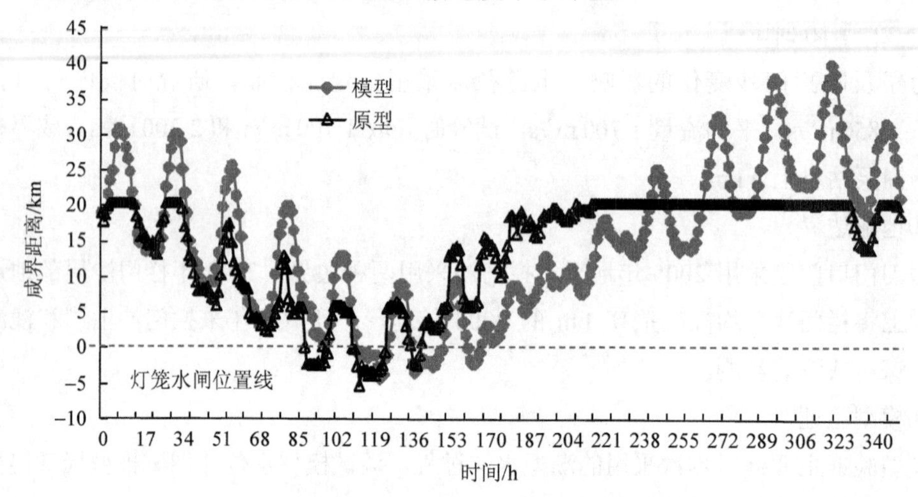

图 5-24 磨刀门咸界变化过程（以灯笼水闸为起点）

注：由于缺少竹银上游含氯度资料，原型咸界超过竹银均记为 20 km。

（2）试验成果

①潮位变化

比较 2008 年与 2000 年地形图，磨刀门口外拦门沙的东西两侧深槽宽度及深度均有所增加，拦门沙底部高程也有所降低。试验结果潮位变化过程如图 5-25 所示。与 2000 年比较，拦门沙高程降低后，高高潮位升高约 1 cm，变幅不大；低低潮位则降低明显，当 $Q_{马口}$＝1 700 m^3/s 低低潮位降低 1～7 cm，$Q_{马口}$＝2 300 m^3/s 低低潮位降低 1～9 cm，大潮潮差明显增大，小潮增幅较小。由于潮量与潮差呈正相关，为此潮差的变化可反映咸水水量的变化。

②咸潮界变化

各方案咸界变化如图 5-26 所示，每天咸界上溯最高、最低距离见表 5-8 及图 5-27 和图 5-28 所示。由图可见，拦门沙降低后，在半月潮前半段、大潮转小潮期间日高咸界变化不大，而日低咸界则明显下移；而在半月潮后半段、由小潮转大潮期间日高咸界、日低咸界均明显升高。拦门沙高程降低后，大潮时高潮位变幅不大，而低潮位降低明显，使得落潮时段咸界南移。

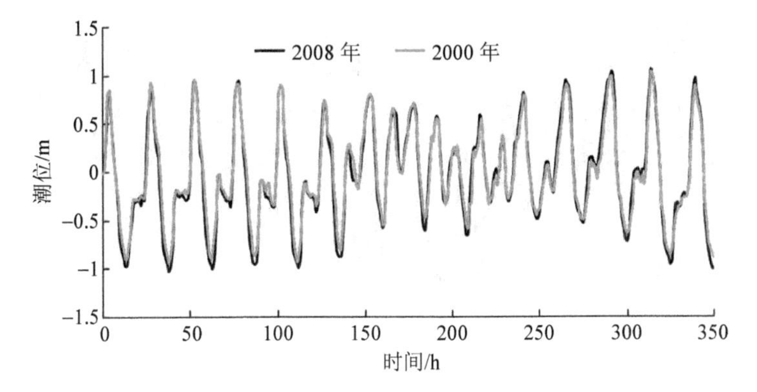

（a）上游径流为 1 700 m³/s

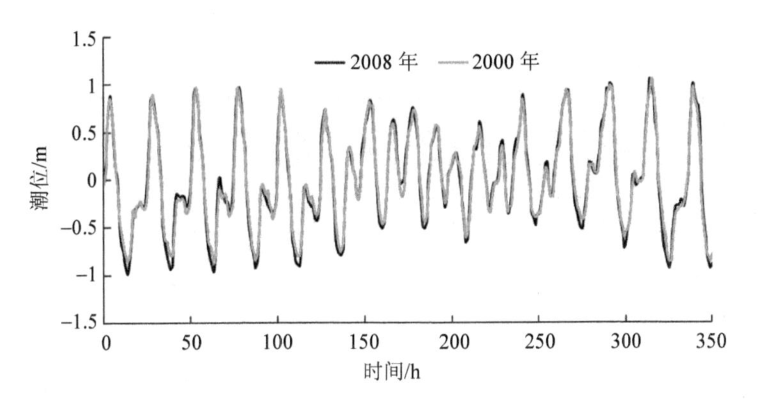

（b）上游径流为 2 300 m³/s

图 5-25　上游不同径流不同地形条件下灯笼山潮位过程对比

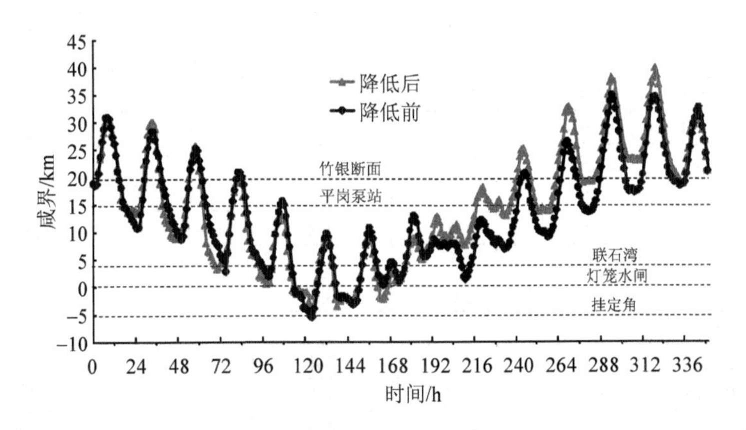

（a）上游径流为 1 700 m³/s

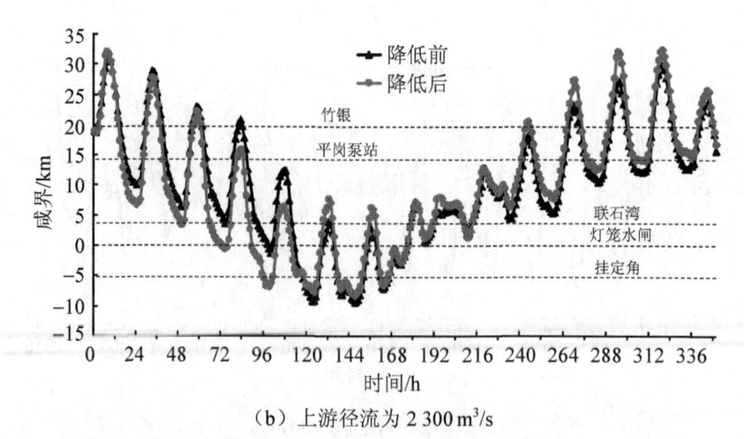

（b）上游径流为 2 300 m³/s

图 5-26　上游不同径流不同地形条件下磨刀门咸界变化过程对比

表 5-8　不同径流条件拦门沙变化引起的咸界变化距离统计

流量/（m³/s）	日期	日高咸界/km			日低咸界/km		
		降低前	降低后	差值	降低前	降低后	差值
1 700	2008-01-08	31.0	30.7	−0.2	10.6	13.4	2.8
	2008-01-09	28.4	30.0	1.6	8.6	8.8	0.3
	2008-01-10	25.3	25.7	0.3	2.7	3.2	0.5
	2008-01-11	20.9	19.9	−1.1	1.8	0.5	−1.3
	2008-01-12	15.6	12.9	−2.8	−5.6	−4.3	1.3
	2008-01-13	9.6	8.9	−0.7	−3.2	−3.5	−0.3
	2008-01-14	10.7	9.3	−1.4	0.3	−2.2	−2.5
	2008-01-15	13.0	12.8	−0.2	2.2	2.6	0.4
	2008-01-16	12.1	18.1	5.9	1.4	7.7	6.3
	2008-01-17	20.7	25.1	4.4	6.8	12.9	6.1
	2008-01-18	26.5	32.6	6.1	8.9	13.7	4.8
	2008-01-19	34.9	38.1	3.2	13.5	18.9	5.4
	2008-01-20	34.4	37.9	3.5	17.2	22.9	5.8
	2008-01-21	34.6	39.9	5.3	18.4	18.8	0.3
2 300	2008-01-08	31.3	32.1	0.8	9.9	6.8	−3.2
	2008-01-09	28.9	27.8	−1.1	6.3	3.5	−2.8
	2008-01-10	22.9	22.2	−0.7	3.7	−0.6	−4.2
	2008-01-11	20.9	15.9	−4.9	−1.3	−6.9	−5.6
	2008-01-12	12.5	6.5	−6.0	−9.2	−7.7	1.5
	2008-01-13	3.9	7.7	3.8	−9.3	−8.3	1.0
	2008-01-14	2.8	6.3	3.4	−7.2	−6.5	0.6
	2008-01-15	7.2	8.0	0.8	−1.7	−1.4	0.3
	2008-01-16	12.9	12.9	−0.1	2.2	1.4	−0.8
	2008-01-17	18.3	20.6	2.4	4.4	6.4	2.0
	2008-01-18	23.4	27.5	4.1	5.4	7.7	2.4
	2008-01-19	27.3	32.2	4.9	10.5	12.6	2.1
	2008-01-20	29.4	32.2	2.8	12.1	14.1	2.0
	2008-01-21	29.9	32.5	2.6	12.7	14.8	2.1

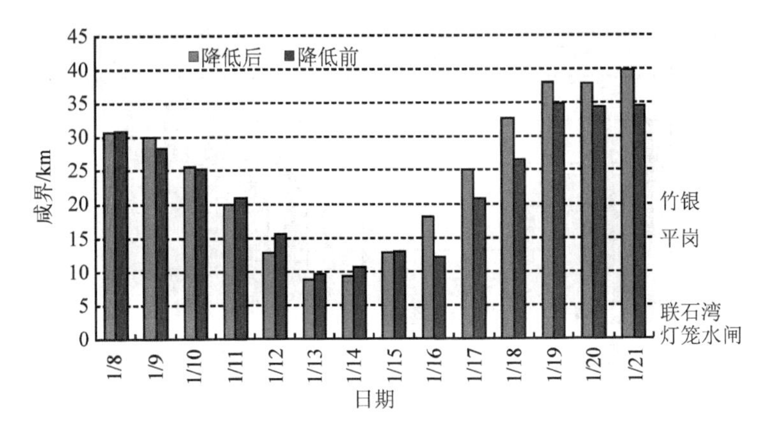

（a）日高咸界变化

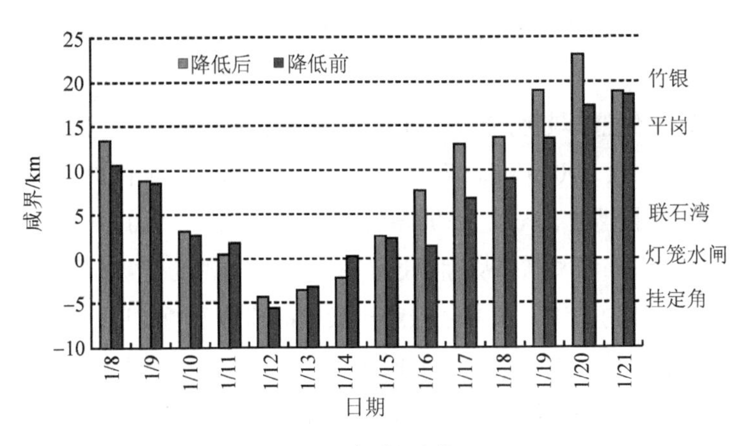

（b）日低咸界变化

图 5-27　上游径流 1 700 m^3/s 拦门沙变化引起的磨刀门咸界变化过程

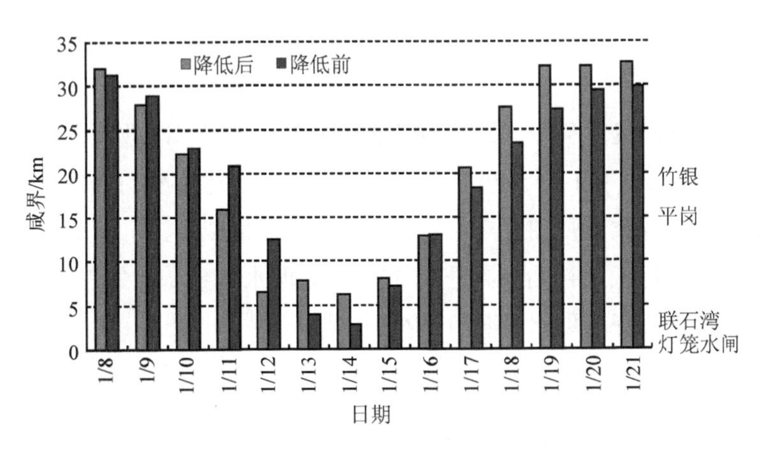

（a）日高咸界变化

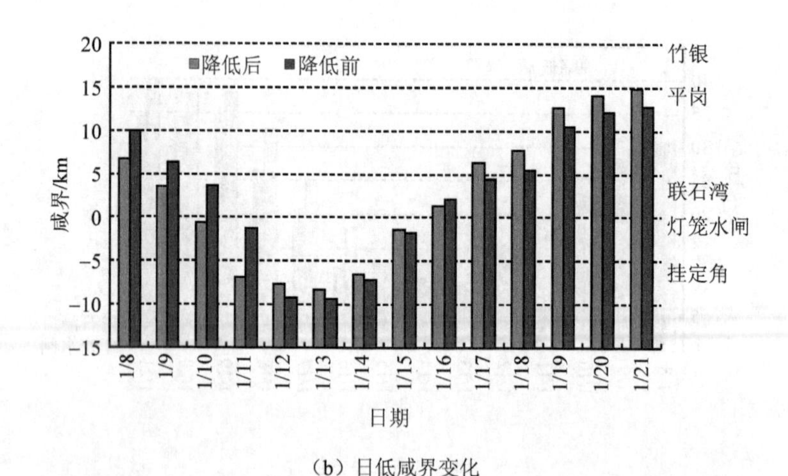

（b）日低咸界变化

图 5-28 上游径流 2 300 m³/s 拦门沙变化引起的磨刀门咸界变化过程

从半月潮咸界变化整体趋势看，由于初始咸界位置固定，在前半段，日高、日低咸界下降都较快，$Q_{马口}$=1 700 m³/s 时降幅达 2.8 km，2 300 m³/s 降幅达 6 km；在后半段，$Q_{马口}$=1 700 m³/s 时升幅达 5.5 km，2 300 m³/s 降幅达 4.9 km。造成这种变化的主要原因是径流在半月潮内下泄分布不均等。从潮位过程来看，在大潮转小潮阶段，自最高高潮位始，落潮幅度大于后期相邻的涨潮，换言之涨潮一般较前期的落潮幅度小，上游河道内水体总体呈排水趋势；在小潮转大潮阶段，自最低高潮位始，涨潮一般较前期的落潮幅度大，落潮幅度小于后期相邻的涨潮幅度，上游河道内水体整体呈蓄水趋势。拦门沙的开挖进一步增强了上述的网河区河道在半月潮中蓄水变化趋势，使得相同的水文边界条件、相同的初始条件下大潮转小潮期间落潮咸界下移更快，而在后期小潮转大潮期间咸潮上溯更快。

从总体的趋势看，拦门沙降低后日高、日低呈增加趋势，表明拦门沙的降低对咸潮上溯不利。

③取水时间变化

表 5-9 为两组不同流量条件下拦门沙降低对主要泵站取水时数百分比的变化。受半月潮前期落潮较大的影响，拦门沙降低后取水时数增加。上述情况的出现是由于各工况均采用相同的初始条件，导致半月潮前期咸界下降较多，后期咸潮上升对取水时数的影响未能在统计充分反映。将降低后初始咸界升高 2 km，则取水时数变化如表 5-10 所示。当考虑累计影响时，拦门沙降低后取水时数将减少。

表 5-9　拦门沙变化引起的磨刀门沿程各站取水时数相对变化

流量/（m^3/s）	方案	平岗泵站	马角水闸	联石湾水闸	灯笼水闸	大涌口水闸	广昌泵站
1 700	降低后/%	54.2	21.2	17.2	9.5	2.0	0
	降低前/%	60.2	21.1	16.1	7.5	3.2	0.5
	差值/%	–6.0	0.2	1.1	2.0	–1.2	–0.5
2 300	降低后/%	70.0	31.4	24.7	15.8	12.2	8.3
	降低前/%	68.3	33.6	28.4	19.3	13.2	8.6
	差值/%	1.8	–2.2	–3.7	–3.4	–1.1	–0.3

表 5-10　考虑累计影响磨刀门沿程各站取水时数相对变化

流量/（m^3/s）	方案	平岗泵站	马角水闸	联石湾水闸	灯笼水闸	大涌口水闸	广昌泵站
1 700	降低后/%	45.0	16.8	12.9	3.9	0	0
	降低前/%	60.2	21.1	16.1	7.5	3.2	0.5
	差值/%	–15.2	–4.3	–3.3	–3.6	–3.2	–0.5
2 300	降低后/%	61.5	27.6	23.3	14.3	10.2	2.3
	降低前/%	68.3	33.6	28.4	19.3	13.2	8.6
	差值/%	–6.8	–6.0	–5.1	–5.0	–3.0	–6.3

参考文献

[1]　吴华良，陈若舟. 咸潮物理模型测控系统的开发及应用[J]. 水利水电科技进展，2012（S2）：1-3.

[2]　陈荣力，卢陈，等. 磨刀门咸潮物理模型试验-Ⅰ. 模型设计与验证[J]. 人民珠江，2012（S2）：28-32.

第6章　珠江河口咸潮遥感定量研究

6.1　盐度遥感定量模型研究现状

最近十几年来，由于卫星遥感技术的高速发展，以及咸潮问题日益突出，咸潮遥感定量分析研究受到国内外学者的普遍关注。在这一领域国内外学者已进行了大量研究，国际上对盐度遥感定量分析的研究主要有两条路线：一条路线是利用微波遥感技术反演海面盐度，主要方法有利用L波段反演盐度的单波段算法，以及利用L波段、S波段反演盐度的双波段算法；另一条路线是利用水中黄色物质（CDOM）反演海面盐度的光学经验算法。第一条路线虽不受天气影响，反演精度较高，但该方法对算法设计难度要求大，且受目前卫星遥感水平限制，该类数据尚无法大范围、大批量获取。第二条路线是利用卫星遥感水色数据，根据水中黄色物质（CDOM）与盐度之间的线性关系来反演海表盐度。该方法虽在一定程度上依赖于黄色物质的反演精度，但算法比较简单，数据获取方便，其精度足以满足对盐度宏观分布信息提取的要求。

针对珠江河口区的特点以及当前遥感数据获取情况，本次研究拟采用水色遥感数据提取信息的方法研究珠江河口表层盐度定量反演模型。

6.2　遥感定量研究原理

纯净水体在可见光波段的反射率曲线是接近线形的，即随着波长向红外波段逐渐增大，反射率呈逐渐减小的态势，直线化态势明显。然而，由于自然水体中溶解、悬浮物质的吸收和散射作用，水体的反射光谱曲线呈现不同的形态。因此，可以通过对水体光谱反射特征的研究确定水体成分甚至各成分的含量。

河口近岸水体受河流淡水径流的影响，径潮流交汇处海水成分的变化会导致水体光谱反射特征产生变化，反映在遥感影像上就是颜色（灰度）的变化。因此，从特定波段遥感影像的光谱变化信息可以获取水体组分的信息，这是水色遥感工作的基本原理。

黄色物质（又叫CDOM，Gilivin）是海水中的可溶性有机质，主要来源于陆源腐殖质、褐黄素等。国外学者在对黄色物质的光谱进行研究时发现黄色物质在紫外光和可见光的蓝光波段为强吸收特性。当水体中的黄色物质含量越高，则水体在紫外光和蓝光波段的反射率就越低，水体的反射峰值也相应的向长波段方向移动。在近岸和内陆水域，当黄色物质达到一定浓度时，它往往变成影响水体反射光的重要因子。根据这一发现，国内外学者建立卫星水色资料反演黄色物质的算法，并在多个地区获得成功。

另外，国外学者 Jerlove，McKee 等经研究发现在近岸水域，水中黄色物质与盐度呈负相关关系。两者之间独特的相关性使得利用水色遥感数据来反演盐度变得可行。后 Monahan 和 Pybus 等在爱尔兰西部海岸水域，以及国内学者陈楚群教授在珠江河口水域进行研究时进一步证实了根据盐度与黄色物质的负相关性用海洋水色遥感数据来反演水表盐度的可能。2000 年，Bower 等在克莱德海的研究同样证实了这一点，并建立黄色物质反演盐度的遥感经验算法。

Bower 等所建立的遥感盐度定量反演算法为利用遥感探测表层盐度提供了一个新的途径。香港学者 Man Sing Wong 也曾利用 Modis 影像对珠江口表层盐度信息进行提取，取得了较好的效果。在借鉴前人研究经验的基础上，我们将黄色物质反演表层盐度的算法思路引入珠江河口区表层盐度遥感定量模型研究中来，建立适用于珠江河口区盐度遥感定量模型。

6.3　表层盐度与黄色物质的相关性

要建立用黄色物质反演表层盐度的遥感定量模型，首先，需确定在珠江河口区黄色物质与盐度的相关性如何。图 6-1 所显示的是 2003 年和 2004 年两次巡测中珠江河口区域黄色物质与表层盐度关系。由图中可知，在珠江河口区盐度与黄色物质呈线性负相关的关系，其关系为

$$S = \alpha g_{400} + \beta \tag{6-1}$$

式中，S 表示表层盐度值；α、β 分别为常量。

这与 Bowers 等的研究结果一致，由此可认为，利用黄色物质建立反演表层盐度的遥感定量模型在珠江河口区可行，珠江河口实测盐度与 g_{400} 线性回归分析结果如表 6-1 所示。

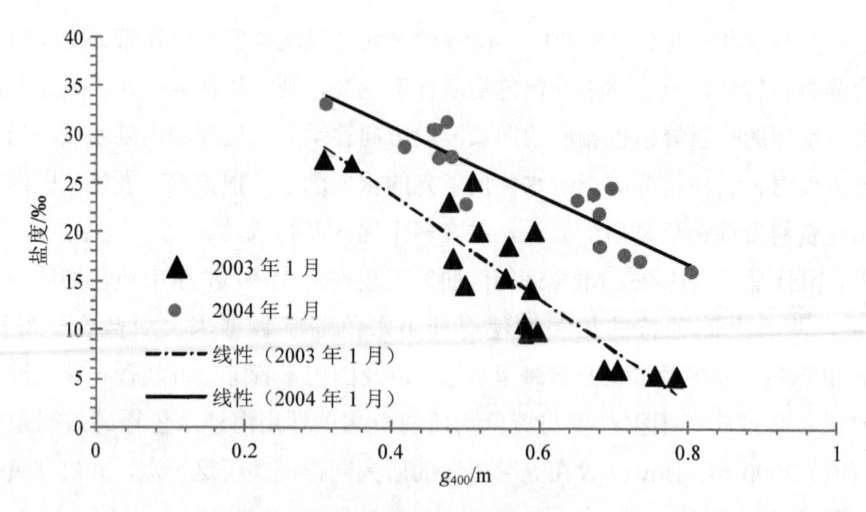

图 6-1 珠江河口区表层盐度与黄色物质（g_{400}）关系

表 6-1 珠江河口实测盐度与 g_{400} 线性回归分析结果

测量日期	$S=\alpha g_{400}+\beta$			
	α	β	R^2	n
2003 年 1 月	−52.28	44.71	0.800 04	18
2004 年 1 月	−39.06	47.59	0.854 2	18

6.4 珠江口表层盐度遥感定量模型

根据 Bowers 等的理论，黄色物质 g_{400} 可用下式来计算

$$g_{400} = aR_R / R_x + b \tag{6-2}$$

式中，R_R 为红光波段（665 nm）的反射率；R_x 为在另一水色波段的反射率；a 和 b 为常量。这里需指出，R_x 指的是水中悬浮颗粒干扰较弱，黄色物质表现出强吸收特性的蓝光波段或紫外波段。

根据 Modis 卫星数据各波段的光谱设置及光谱特性，同时考虑影像数据的空间分辨率，选用了第 1 通道，波谱范围为 620～670 nm，作为红光波段；选用第三通道，波谱为 459～479 nm，作为 R_x 对应的波段。

图 6-2 显示的是珠江河口区水上实测的 R_{645}/R_{469} 与 g_{400} 的关系图。因为所获取的影像数据与实测数据同步的只有 2003 年 1 月的数据，因此，以 2003 年 1 月的数据作为本次分析 R_{645}/R_{469} 与 g_{400} 关系的基础数据。

实测资料分析显示（图 6-2），在珠江口水域 R_{645}/R_{469} 与 g_{400} 呈线性相关关系，这与 Bowers 等提出的黄色物质理论模型一致。

本次根据实测数据所拟合的 R_{645}/R_{469} 与 g_{400} 关系式为

$$g_{400} = 2.551(R_{645} / R_{469}) - 0.653 \quad (6\text{-}3)$$

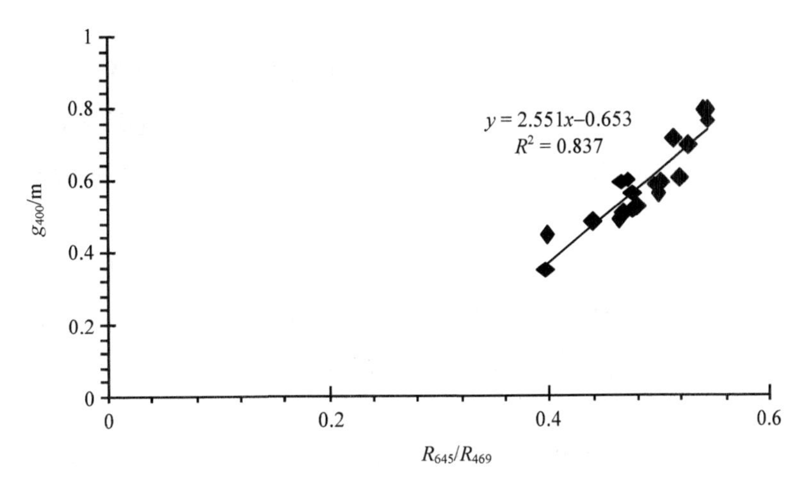

图 6-2　珠江河口黄色物质（g_{400}）和 R_{645}/R_{469} 关系

根据上述推导，得到珠江河口区表层盐度遥感定量模型为

$$\text{Sal}=-52.78\times[2.551\times(R_{645}/R_{469}) - 0.643]+44.71 \quad (6\text{-}4)$$

6.5　珠江河口区盐度定量分析

河口区是潮流、径流动力相互作用的交混区，从外海入侵河口湾的高盐水流，由于受潮流、径流动力的作用，在不同的季节，不同的潮汐阶段表现出不同的分布特征。利用前面所建立的盐度遥感定量模型，对枯季不同潮周期的 Modis 卫星影像进行表层盐度信息定量提取，以此分析枯季珠江口水域表层盐度的分布特征，进而研究高盐水体入侵珠江河口的活动规律。具体卫星影像资料如表 6-2 所示。

表 6-2　2007 年冬—2008 年春枯季的卫星影像数据

影像时相	农历	潮情	潮型
2007-09-13	2007-08-03	初落	大潮
2007-12-11	2007-11-02	初落	大潮
2007-12-26	2007-11-17	涨急	大潮
2008-01-01	2007-11-23	初涨	中潮
2008-01-01	2007-11-23	涨急	中潮
2008-01-04	2007-11-26	落急	小潮
2008-01-05	2007-11-27	初落	小潮

6.5.1 不同潮汐阶段表层盐度分布

（1）落潮

初落阶段（图 6-3），径流冲淡水随落潮水流进入河口区，以河道口门为中心，水体表层盐度向外海逐级降低。在伶仃洋河口区，表层盐度等值线呈不规则分布，这与伶仃洋口门区的地形和纳潮面积有关；在磨刀门口门区，口外表层盐度等值线近似平行于等深线，呈梯度排列。

落急阶段（图 6-4），落潮水流动力进一步加强，河口区盐度值明显降低，整个珠江河口区盐度等值线由西北向东南后退，表现在初落阶段，盐度 24 等值线前沿可达内伶仃岛附近；落急阶段，盐度 24 psu 等值线则推移至横琴岛—大濠岛一线以南。

（2）涨潮

初涨阶段（图 6-5），高含盐水流先从伶仃洋东槽、磨刀门东汊分别入侵伶仃洋河口区和磨刀门河口区，此时伶仃洋口门区盐度 30 psu 等值线沿东北向推移至大濠岛北侧。受西部口门落潮流影响，伶仃洋口门区，表层盐度值西低东高；磨刀门海区，盐度 16 psu 等值线虽沿口外汊槽向河道内推进，但该口门区盐度值相对不高，在交杯沙附近盐度值在 12 psu 左右。

涨急阶段（图 6-6 和图 6-7），随着涨潮动力的进一步增强，高盐度水体随涨潮流沿口门深槽向口门内推进。整个伶仃洋河口区，盐度值普遍高于落潮阶段，表层盐度分布呈南高北低。磨刀门水道至口门区，盐度值由北向南递增，高盐度水体随拦门沙汊槽涨潮流向口门内推进，磨刀门口门处即交杯沙两侧盐度值均在 15 psu 以上；洪湾水道涨潮上溯盐度影响明显加强，来自外海的高盐度水体经澳门水道进入洪湾水道。

由上述分析可知，在不同的潮汐阶段，珠江河口盐度分布有不同的特点。涨潮阶段反映的是潮流动力占优，在潮流动力作用下，高盐水流较易进入伶仃洋水域，盐度等值线呈弧状向北凸出。落潮阶段径流动力占优，各口门附近为淡水所占据，盐度值较小，低盐水明显从口门往外海冲溢，并形成一个向外海延伸的低盐舌。同时，上述盐度在潮汐不同阶段的变化也反映了整个珠江口盐度的日变化是随潮位的变化而变化，涨潮时盐度增高，落潮时降低，盐度变化周期与潮位基本一致。由此可见，径、潮流动力相互动力优势差异是影响高盐水流入侵湾内的重要因素。

6.5.2 不同潮汐动力表层盐度分布状况

图 6-8 和图 6-9 为大潮期初落阶段珠江河口区表层盐度分布，但两幅影像所处的潮汐动力状况不同。图 6-8 潮差为 189 cm，当日两次低、高潮间潮位差别不大；图 6-9 潮差为 249 cm，当日两次低、高潮间潮位差别大，成像时正处于低高潮—高低潮—高高潮阶段。

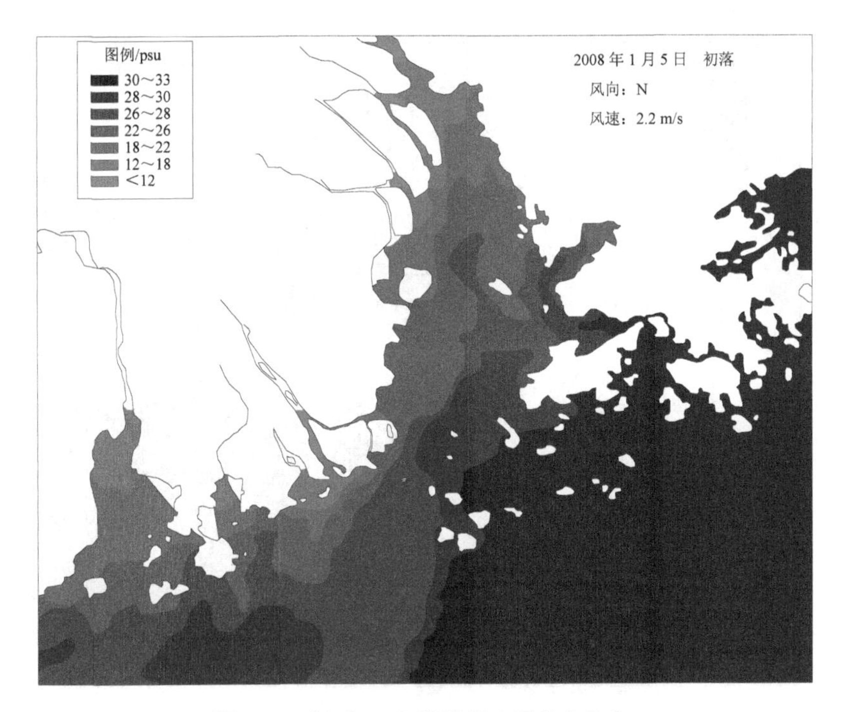

图 6-3　珠江河口初落阶段表层盐度分布

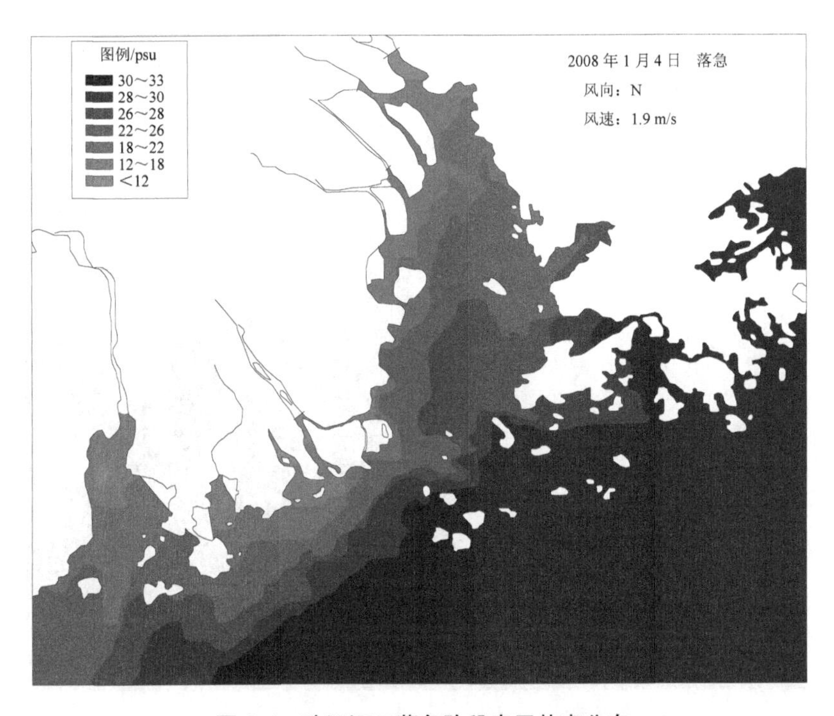

图 6-4　珠江河口落急阶段表层盐度分布

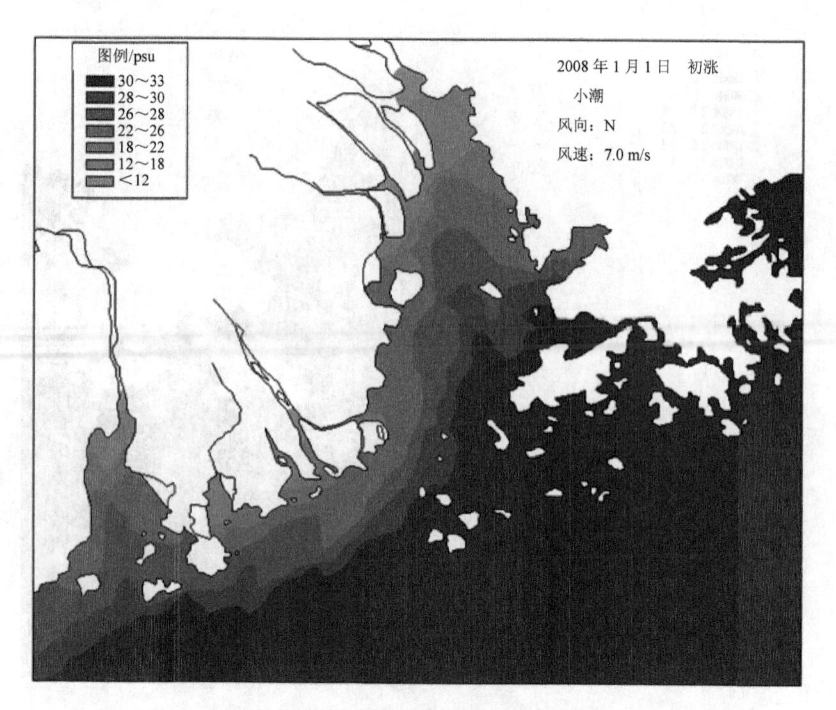

图 6-5 珠江河口初涨阶段表层盐度分布

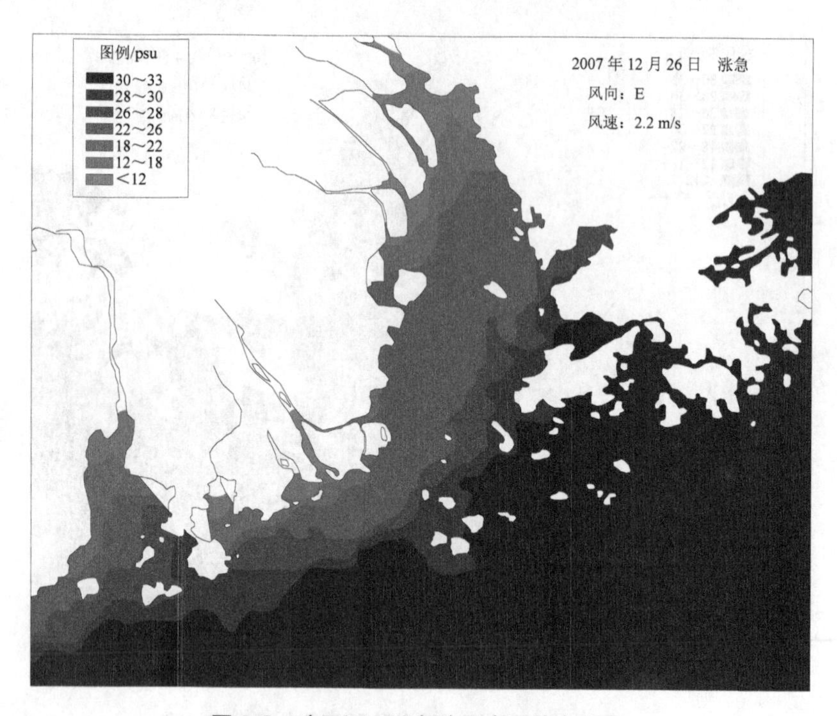

图 6-6 珠江河口涨急阶段表层盐度分布

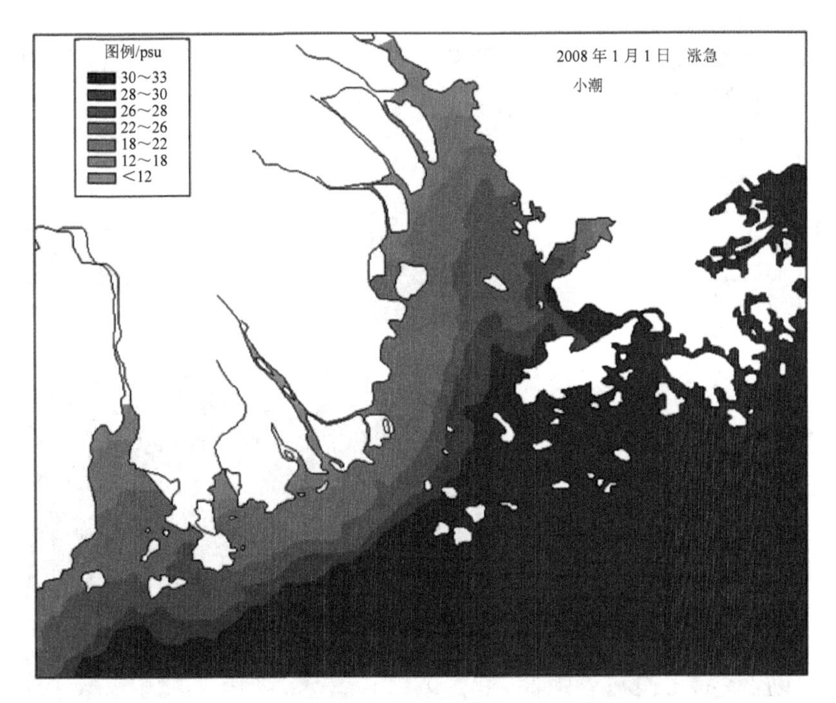

图 6-7　珠江河口涨急阶段表层盐度分布

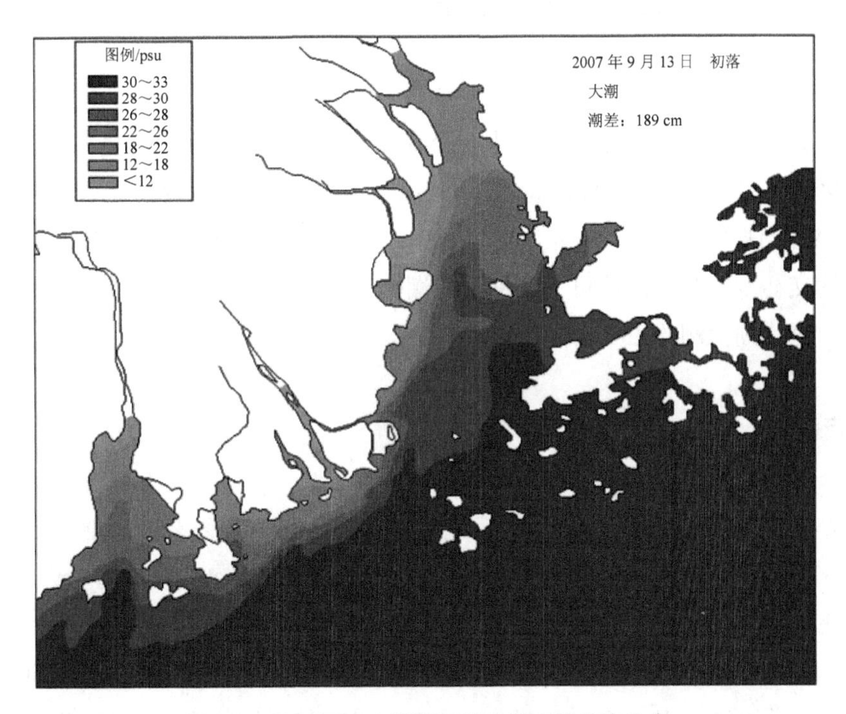

图 6-8　珠江河口大潮期初落阶段表层盐度分布

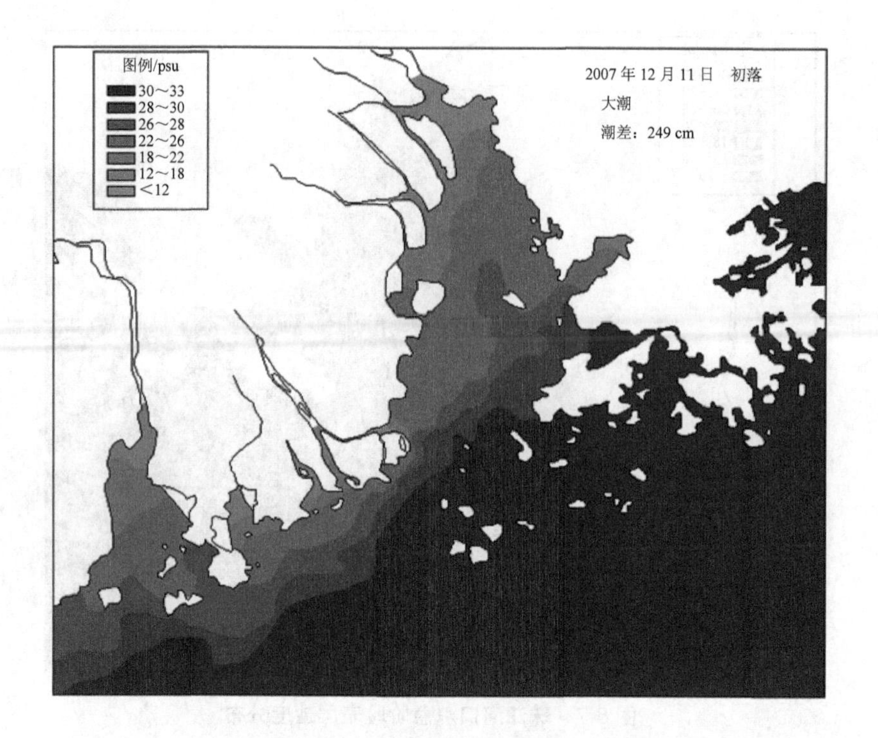

图 6-9 珠江河口大潮期初落阶段表层盐度分布

潮汐动力不同，使得珠江口盐度分布差异明显，同一潮汐阶段，潮差大则高盐水体向口门推进的力度加大。表现在图 6-9 中整个珠江河口区表层盐度值明显高于图 6-8，在伶仃洋河口区内，图 6-9 盐度值普遍高达 20 psu 以上，其 24 psu 盐度等值线前沿可达南沙附近；而图 6-8，伶仃洋河口区 24 psu 前沿只达大铲湾西面海域。磨刀门口门区，大潮期 20 psu 等值线可达交杯沙北侧。由此可见，枯季，潮流动力增强，致使径、潮流动力比值变小，是珠江河口区咸潮上溯的主要动力因素。

参考文献

[1] 史久新，朱大勇，赵进平. 海水盐度遥感反演精度的理论分析[J]. 高科技通讯，2004，14(7)：101-105.

[2] Bowers D G，Harker G E L，Smith P S D，et al. Optical properties of a region of fresh water influence (the Clyde Sea) [J]. Estuarine，Coastal and Shelf Science，2000，50：717-726.

[3] Ligang FANG，Shuisen CHEN，Hong-li LI，et al. Monitoring water constituents and salinity variations of saltwater using EO-1 Hyperion satellite imagery in the Pearl River Estuary[J]. China，2008 IEEE International Geoscience & Remote Sensing Symposium.

[4] Binding C E，Bowers D G. Measuring the salinity of the Clyde Sea from remotely sensed ocean colour[J].

Estuarine，Coastal and Shelf Science，2003（57）：605-611.

[5] Jerlov N G.Optical oceanography[M]. Amsterdam：Elservier，1968：194.

[6] Morel A，Prieur L.Analysis of variations in ocean color[J]. Limnol Oceanogr，1977，22（4）：709-722.

[7] Mckee D，Cunningham A，Jones K.Journal of measurements of fluorescence and beam attenuation：Instrument characterization and interpretation of signals from stratified coastal waters[J]. Estuarine，Coastal and Shelf Science，1999，48（1）：51-58.

[8] Man Sing Wong，Kwon Ho Lee，Young Joon Kim，et al.Modeling of Suspended Solids and Sea Surface Salinity in Hong Kong using Aqua/MODIS Satellite Images[J]. Korean Journal of Remote Sensing，2007（23）：161-169.

第7章　珠江河口抑咸对策

2002年以来，珠江流域连续干旱，特别是2003—2004年流域平均降水量比多年平均降水量偏少约40%，上游来水大幅减少，珠江三角洲地区咸潮危害十分严重。2003年枯季降水比2002年枯季减少50%。2004年入秋以来，珠江三角洲地区遭遇近20年来最为严重的咸潮上溯。2005年1月11日，广州沙湾水道三沙口氯化物含量达8 750 mg/L，是国家标准的35倍，致使部分地区间歇停水。2007年枯季降水比2006年枯季减少14%。

咸潮问题严重影响了广大人民群众正常的生产、生活秩序，人民群众身体健康受到威胁，给珠江三角洲地区造成了巨大的经济损失和社会影响，引起政府、媒体和社会各界的广泛关注。党中央、国务院高度重视珠江三角洲地区特别是澳门特区的供水问题，2005年1月15日，温家宝总理针对珠三角供水安全时指出："不能让广东没有水喝，……关键是珠江上游广西等地区要保证给广东供水"，回良玉副总理相继作出重要批示，要求确保珠江三角洲地区供水安全。

2008年2月8日，胡锦涛总书记指出："珠江流域近年来咸潮也很强，一定要做好综合规划，统筹治理"。治理或减小珠江河口咸潮带来的不利影响，尤其是其对饮用水供应的影响，需要在充分了解咸潮规律的基础上，充分调动和发挥人民群众的主观能动性，集思广益，广开言路，扩展思路。珠江河口治理咸潮的对策，简称抑制对策，其主要目的是保证咸潮发生时的供水安全，确保人民生活生产不受影响。

为保证咸潮发生时期的淡水供应不受影响，珠江河口抑咸对策可以包含6个方面的内容：一是补淡压咸，二是抢淡避咸，三是蓄淡防咸，四是工程阻咸，五是新生水脱咸，六是抑咸政策保障措施。

①珠江河口补淡压咸对策是在现有水利工程布局维持不变的情况下，针对枯季河口区河道内淡水的不足，通过珠江流域内水资源的合理有效挪腾或者调度，补充关键河道的枯季流量和淡水总量，压缩咸潮上溯距离，消除河口区因咸潮对取水口的不利影响，保障取水口正常的取淡量和取淡时间。珠江河口补淡压咸对策由珠江水利委员会于2005年提出，并已经在全流域常态化实施。

②珠江河口抢淡避咸对策指在枯季咸潮发生期间，于咸界上游抢采淡水，保障河口供水安全，避免咸潮对供水的影响。抢淡避咸主要有3个实施方案：一是在现有水利工程布

局不变的情况下，采用低成本的临时性工程措施，如船运水近距离抢淡水避咸措施；二是取水口上移抢淡工程，即通过少量工程建设，将取水口上移至不受咸潮影响的河段，抢取上游淡水，避开咸潮影响，保证供水安全；三是抢采珠江河口西部的淡水资源，将其转移至受咸潮影响严重的东部城市，避免东部城市受咸潮影响的“西水东调工程”。

③珠江流域蓄淡防咸对策指在咸潮发生之前，蓄积大量淡水，作为咸潮期淡水流失量的补充，防止咸潮对淡水供应造成影响。蓄淡防咸也包含 3 个实施方案：一是新建山地水库蓄淡工程；二是三角洲网河区联通蓄淡调度工程；三是河口滨海浮式水窖蓄淡工程。

④珠江河口工程阻咸对策包含挡咸闸工程、挡咸坝工程及空气帷幕挡咸工程。

⑤珠江河口新生水脱咸对策主要有海水淡化及雨水污水重复利用的新生水脱咸这两种方法。

⑥珠江河口抑咸政策保障措施，主要针对以上的“补淡压咸”“抢淡避咸”“蓄淡防咸”“工程阻咸”及“新生水脱咸”等抑咸对策提供法律法规、制度政策等方面的保障，为这些对策提供启动或运行机制，为从根本上不惧怕咸潮，即使咸潮发生也不受咸潮影响提供政策保障。

工程措施往往涉及其效果的不确定性和对周围环境的影响，需要对其进行周密的论证和研究，一方面周期长、投资大；另一方面在技术和实施时间上也存在诸多制约因素，因此其上马实施的时间相对滞后。新生水工程则投资太大，产出较低，从投资效益上来说，投入产出比太低，现阶段暂时不会大规模上市。在无工程措施和新生水措施确保抑咸成功的前提下，仅利用珠江流域内现状条件，主要的抑咸措施是补淡压咸、抢淡避咸及蓄淡防咸，即珠江枯季水量调度、取水口上移和新建山地水库。

由于补淡压咸已实际实施了多年，所以，本章将先介绍补淡压咸措施。随后按照实施的难度及重要性依次介绍对现状水利工程布局改变较少的采淡避咸对策、蓄淡防咸对策、工程阻咸对策、新生水脱咸对策及对应的政策保障措施。

7.1 珠江河口补淡抑咸对策

7.1.1 基本情况介绍

珠江河口补淡抑咸对策的基本思路是：通过某种措施，增加珠江河口控制性断面的流量，补充受咸潮影响河道的淡水供应量，压制咸潮，将咸潮的咸界限制在河口取水口位置的下游，保证河口区取水不受影响，从而保证供水安全。

咸潮之所以仅在枯季影响供水安全，是因为枯季自上游下泄的流量较少。补淡抑咸，需要提高珠江河口控制性断面的下泄流量，以此补充和增加河口下泄的净泄量，才能将咸界压制在取水口下游，确保供水安全。

在枯季增加珠江河口控制性断面的下泄流量是一件非常困难的事情。珠江河口控制性断面为思贤滘断面，该断面流量每增加 1 000 m^3/s，需要的水量是巨大的，而且该水量还要从珠江上游的隶属于不同行业管理部门的水库中获取。由此可见，珠江河口补淡抑咸的实施不仅是一项技术含量高的工作，而且其中协调的工作量也很大。但是，珠江委和珠江防总还是创新性地提出了珠江河口补淡抑咸对策，并取名为珠江流域枯季水量调度补淡抑咸对策，并取得了成功。

珠江流域枯季水量调度是当前及今后一段时间应对枯季珠江河口咸潮威胁的最有效措施。自 2005 年以来，在国家防总和水利部的统一领导下，珠江防总和珠江委坚持以科学发展观为统领，以人为本，积极践行可持续发展治水新思路，大力推进民生水利，继 2005 年珠江抑咸补淡应急调水的成功实施后，又相继开展了 2006 年珠江压咸补淡应急调水、2006—2007 年、2007—2008 年、2008—2009 年、2009—2010 年、2010—2011 年及 2011—2012 年珠江枯季水量调度，随后又从 2014 年开始连续实施卓有成效的珠江枯水期水量调度，到 2018 年春共实施了 14 次水量调度，一次次化解了各种矛盾和挑战，确保了澳门、珠海等珠江三角洲地区的供水安全，实现了水利、电力、航运等多方共赢，取得了良好的社会、经济和生态效益，体现了水资源的公益性、基础性、战略性，彰显了流域水资源统一管理和调度的优势。八次水量调度实践也证明了实施珠江枯季水量调度是当前一段时间内，保障澳门、珠海等珠江三角洲地区供水安全的必要措施。

珠江流域枯季水量调度主要通过对流域骨干水库水量进行统一调度，确保下游珠江三角洲，特别是澳门、珠海等地的供水安全，同时兼顾改善下游河道和珠江三角洲的水生态环境。水量调度主要遵循“统筹兼顾、保障供水”的原则，采用流域气象、水文、咸潮的预测预报技术和水量调度系统，对流域骨干水库实施水量统一调度，保障澳门、珠海及珠江三角洲等地供水安全，同时满足电网、国家重点工程建设和航运的需求，使流域水资源发挥更大的社会效益、环境效益和经济效益。

（1）珠江流域枯季水量调度工作计划

珠江枯季水量调度由珠江防总、珠江委总体负责，组织枯季水量调度方案编制、报批工作，方案批复后根据水情、咸潮适时发布调度指令，协调水利、电力、航运及其他部门的关系，督导调度指令落实，指导地方抢淡蓄淡工作。珠江委成立水量调度工作组和技术组，按照职责分工全面投入水量调度工作，保证调度信息接收畅通，及时开展水情、咸情滚动预测，优化调度方案。

贵州、广西、广东做好辖区内工程调度和管水、护水工作，合理安排生活、生产用水。南方电网、广西电网等相关电力部门和工程管理单位严格执行水调指令，合理安排电网调度，确保电网和水利水电工程运行安全。珠江三角洲地区落实节水保障措施，及时上报咸情等信息；珠海等地切实做好水源水库的蓄水补源和调度运用，编制咸期供水应急预案，保证对澳门供水。

枯季水量调度方案编制总体思路为采用“前蓄后补”的方式进行水量分配。

①“前蓄”是在 9 月、10 月咸潮相对较弱，流域来水可满足河口抑咸要求，同时保证骨干水库工程及下游防洪安全、发电出力和电网运行安全的前提下，适当减小上游骨干水库出库流量，拦蓄洪水资源，增加骨干水库蓄水量，为后期（主咸潮期）调度做好水量储备，实施汛末洪水资源化管理。

②“后补”是在 11—翌年 2 月流域来水不能满足下游抑咸要求时，通过发电适当加大上游水库出库流量、增大河道下泄水量，骨干水库下泄水量基本按照旬或月总量控制、出库流量按各电站机组满发流量的 30%～40%控制，使各电站仍具备较强的调峰、调频、调相保证电网安全能力，并使各水电站在 2 月底的库水位仍维持在正常发电水位范围内，保留调度结束后 3—5 月各电站支撑电网安全所需基本水量。最小下泄水量不小于通航河道的设计通航流量要求。

（2）珠江流域枯季水量调度中流域骨干水库的选择

为保障珠江三角洲，尤其是中山、珠海和澳门特别行政区，枯水期的正常供水，珠江流域枯季水量调度主要由珠江三角洲主要取水口咸潮活动与径流的关系，分析确定西北江三角洲控制断面思贤滘（即马口＋三水）的抑咸流量（水量目标）。根据实测资料分析，当思贤滘流量大于等于 2 500 m^3/s 时，佛山顺德大丰水厂不受咸潮影响，广州番禺沙湾水厂、中山全禄水厂只有极个别出现咸潮，供水基本不受影响；当思贤滘断面的流量分别达到 3 000 m^3/s、5 000 m^3/s 以上时，澳门、珠海供水系统的主要取水口平岗、广昌基本不受咸潮影响；当思贤滘流量为 2 300～2 500 m^3/s 时，磨刀门水道珠海市主要取水泵站及进水闸均有一定的取（进）水时间，通过抢淡、蓄淡和当地水库调蓄作用，可基本满足澳门、珠海安全供水要求。

从 2005 年、2006 年两次应急调水的抑咸效果来看，思贤滘流量达到 2 300～2 500 m^3/s 时，珠海、中山、广州市主要取水口的咸潮活动均有明显抑制效果。因此，思贤滘（即马口＋三水）的抑咸流量确定为 2 300～2 500 m^3/s，梧州断面相应流量为 1 800～2 100 m^3/s。按照 10 d 的调度水量计算，即西江需要 16 亿～18 亿 m^3 的水量，北江需要 2 亿～6 亿 m^3 的水量。

要保证实现目标抑咸流量（思贤滘 2 300～2 500 m^3/s，梧州 1 800～2 100 m^3/s）并非易事，主要原因是上游水库隶属多个部门，水库的主要功能不一致，调节能力不一致。珠江流域西江、北江目前已建成天生桥一级、光照、龙滩、岩滩、百色、长洲、飞来峡等水库（水电站），西、北江骨干水库主要技术指标如表 7-1 所示。

表 7-1 西江、北江骨干水库主要技术指标统计

项目	水库						
	天一	光照	龙滩	岩滩	长洲	百色	飞来峡
集水面积/km^2	50 139	13 548	98 600	106 580	308 600	19 600	34 097
多年平均流量/（m^3/s）	612	257	1 640	1 770	6 120	263	1 100
正常蓄水位/m	780	745	375/400	223	20.6	228	24
死水位/m	731	691	330	212/219	18.6	203	18
调节库容/亿 m^3	57.96	20.37	111.5/205.3	10.56/4.32	1.3	26.2	3.23
装机容量/MW	1 200	1 040	4 900/6 300	1 210/1 810	630	540	140
保证出力/MW	418.9	180.2	1 234/1 680	376/606	247	123	22.6
年发电量/亿 kW·h	51.46	27.54	156.7/187.1	65.2/76.55	30.16	17.01	5.54
最大过机流量/（m^3/s）	1 248		3 451/4 437	2 268/3 400		692	1 730

天生桥一级水电站位于南盘江干流，具有多年调节能力，工程以发电为主，兼有防洪、拦沙等综合利用效益；北盘江光照水电站位于北盘江干流中游，具有多年调节能力，工程以发电为主，航运次之，兼顾灌溉、供水及其他；龙滩水电站位于红水河上游河段，水库目前具有年调节能力，龙滩水电站是红水河的“龙头”水库，工程以发电为主，兼有防洪、改善航运等综合效益；岩滩水电站位于红水河中游，水库具有日调节能力，工程以发电为主，兼有航运任务；长洲水利枢纽位于广西梧州市上游 12 km 的浔江干流上，水库具有日调节能力，工程以发电为主，兼有航运、灌溉等综合利用效益；百色水利枢纽位于郁江上游右江上，具有不完全多年调节能力，工程以防洪为主，兼有发电、灌溉、航运、供水等综合效益；飞来峡水利枢纽位于北江干流中游，水库具有日调节能力。

由西江、北江骨干水库主要技术指标可以看出，西江、北江水资源调节的能力有很大差异，西江骨干水库总调节库容达 228 亿 m^3，占西江梧州站多年平均径流量的 11%，而北江飞来峡水库调节库容仅 3.23 亿 m^3，不到北江石角站多年平均径流量的 1%，调节能力十分有限。因此在珠江水量调度中，以西江骨干水库水资源调度为主，北江飞来峡水利枢纽配合调度。

在西江骨干水库中，龙滩具有调节库容大、调度能力强的特点，其次是天一、百色和光照水电站。西江长洲水利枢纽虽调节库容小，但具有距离思贤滘近（228 km），流程短的特点，可作为反调节水库多次循环调度；北江飞来峡水利枢纽调节库容虽然补水能力有限，但距离思贤滘 100 km，到珠江河口的流程仅 1～2 d，可调控思贤滘分流比。

通过以上分析，西江、北江水资源统一调度需龙滩、天一、光照、百色、长洲和飞来峡等水利（电）工程共同参与，以满足控制断面抑咸流量需求。根据各水库的调节能力和有效蓄水量大小，珠江枯季水量调度通常以西江干流天生桥一级、龙滩及郁江的百色为主；

长洲水利枢纽起反调节作用，控制西江梧州断面流量；北江飞来峡水库起补水作用，调控西江、北江三角洲控制断面思贤滘的流量；其他水库服从调度。历次的水量调度抑咸抑咸所参与的水库如表 7-2 所示，珠江流域枯季水量调度骨干水库群分布如图 7-1 所示。

表 7-2 珠江流域历次枯水期水量调度骨干水库清单

年份	参与的骨干水库
2004—2005 年	天一、岩滩、飞来峡
2005—2006 年	天一、岩滩、百色、江口（贺江）、飞来峡
2006—2007 年	天一、岩滩、百色、龙滩（下闸蓄水）、飞来峡
2007—2008 年	天一、龙滩、百色、岩滩、长洲（下闸蓄水）、飞来峡
2008—2009 年	天一、龙滩、百色、岩滩、长洲（初期蓄水）、飞来峡
2009—2010 年	天一、龙滩、百色、岩滩、长洲、飞来峡

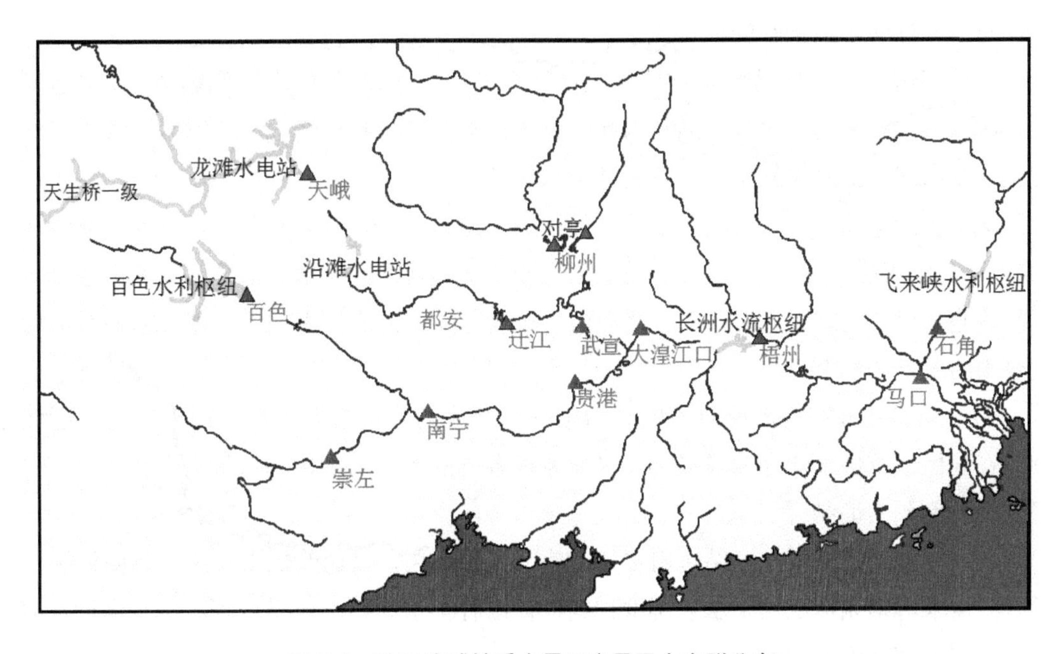

图 7-1 珠江流域枯季水量调度骨干水库群分布

7.1.2 珠江流域枯季水量调度方案

（1）调度方案的主要环节

珠江流域枯季水量调度方案的编制流程大致分为 6 个环节，即水情与咸情预测、调研分析、调度预案编制、调度实施方案编制、征求意见、上报批准。

①水情与咸潮预测

枯季流域内雨水情预测：每年的8月左右，珠江委水文局根据当年汛期的水、雨情形势，结合气象部门预测分析，采用多种方法对10月—翌年3月的珠江流域枯季降雨及江河来水情况做出预测，主要预测内容有：流域面降雨预测及降雨的时程、区域分配等，提出降雨丰、平、枯年的大致结论；预测天生桥一级、龙滩、百色、飞来峡等水库的入库流量；预测西江、北江主要支流柳江、洛清江、左江、蒙江、北流河、桂江、贺江、罗定江、绥江的来水情况；对枯季水量调度控制断面梧州水文站及北江石角水文站各月平均流量进行预测。

枯季河口区咸情预测：在枯季雨水情预测的基础上，根据咸潮与上游径流响应关系，结合三灶站枯季潮汐预报，预测珠海市主要取水泵站咸潮影响情况和潮周期内的取水概率，根据供水需求提出抑咸最小流量。

②相关情况摸查及调研分析

澳门、珠海需水预测及供水设施运行情况调查：每年水量调度方案编制前，需向供水部门调查现状用水需求，收集第一手资料，根据当地历史用水情况、经济社会发展情况，预测澳门、珠海等地枯季的供水需求。

实地了解珠海市广昌泵站、平岗泵站和联石湾进水闸等主要取水设施建设与运行情况，珠海市主城区南、北水库群蓄水计划及竹银水源工程建设情况，珠海城区供水管网设施运行及向澳门供水第三条输水管道建设情况等。

骨干水库建设、蓄水情况及枯季运行计划：2006—2009年，百色水利枢纽、龙滩水电站、长洲水利枢纽、光照水电站等在建工程相继下闸蓄水、发电。水量调度方案编制时需了解这些水库（电站）下闸蓄水对增加枯季水量调配能力的作用和下闸蓄水初期对水量调度带来的干扰和影响。

在编制调度方案前需调查各电站的枯季运行计划、机组设备检修计划和电网运行计划，在确保下游供水安全的前提下尽可能兼顾各方的需求，力求利益最大化。

③调度预案编制

在充分调查的基础上，结合雨水情、咸情预测成果，以保障供水安全为首要目标，兼顾各方需求，编制珠江枯季水量调度预案，提出骨干水库出库流量过程和蓄水运行计划。

④调度实施方案编制

在调度预案的基础上，综合考虑不同组合方式下的调度效果，编制实施方案，提出保障供水安全，同时能兼顾相关部门利益的水库出库流量和蓄水要求。

⑤征求意见

将实施方案发往相关部门征求意见，根据反馈的意见对实施方案作进一步的修改完善。

⑥上报批准

上报国家防总，由国家防总研究后批准实施。

（2）珠江枯季水量调度方案实例（以 2010—2011 年为例）

从 2005 年第一次珠江压咸补淡应急调水的成功实施后，珠江枯季水量调度方案一直在不断地完善，截至 2010—2011 年枯季水量调度实施时，调度方案基本确定。

2010—2011 年抑咸实时调度骨干水库包括天生桥一级、龙滩、岩滩、百色、飞来峡等水库，通过实时水雨情信息进行实时调度方案的逐时段滚动修正，最后得出各水库实时调度方案见图 7-2 和图 7-3。

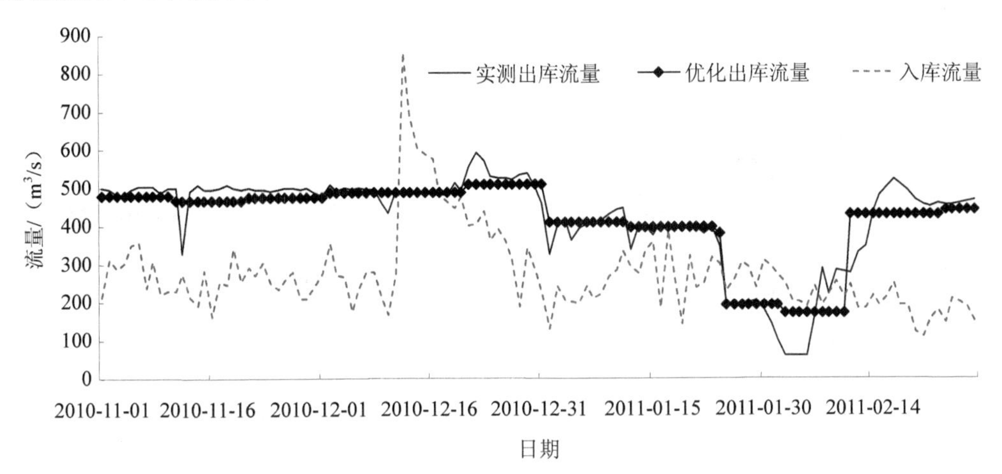

图 7-2　天生桥一级水库实时调度方案与实际调度过程流量对比

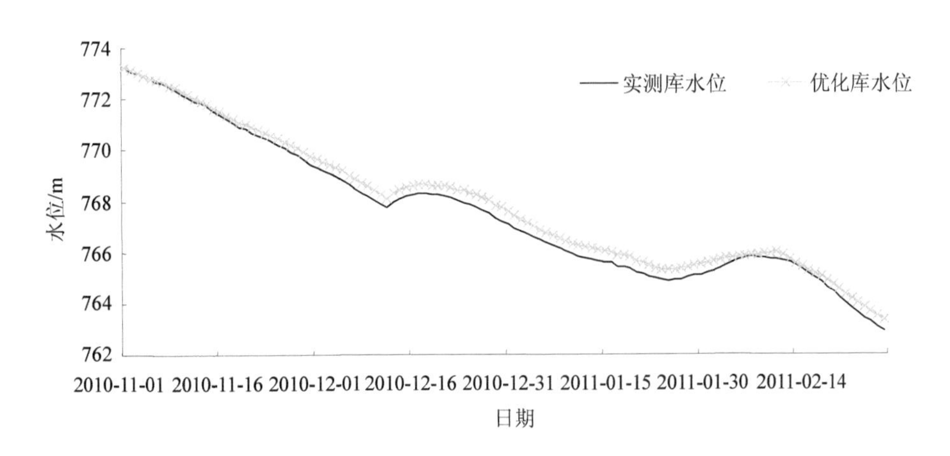

图 7-3　天生桥一级水库实时调度方案与实际调度过程库水位对比

天生桥一级水库是骨干水库群上游的龙头水库，是整个调度过程的主要单元。按照实时调度方案，天一水库 2010 年枯水期出库流量基本按照 500 m^3/s 左右调度，到了 2011 年调度出库流量减小，2011 年 1 月基本按照 400 m^3/s 左右出库流量控制，1 月中下旬—2 月上旬出库流量较小，按照 180 m^3/s 控制出库流量，到了调度期末出库流量增加到 440 m^3/s。

从图 7-4 看出，龙滩由于其调节性能较好，是本次调度的主力水库。整个调度期内龙滩水库基本都是在放水状态，优化方案的出库流量和实测出库流量均大于水库的入库流量，调度期末水库水位下降了约 17 m（图 7-5），净调度水量为 48.97 亿 m^3。调度初期，龙滩水库按照 1 800 m^3/s 的流量控制下泄，但实际出库流量达到了 2 000 m^3/s，实时调度方案的最小出库流量发生在 12 月中下旬，优化出库流量约为 940 m^3/s，到调度期末，优化出库流量与实际出库流量较接近，约为 1 300 m^3/s。

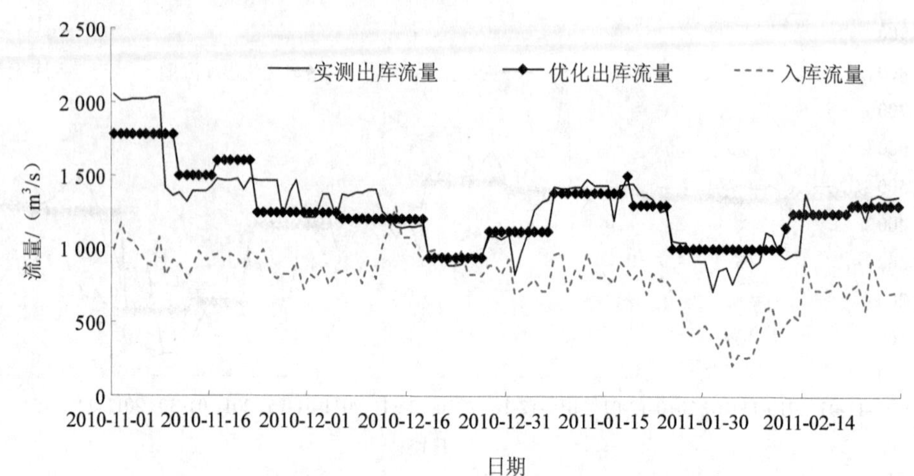

图 7-4 龙滩水库实时调度方案与实际调度过程流量对比

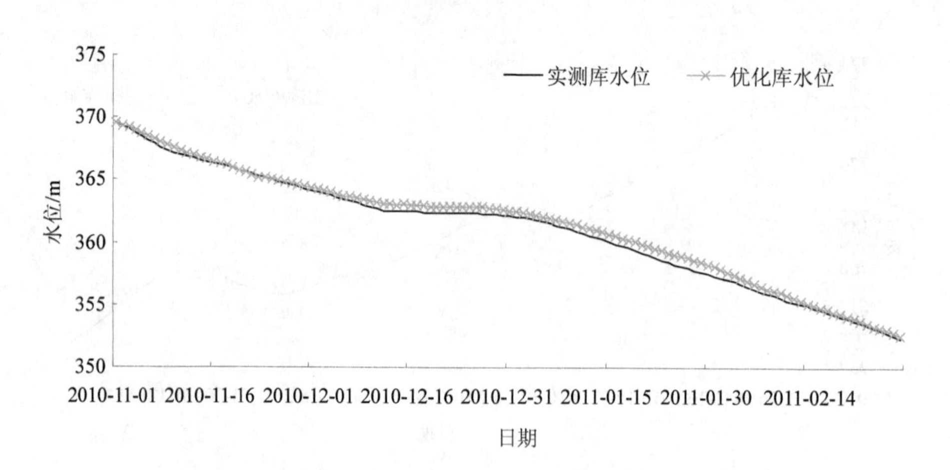

图 7-5 龙滩水库实时调度方案与实际调度过程水位对比

图 7-6 和图 7-7 反映了岩滩水库调度期内实时调度方案与实际调度过程的对比情况。由于岩滩是日调节水库，水库调节能力有限，因此在骨干水库调度中是配合天生桥一级、龙滩的调度方案，水库不能对水量进行长期的分配，其出库流量过程基本按照入库流量进行控制。因此，由于上游来水过程的变化，实时调度方案与实际调度过程差距较大，尤其

是逐日水位波动较大。调度始末水库的水位以及蓄水量均变化不大。

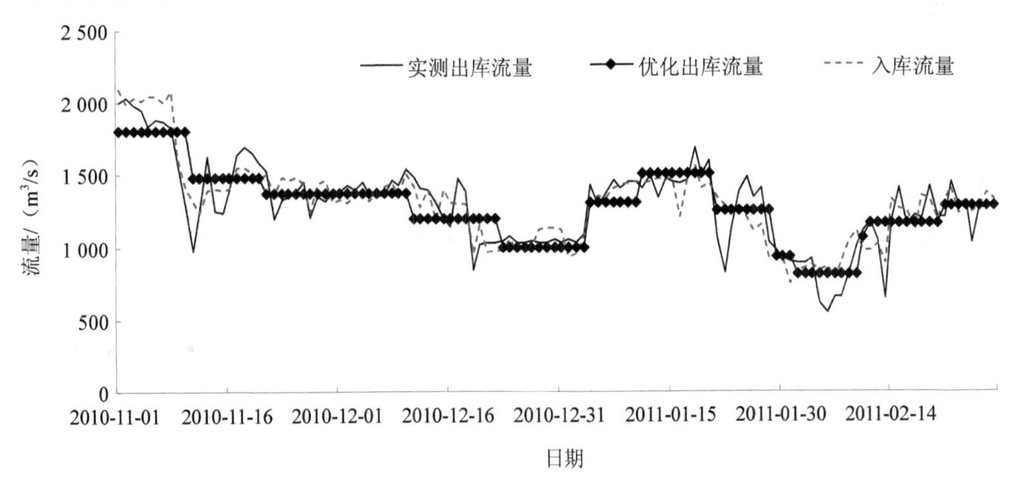

图 7-6　岩滩水库实时调度方案与实际调度过程流量对比

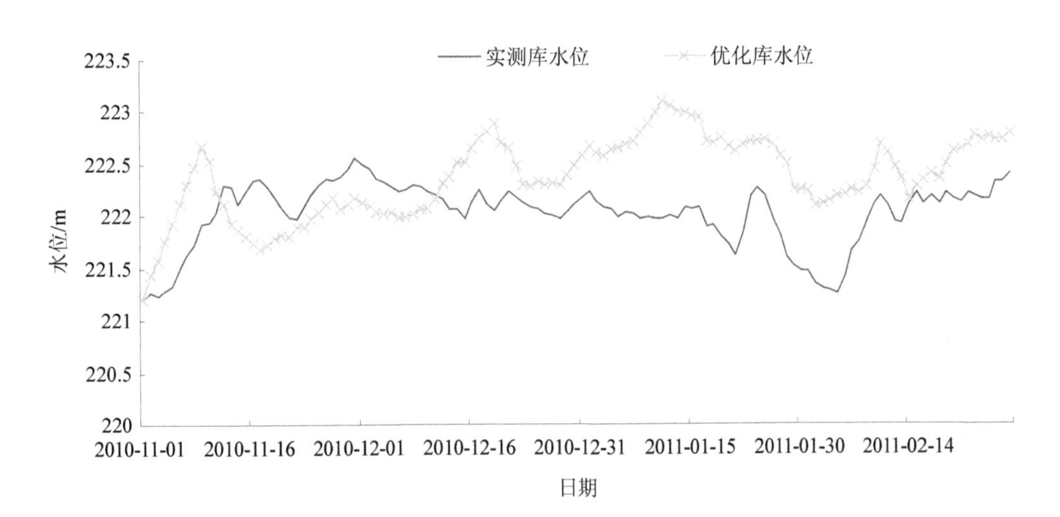

图 7-7　岩滩水库实时调度方案与实际调度过程水位对比

百色水库是郁江干流的龙头水库，与天生桥一级、龙滩水库一起作为骨干水库群抑咸的主力调水水库。但是由于调度期内百色水利枢纽的入库流量普遍偏低，水库可调水量较小。实时调度过程中百色水利枢纽出库流量大多分布在 100 m^3/s 左右，在 2010 年 12 月中下旬水库出库流量增加到 700 m^3/s 以上，根据实时水情信息的输入，优化调度方案相应地增加了出库流量，优化方案按照 500 m^3/s 流量控制下泄，但相比实际出库流量依然较小，在调度期末水库出库流量大约按 60 m^3/s 控制，这与实际出库流量相差不大，调度期末水库水位下降了约 10 m，优化调度方案比实际调度方案的调度期末水位高 1.4 m，如图 7-8 和图 7-9 所示。

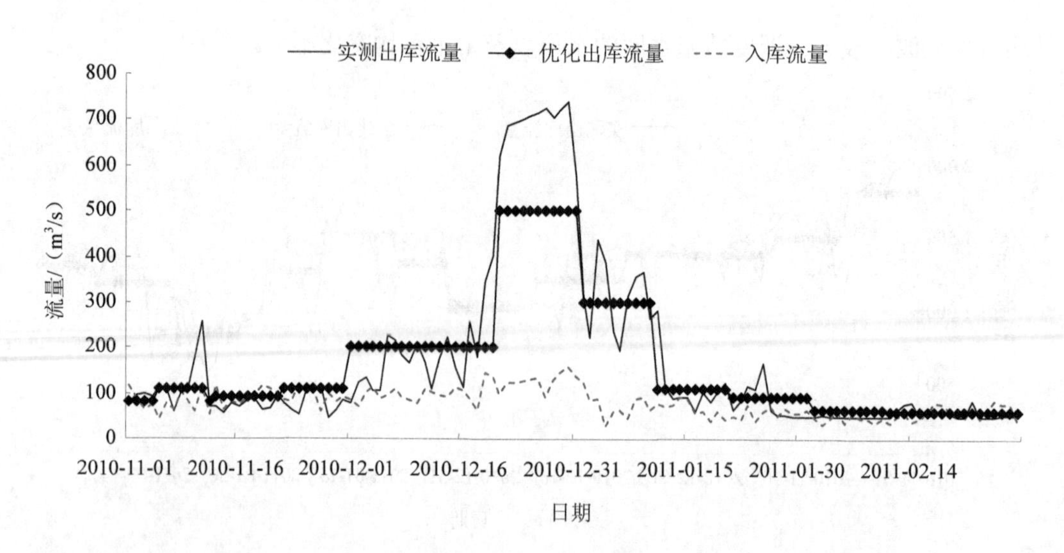

图 7-8　百色水利枢纽实时调度方案与实际调度过程流量对比

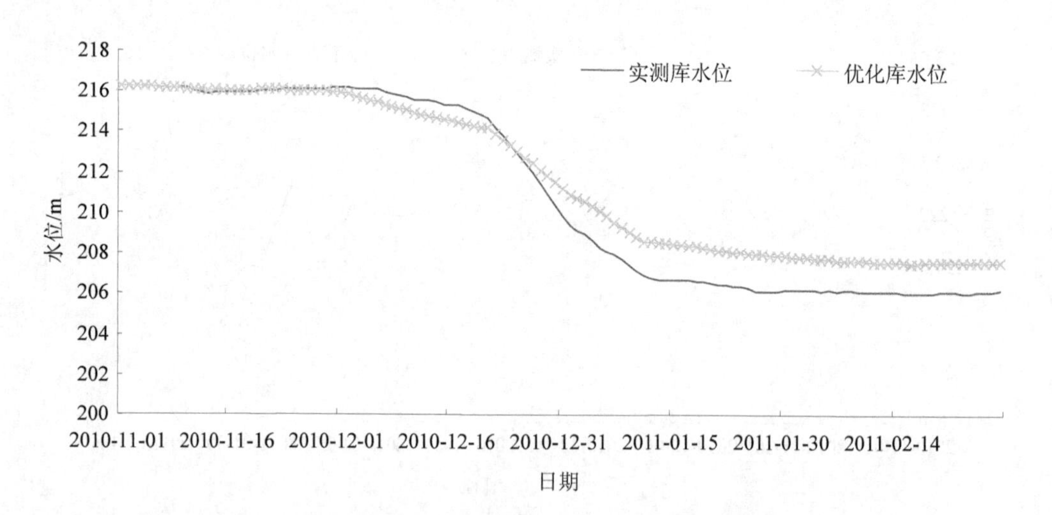

图 7-9　百色水利枢纽实时调度方案与实际调度过程水位对比

飞来峡水利枢纽是骨干水库群中唯一的北江干流上的调度骨干水库，由于飞来峡水利枢纽距离珠江三角洲较近，又可调控思贤滘分流比，因此在水量调度过程中主要是充分发挥其短时期的补水作用。由于飞来峡水利枢纽是日调节水库，水库调节能力有限，调度过程中水库主要是配合西江骨干水库调度，根据西江骨干水库调度来水的变化安排飞来峡水利枢纽的下泄流量。从图 7-10 及图 7-11 可以看出，实际调度始末水库的水位变化不大，优化调度方案的出库流量与实际调度的出库流量吻合较好。

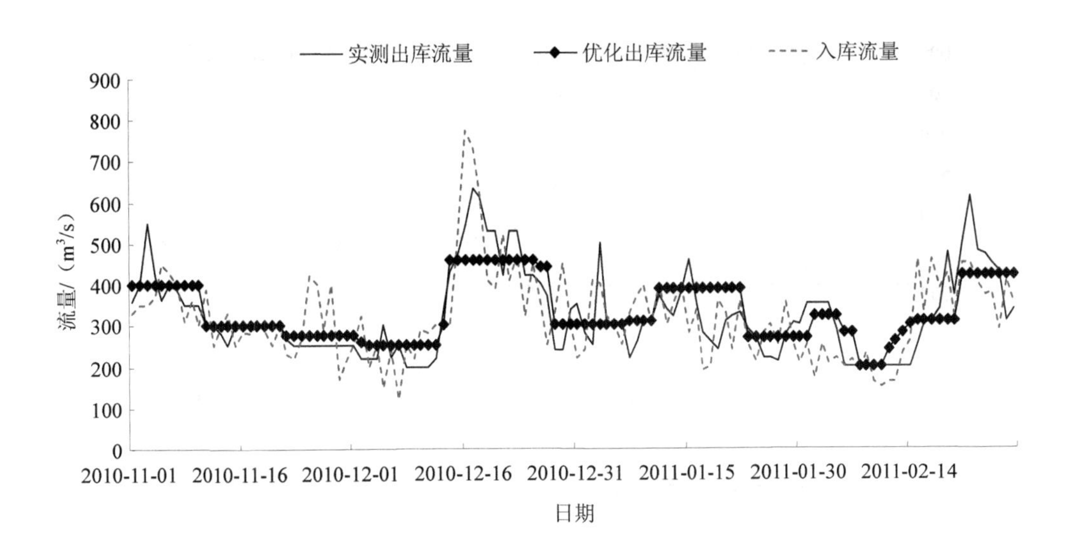

图 7-10　飞来峡水利枢纽实时调度方案与实际调度过程流量对比

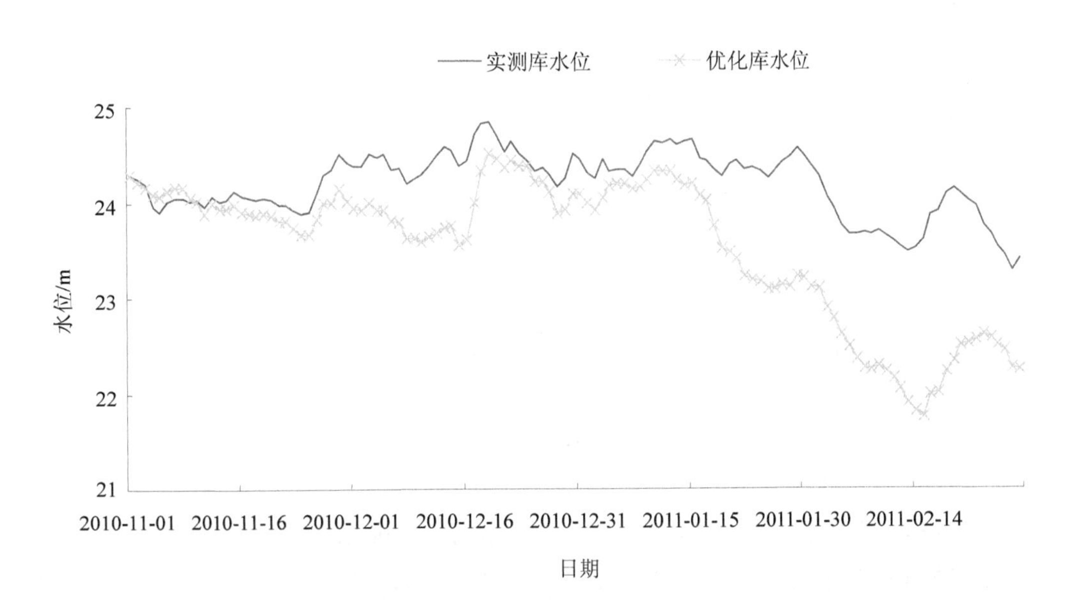

图 7-11　飞来峡水利枢纽实时调度方案与实际调度过程水位对比

（3）2010—2011 年枯季水量调度方案评估

①关键断面抑咸流量保证率

通过 2010—2011 年枯水期抑咸调度过程，可以得出实时调度方案与实际调度方案的梧州和思贤滘断面流量对比过程如图 7-12 和图 7-13 所示。

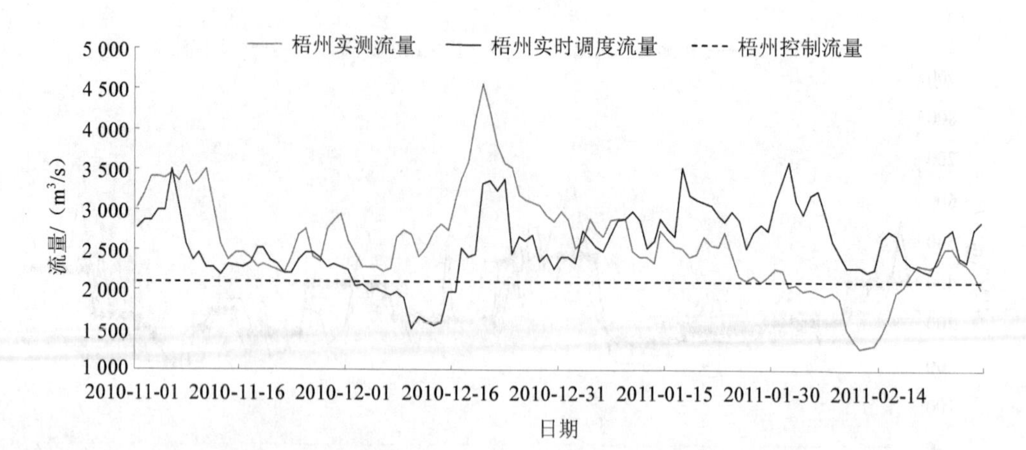

图 7-12　梧州断面实时调度方案与实测流量过程对比

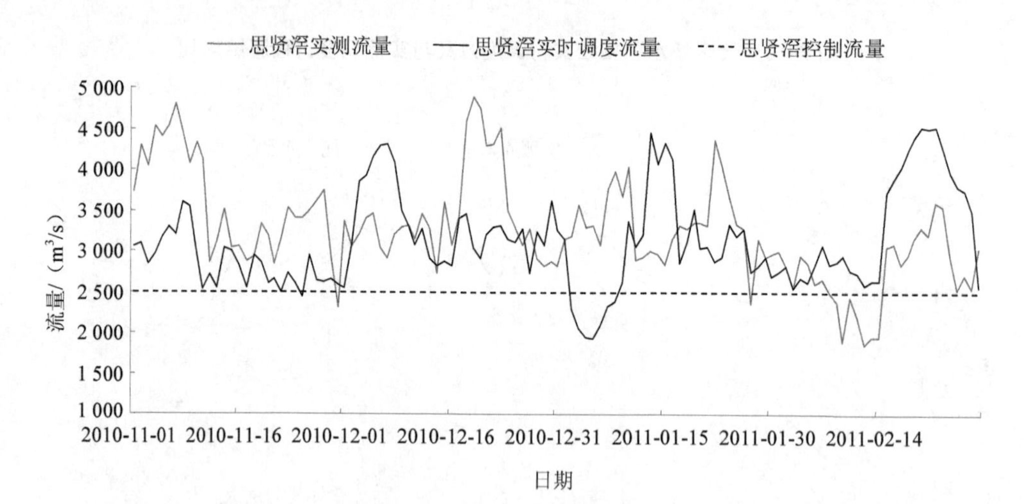

图 7-13　思贤滘断面实时调度方案与实测流量过程对比

可以看出，按照梧州断面 2 100 m^3/s、思贤滘断面 2 500 m^3/s 的抑咸流量要求，经实时调度方案指导下的 2010—2011 年枯水期骨干水库群联合调度下游梧州断面实测过程抑咸达标率达到 85%，而实时优化调度方案抑咸达标率为 87.5%；思贤滘断面实测过程达标率为 93.3%，而实时优化调度方案抑咸达标率为 94.2%。实时优化调度方案的成果与实测过程比较接近，实时调度方案的成果与实测过程总体相差不大，但在部分时段决策过程存在差异，优化方案减少了水量的损失，提高了水资源的利用率，同时也满足了下游控制断面抑咸流量的要求。

②取水口水质达标率

骨干水库群抑咸优化调度的主要目的是保障珠江三角洲主要城市的供水安全，取水口水质达标率是反映正常取水的主要指标。抑咸实时调度方案的评估以珠江三角洲主要取水口平岗泵站、联石湾水闸为例，分析实时调度后下游取水口的水质达标率。不同来水条件下珠江河口水体含氯度 250 mg/L 等值线如图 2-1 所示。

根据梧州+石角流量，分析得出咸情（平岗泵站和联石湾水闸）与径流（梧州+石角流量）响应关系曲线上对应的平岗泵站和联石湾水闸含氯度日均超标时数，计算得出调度期内取水口的超标总时数。咸情（平岗泵站和联石湾水闸）与径流（梧州+石角流量）响应关系曲线关系式的推求过程如下。

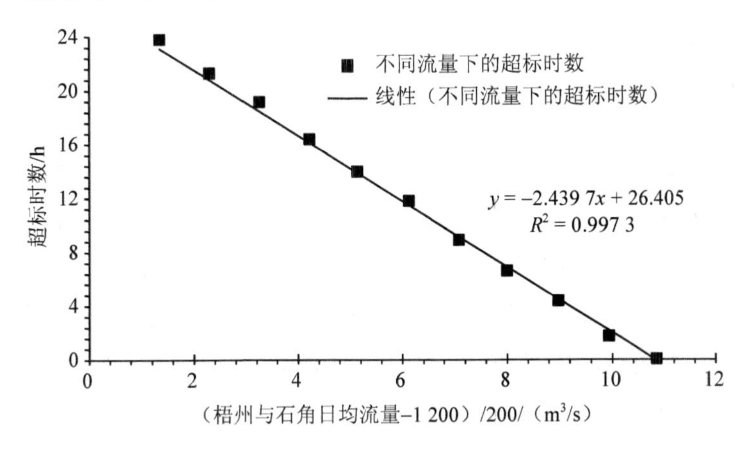

图 7-14　梧州+石角流量与平岗泵站日均超标时数关系

根据 2005—2010 年枯水期珠江水量调度的实测数据，可得到梧州+石角日均流量与平岗泵站日均超标时数的关系：

$$y = -2.4397[(x-1200)/200]+26.405 \tag{7-1}$$

式中，x 为梧州+石角日均流量；y 为平岗泵站日均超标时数。

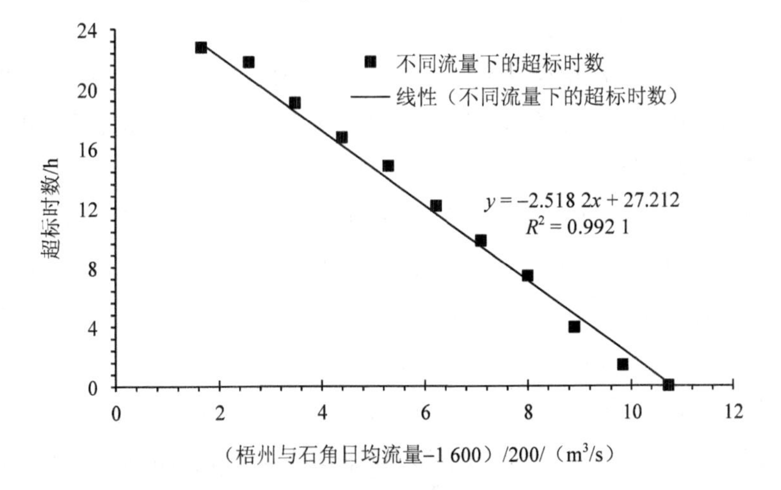

图 7-15　梧州+石角流量与联石湾水闸日均超标时数关系

根据2005—2010年枯水期珠江水量调度的实测数据，可得到梧州+石角日均流量与联石湾水闸日均超标时数的关系：

$$y = -2.518\ 2[(x-1\ 600)/200]+27.212 \tag{7-2}$$

式中，x为梧州+石角日均流量；y为平岗泵站日均超标时数。

根据上述推求的梧州+石角流量与平岗泵站日均超标时数的关系式和梧州+石角流量与联石湾水闸日均超标时数的关系式，依据梧州+石角流量，即可推算出平岗泵站日均超标时数和联石湾水闸日均超标时数，计算结果表明取水口超标总时数分别为 650.46 h 和 1 147.01 h。

因此，2010—2011 年枯水期平岗泵站的水质达标率 =（120×24–650.46）/（120×24）= 77.41%；联石湾水闸的水质达标率=（120×24–1 147.01）/（120×24）=60.17%。

以上分析评价表明，通过流域骨干水库群的抑咸实时调度方案的实施，为抑咸实际调度提供了很好的借鉴，缓解了下游咸潮上溯，较大程度上提高了中山、珠海等地主要取水口的水质达标率，有效地保障了澳门、珠海、中山等珠江三角洲地区的供水安全，保证了2010—2011年枯水期珠江水量统一调度的供水任务顺利完成。

7.1.3 珠江流域枯季水量调度实践及效果

2005年以来，为了保障澳门及珠江三角洲地区供水安全，在国务院及水利部的指导下，珠江防总、珠江委连续八次实施应急调水和枯季水量调度，确保了澳门及珠江三角洲地区经济发展和社会稳定，多次实现了供水、发电、施工、航运、生态等多方共赢，社会效益和经济效益显著，社会反响强烈。

（1）2005—2006年珠江枯季水量调度

2004年入秋以后，西江梧州站9月来水相当于同期多年平均的 67%，10月来水相当于同期多年平均的55%；北江石角站9月、10月来水量相当于同期多年平均的36%和35%。受流域性的干旱影响，珠江三角洲咸潮活动强烈，广州、珠海、中山、澳门、东莞等市城镇供水和河口地区的农业灌溉用水受到极大影响，整个三角洲地区受影响人口超过1 000万。自2004年12月—2005年1月27日，珠海（澳门）已经连续无法正常取水达32 d，珠海（澳门）的蓄水水库仅存1 500万 m^3，而且其中700万 m^3 蓄水的含氯度高达500 mg/L，按此趋势，春节期间珠海（澳门）面临断水的威胁。

2005年入秋以后，西江梧州站9月、10月来水相当于同期多年平均的47.3%和62.8%；北江石角站9月、10月来水量相当于同期多年平均的47.2%和46.8%。11月下旬—12月，西江、北江来水少于多年平均的30%，比2004年同期减少约10%。由于出现西北江的干旱，上游来水严重偏少，加上“2005·6”大洪水造成三角洲河床调整、磨刀门拦门沙东侧形成深槽等因素共同作用，2005 年入秋以后，珠江三角洲磨刀门水道咸潮活动更强，咸潮比 2004 年同期提前 15 d 出现，咸潮不断袭击珠海、中山、广州番禺等地。自 2005 年 11 月 26 日—2006 年 1 月 15 日，珠海（澳门）已经累计无法正常取水达 48 d。中山全禄水厂 12 月 27—30 日连续 4 d 含氯度超标，12 月 30 日，磨刀门水道广昌泵站的含氯度达 10 000 mg/L、联石湾水闸含氯度达 7 130 mg/L，是国家标准的 40 倍、28.5 倍。

面对流域旱情严重、上游来水严重偏少、珠江三角洲地区咸潮肆虐的严峻供水形势，珠江委在国家防总和水利部的统一部署下，为了保障春节期间供水安全实施了两次“压咸补淡，应急调度”，其中 2005 年从 1 月 17 日—2 月 7 日，集中补水 15 d；2006 年从 1 月 10—17 日，集中补水 7 d。

实时监控和监测数据显示，两次应急调度整个调水过程基本按照预测的过程演进，珠江三角洲抑咸补淡效果比预期的更好。2005 年 1 月 29 日—2 月 5 日连续 8 d 思贤滘流量超过 2 500 m^3/s，超过预案 5 d 的目标；2006 年在区间流量减少 400 m^3/s 的情况下，1 月 16—21 日，思贤滘流量维持在 2 500～2 810 m^3/s，历时 6 d。珠江三角洲主要水道咸界明显下移，为珠海、中山及时抢淡蓄淡提供了水源保证，确保了澳门、珠海等地春节喝上优质淡水，过上了欢乐祥和的春节，大大改善了沿江的水环境。

（2）2006—2007 年珠江枯季水量调度

2006 年 9 月西江上游来水特枯，南盘江天生桥入库流量为历史记录第二小、北盘江盘江桥流量为历史记录最小、红水河天峨站流量比常年偏少约 60%。西江骨干水库工程龙滩水电站计划于 11 月下闸蓄水，截至 2007 年 4 月需拦蓄上游水量达 50.6 亿 m^3，将会在较长一段时间内减少枯季干流河道下泄流量，进一步加剧珠江三角洲地区咸潮上溯，严重影响澳门、珠海等地供水安全。

2006 年 6 月珠江防汛抗旱总指挥部成立，面对严峻的形势，主动研究对策，2006 年 5 月着手预测分析、预案编制工作，制定了珠江枯季水量调度方案。调度期从 2006 年 9 月—2007 年 2 月 28 日，长达半年之久，这是珠江防总成立后第一次枯季骨干水库调度，共集中补水 8 次。

根据珠江流域西江、北江已建、在建工程情况，本次骨干水库调度涉及天生桥一级水电站、岩滩水电站、百色水利枢纽、飞来峡水利枢纽和在建的龙滩水电站。调度方案以天生桥一级水电站为主，龙滩水电站服从调度，岩滩水电站进行反调节，百色、飞来峡水利枢纽配合调度。调度时段自 2006 年 9 月初开始，截至 2007 年 2 月底结束。采取“前蓄后补”的方式调节水量时空分配。前期蓄水准备阶段，适当控制汛末百色、天生桥水库发电，加大蓄水，到 9 月 30 日，增加蓄水 12 亿 m^3，珠海市也将所有蓄淡水库蓄满，为后期调度提供了保障。在龙滩水电站下闸蓄水后，通过骨干水库向下游补水，确保梧州流量在 1 800 m^3/s 以上。

数据统计分析表明，2006 年枯季与 2005 年同期相比，来水基本相当，咸潮影响强于 2005 年同期水平，但经调度后，珠海、中山各主要取水口含氯度超标时数、超标天数和连续不可取水天数均比 2005—2006 年同期下降了 30%～60%。2006 年 11 月初—2007 年 2 月底，珠海市直接从河道抽取淡水共达 9 063 万 m^3，澳门、珠海供水含氯度均未超过 80 mg/L，其中澳门供水含氯度大部分时段仅 30 mg/L；同时三角洲各地河涌里的污水和咸水得到了有效置换，水环境比近年同期大大改善，其中坦洲围进闸水量达 5.6 亿 m^3，围内含氯度基本维持在 200 mg/L 左右，氨氮平均值达到 III 类水质标准。

（3）2007—2008 年珠江枯季水量调度

2007—2008 年枯季，受枯季前期 2007 年 10—12 月降雨量持续特枯影响，枯季前期 2007 年 10—12 月西江和北江来水显著偏少，西江天然来水为频率 93%的特枯年，北江天然来水为频率 91%的枯水年，受上游来水少影响，珠江三角洲地区咸潮上溯十分严重，珠江口咸潮强度远远超过 2006—2007 年、2005—2006 年枯季同期水平，具有影响早、强度大、范围广的特点。西江流域大型水库光照、长洲电站计划枯季下闸蓄水，同时，龙滩电站正值初期蓄水阶段，三水库将拦蓄上游水量达 52 亿 m^3，使西江干流径流量进一步减少。下游受水区因供水系统中的第三条向澳门供水的输水管道未建，供水只能通过保持南库群高水位运行加大输水管道水头来满足澳门用水需求，因此南库群调节能力降低 30%，正常供水天数仅能维持 12 d。若不实行珠江枯季水量统一调度，统筹安排光照、龙滩、长洲等在建水库的蓄水，实施流域水资源调配，难以保证澳门及珠江三角洲地区供水安全。

面对新的供水形势，珠江防总、珠江委在总结前几次调度的基础上，完善了“月计划、旬调度、周调整、日跟踪”的水量调度方式，产生了“前蓄后补”的水量分配方式及“避涨压退”“动态控制”等水量调度技术。水量调度期从 2007 年 10 月—2008 年 2 月底，历时 5 个月。汛末的 8 月、9 月，提前进行蓄水调度，增加天生桥一级水库有效蓄水量 10.7 亿 m^3；10 月根据流域来水，适当减小上游骨干水库出库流量，进一步增加蓄水量，截至 11 月 11 日进行补水调度时，骨干水库总有效蓄水量达到 107.33 亿 m^3。调度期间先后进行了 8 次集中补水，平岗和联石湾均有一定取水时间，圆满实现了水量统一调度的目标。

2007 年 11 月面对流域来水严重偏枯、上游水库可调度水量日趋紧张、咸潮日益增强等诸多不利因素，珠江防总办及时调整调度思路，优化调度，提出“避涨压退”动态控制梧州水文站流量，经国家防总同意，从 12 月初开始，在咸潮活动较强的非取淡水期间减少梧州流量，在咸潮活动相对较弱期间加大梧州流量，以足够大的流量压制咸潮，抽取淡水，在 12 月之后的 6 个集中补水期，长洲补水流量分别按 2 100 m^3/s、2 000 m^3/s、1 800 m^3/s 控制；非集中补水期，根据通航要求，长洲出库流量调至 1 200 m^3/s、1 400 m^3/s、1 600 m^3/s。“避涨压退”间断补水方式取得了很好的效果，充分利用有限水资源，有效保障了澳门、珠海供水安全。

（4）2008—2009 年珠江枯季水量调度

2008 年 11 月下旬—2009 年 2 月实施珠江枯季水量调度期间，珠江流域面平均降雨量 36 mm，比多年同期偏少七成，特别是 2008 年 11 月下旬—12 月上中旬和 2009 年 1 月上中旬流域内基本无降雨。为确保供水安全，珠江防总、珠江委超前部署及早准备，8—9 月“抓住”了汛末和汛后两次洪水资源，骨干水库增蓄水量约 67 亿 m^3，为枯季补水储备了充足的水源。2008—2009 年珠江枯季水量调度，从 2008 年 11 月—2009 年 2 月底，历时 4 个月。调度期采取了以月出库水量总量控制为主，必要时采取精细调度的调度方式，在调度开始时，将各骨干水库的各月出库总量指标一次性下达给各水库，月内水库运行由电网根据电力需求进行调度，仅在出现突发事件或电网无法自己解决时，由珠江防总短期实施精细调度。这又是一次调度工作中的革新，实行总量调度，给电网及电力企业留有充分主动权，真正的做到多行业、多系统共赢的局面。

2008—2009 年枯季水量调度虽然受到了强劲的咸潮、突出的水调和电调矛盾影响、供水保障困难重重，但通过精心组织、强化沟通、科学调度，再次实现了供水、发电、施工、航运、生态等多方共赢。据统计，调度期间梧州断面日平均流量均在 1 900 m^3/s 以上，珠海主要取水泵站直接从江河累计抽水量 7 806 万 m^3，供水含氯度都在 100 mg/L 以下。

（5）2009—2010 年珠江枯季水量调度

2009—2010 年枯季也是珠江防总、珠江委自 2005 年调度以来面临供水形势最为严峻的一年。一是 2009—2010 年枯季（10 月—次年 2 月）降雨少，来水严重偏枯，梧州站天然来水频率为 P =97%的特枯年，仅次于 1945 年（1 390 m^3/s），为近 70 年同期的第二小流量；二是骨干水库蓄水严重不足，截至 9 月 15 日，天生桥一级、龙滩、百色水库总有效蓄水量仅有 84 亿 m^3，较 2008 年同期（179 亿 m^3）减少五成以上；三是北盘江干流董箐水电站计划下闸蓄水，需拦蓄水量 8.2 亿 m^3，进一步减少了龙滩水电站的可蓄水量；四是根据咸情的监测数据分析，在相同来水条件下，珠江河口咸潮呈增强态势，在潮汐、径流条件相当的条件下，最大咸界位置上移约 5 km，影响范围特别广。因此，要解决珠澳供水困难局面，必须实施流域水量统一调度，确保澳门、珠海等三角洲地区的供水安全。

为应对骨干水库有效蓄水量不足，江河来水快速减小的不利形势，珠江防总深度挖潜，实施“节点水库出库流量控制到天、咸潮预测到半日潮周期、模型演算到时”的精细化调度，适时调整调度节点，将龙滩水电站调度节点由主控调整为错时依次补水节点，选择距下游近、调度灵活、电网干扰小、调节库容适中的长洲和飞来峡水利枢纽作为主控调度节点，联合调度上游水库群错时依次对沿线水库补水。利用潮汐规律顺势而为，“动态控制”西江梧州断面、北江石角断面流量，灵活运用“避涨压退”调度技术，有效地压制咸潮，以最小的补水量实现保障供水的目标。水量调度期从 2009 年 9 月 15 日—2010 年 2 月 28 日，历时 5 个半月，调度期内共实施了 10 次集中补水调度，高效配置了有限的水资源。

尤其是2009年12月澳门回归祖国10周年前后，珠海市主要供水水库水位急速下降，接近死水位，澳门、珠海供水安全受到了空前的威胁，珠江防总加大调度力度，补水7.8亿m^3，联石湾水闸成功洗涌蓄淡，珠海平岗泵站比原计划提前5 d取淡，保障了澳门回归10周年庆典前后供水量足水质优。

（6）2010—2011年珠江枯季水量调度

2010年冬春季节，澳门、珠海供水形势仍然严峻：一是竹银水源工程建设进度滞后，未能如期在2010年年底完工，同时，引淡蓄淡重要工程——中珠联围联石湾水闸重建工程也未能投入使用，抢淡蓄淡能力是近几年来最不利的一年，仅依靠平岗泵站取水，取水系统取水能力、抗风险能力不足，取水保供压力大；二是预测西江枯季天然来水将出现枯水年份，梧州水文站将出现连续3个月月均流量低于1 800 m^3/s；三是第16届广州亚运会在11月召开，保障亚运会供水安全意义重大；四是由“十一五”节能减排等因素导致的水资源配置矛盾依然存在。

面对严峻供水形势，充分利用流域水文、气象的预测预报技术，不断完善水量调度技术，结合流域水情、工情、咸情，提出“前蓄后补、节点控制；上下联动、总量调度”的调度方式，对上游水库制定了“阶段性总量控制”的水源水库控泄流量调度实施方案——在调度期内龙滩水电站控制时段下泄总量，电网、电站能够更灵活的安排生产、检修，最大限度地兼顾电网运行安全，从而更好地实现“确保供水，兼顾其他”的调度目标，同时，圆满完成2010年广州亚运会水环境保障任务。调度期间共成功实施6次集中补水调度和2次应急调度（分别为保亚运、疏通航运）。

（7）2011—2012年珠江枯季水量调度

2011年10月中旬以来，西江流域降雨持续偏少、上游骨干水库蓄水严重不足，中下游干流河道来水持续偏枯，截至2012年1月13日8时，西江上游骨干水库天生桥一级水电站、龙滩水电站有效蓄水量仅为22.23亿m^3。1月以来，西江梧州站平均流量1 230 m^3/s，比多年同期偏少3成多；北江石角站平均流量210/s，比多年同期偏少近六成。珠澳供水系统取水泵站连续20 d无达标水可取的形势，珠江防总在国家防总的指导下，于2011年12月17—28日实施了2011—2012年枯季首次补水调度。具体调度方式为：按日均出库流量龙滩水电站不低于700 m^3/s、岩滩水电站不低于900 m^3/s、飞来峡水利枢纽不低于400 m^3/s的方式梯级补水，长洲水利枢纽21日前回蓄至20.6 m，21—27日日均出库流量不低于1 800 m^3/s，保证西、北江水量汇合后2 200 m^3/s以上的抑咸流量。在南方电网、广西电网和各水电站（水利枢纽）、航运管理部门的大力配合下，为珠澳供水系统取水泵站创造了很好的取淡机会，置换了中珠联围的污、差水体。

进入2012年后，西江、北江来水偏少的局面仍未改观，珠江防总办为确保春节期间珠澳供水安全，积极有效应对极端不利情况，珠江防总办加强预测预报与会商，科学研判流域中旬可能发生的较强降雨过程，以应对1月中旬前期珠澳供水系统取水泵站取淡概率小的情况。2012年1月13日，珠江防总办组织召开会商会，研究制定不同降雨条件下的水量调度预案，并做好相关准备工作。14—15日，珠江流域如期出现较强降雨过程，16日，珠江防总办再次组织相关部门认真分析，积极做好西江、北江来水的预测预报，并及时向澳门、珠海、中山等地通报相关情况，督促各相关部门抓住有利时机，做好春节前后珠澳供水保障工作，确保春节期间供水安全。

通过珠江防总办的统筹指导，在珠海当地有关部门的共同努力下，珠澳供水系统取水泵站取淡效果显著。截至19日8时，珠澳供水系统取水泵站已抽取淡水800多万m^3，南北库群总有效蓄水量1 500万m^3，竹银水库有效蓄水量1 346万m^3。

据水文部门预测，受1月14—15日流域较强降雨影响，春节期间西江来水仍将维持在1 500～2 000 m^3/s，可保证珠澳供水系统取水泵站维持较好的取淡时机，2012年2月珠澳供水无忧。

（8）2012—2013年珠江枯季水量调度

2012年7月国家防总组织珠江防总再次启动2012—2013年珠江枯季水量调度工作，编制了《2012—2013年枯季水量调度实施方案》，强化了珠海当地水库蓄水、供水系统抢抽淡水和供水水库群调度，以及西江上游骨干水库应急补水调度工作，以确保澳门和珠海正常供水需求。从咸情监测情况来看，2012—2013年枯季咸潮活动仍然较强，澳门和珠海供水系统主要取水口联石湾、平岗、竹洲头等从2012年9月起就有超标现象。2012年9月1日—2013年1月23日，平岗泵站总取淡概率为94%，其中仅12月25日连续24 h超标；竹洲头泵站总取淡概率为99%，最长连续超标时间为12 h。2012年10月以来，珠江流域河道来水情况总体较好，咸潮对珠海抽取淡水的影响较常年同期偏轻，西江上游天生桥一级、龙滩、百色等骨干水库蓄水状况良好，为适时向下游补水、压制咸潮提供了较充足的水量，珠海南北库群和竹银水库蓄水良好。后期监测表明，2013年1—3月西江和北江来水正常，珠海水库群蓄水状况良好，枯季澳门、珠海以及珠江三角洲相关地区的供水安全无忧。

（9）2013—2014年珠江枯季水量调度

2013年4—9月珠江流域降雨分布普遍呈现上游偏少，下游偏多的趋势。受流域降雨空间分布不均影响，2013年后汛期骨干水库蓄水较差，截至9月16日8时，上游天一、龙滩、岩滩、长洲、百色、飞来峡等骨干水库有效蓄水率为41%。根据未来水雨情预测，骨干水库至9月30日，有效蓄水率很有可能仍小于50%；且枯水期流域降雨偏少约两成，梧州站天然来水有2个月低于1 800 m^3/s。

针对2013年雨水情特点，珠江委多次与有关单位和部门沟通，积极做好上游水库电站和珠海蓄水水库的前蓄工作，并于7月开始编制完成了《2013—2014年枯季水量调度实施方案》。流域水量调度将按照“重在水库前蓄、确保供水安全、兼顾各方需求”方式进行水量分配，以确保珠海和澳门的供水安全为首要目标，进一步完善流域水资源统一调度、统一管理，提升珠江流域应对水环境突发事件能力，实现供水、电网、航运等行业多方共赢。随后不断修改和优化水量调度实施方案，加强水雨咸情监测，加强枯水期水量调度的信息报送和宣传，进一步督促下游供水水库按计划开展前蓄，科学调度上游骨干水库拦蓄汛末洪水资源，并根据水库蓄水等情况，适时启动调水预案，确保了澳门引水无忧。

（10）2014—2015 年珠江枯季水量调度

2014 年下半年—2015 年春节前后珠江枯水期可用水量形势严峻。2014 年 4—10 月流域上游来水形势不错，但下游水库蓄水不足；汛期结束后，供水水库蓄水量较 2013 年同期少约 1 000 万 m^3，且珠海南库群补库蓄水能力有限。与此同时，澳门、珠海等地用水需求显著增加，两地主城区日用水量已超 90 万 m^3，同比增幅超 10%。

针对流域枯水期水量调度形势，珠江防总制定了“重在水库前蓄、确保供水安全”的调度思路，重点强化上游骨干水库和珠海当地水库的前蓄工作，并组织编制了《2014—2015 年珠江枯水期水量调度实施方案》（以下简称《实施方案》），提出枯水期上游骨干水库出库流量控制要求和下游珠海供水水库蓄水要求。

珠江防汛抗旱总指挥部办公室汛末即充分利用上游来水较好的有利条件，组织实施了天生桥一级、龙滩、百色、长洲等上游骨干水库蓄水调度，上游骨干水库共增蓄 17.9 亿 m^3，有效蓄水率达 98%，为枯水期水量调度储备了水源。同时，督促珠海强化当地水库蓄水抢淡和供水管网管护工作，截至 2014 年 12 月中旬珠海南北库群和竹银水库蓄水状况得到明显改善，储备淡水增至 4 590 万 m^3。进入枯水期后，珠江防总进一步强化水量调度跟踪监视、督查指导和沟通协调工作，及时滚动优化调度方案，积极协调上游电网、水电站配合加大出库流量，抵御咸潮，为下游创造了良好的抢蓄淡水时机。并派出多批次工作组赴天生桥一级、天生桥二级、龙滩、百色、岩滩等上游水库和珠海、中山等地，协调指导水量调度、供水保障及抢淡蓄水等工作，确保了上游水库按照《实施方案》要求控制水库出库流量，下游珠海竹银水库实现建库以来首次蓄水至正常高水位，保障了水量调度工作的顺利实施，截至 2015 年 2 月 28 日，通过实施 2014—2015 年枯水期水量调度，累计向澳门供水 3 800 多万 m^3，向珠海供水 8 600 多万 m^3。目前，珠海供水水库有效蓄水尚有 4 008 万 m^3，上游骨干水库有效蓄水率仍达 63%，水量储备充足，上游来水将逐步回升，澳门、珠海等地供水无忧。

（11）2015—2016 年珠江枯季水量调度

2015 年汛期珠江流域中下游降雨明显偏少，到 2015 年汛末珠海市南库群和北库群的水库蓄水仅为正常库容的 1/2；保障澳门和珠海供水安全规划建设的重点工程竹银水库，蓄水只有正常库容的 1/3 左右。同时，近年来澳门和珠海主城区日用水量已接近 100 万 m^3，日用水量已基本达到供水主管网的最大输水能力。因此 2015 年 7 月，珠江防总积极开展枯水期雨水咸情预测预报工作，认真分析流域雨水咸情发展趋势，并于 9 月完成《2015—

2016 年枯季珠江流域水（咸）情形势分析》。同时，珠江委对上游骨干水库的枯水期运行计划和珠海等地主要供水工程运行情况进行调研，并结合气象水文部门提供的雨水咸情预报，以及供水、发电、航运等流域水资源利用的保障需求，编制完成《2015—2016 年珠江枯水期水量调度实施方案》，对珠江上游骨干水库和下游珠海供水水库提出了出库流量控制要求和蓄水要求。

面对严峻的供水安全保障形势，珠江防总密切监视流域雨水咸情，提前实施可控的风险调度，充分利用洪水资源，切实做好上游骨干水库和珠海当地水库的前蓄工作。一是科学利用雨洪资源，实施西江上游水库汛末蓄水。科学分析流域上游来水形势，在确保龙滩、岩滩、百色、长洲等骨干水库防洪和工程安全的前提下，合理拦蓄后汛期来水，储备调度水源。通过实施汛末水库调度，龙滩、岩滩、百色、长洲共增蓄 20.89 亿 m^3，截至 2015 年 10 月 15 日，天一、龙滩、百色等上游骨干水库基本蓄满，有效蓄水量近 190 亿 m^3，有效蓄水率达 95%，为枯水期实施水量调度储备了充足水源。二是强化指导协调，督促下游供水水库蓄水。珠江防总多次下发通知和实地督促广东省及珠海市相关部门落实供水水库蓄水和供水管网建设与管护工作，并要求认真编制枯水期供水预案，加强供水管网运行维护检查，做好各项供水应急保障工作。通过实施蓄水调度，珠海供水水库蓄水量大幅增加，截至 2015 年 10 月底，水库蓄水增至 5 553 万 m^3，竹银水库已蓄水至 45 m，南库群基本蓄满，为保障澳门、珠海等地枯水期供水安全打下坚实基础。

在长达 6 个月的调度期内，珠江防总密切关注雨水咸情及上下游水库蓄水情况变化，进入枯水期后，及时向相关部门通报水量调度情况，督促下游抓住抢蓄淡水时机；积极协调天生桥一级水电站，龙滩、岩滩、百色、长洲等上游水库，按照《2015—2016 年珠江枯水期水量调度实施方案》要求控制水库出库流量，确保进入珠江三角洲流量达到 2 500 m^3/s 以上，保证河道压咸流量要求；多次前往珠海、中山等地协调指导水量调度、供水保障及抢淡蓄水等工作，下游珠海竹银水库按调度方案要求蓄供水，有效保障了澳门、珠海供水的水质水量。

（12）2016—2017 年珠江枯季水量调度

2016 年汛期—2017 年春，珠江流域降雨偏少，主要江河来水较常年偏枯，上游骨干水库群汛末蓄水不足，同时珠江口咸潮上溯较往年同期强度有所增加，澳门、珠海及珠江三角洲地区的供水形势一度严峻。国家防总高度重视澳门、珠海供水保障工作，国家防总副总指挥、水利部部长陈雷多次主持召开会商会，分析研判珠江流域水雨咸情及澳门、珠海供水形势，研究部署珠江枯水期水量调度工作。珠江防总按照国家防总的安排部署，提前组织编制了《2016—2017 年珠江枯水期水量调度实施方案》，密切监视水雨咸情的发展变化，流域骨干水库采取“前蓄后补、总量控制”的调度方式，2016 年汛后千方百计增加珠江上游骨干水库群蓄水，枯水期先后 5 次向下游集中补水，控制西江梧州站流量始终保持在 1 800 m^3/s 以上，同时督促珠江三角洲地区及时抢蓄淡水，应对咸潮。广东防指多次发出通知，并派出工作组督促珠海等地做好当地水库蓄水和供水管网管护工作。广西防指和南方电网公司、广西电网公司与各水电站密切配合，严格执行珠江防总调度指令，2016 年 10 月 1 日—2017 年 2 月 28 日，累计向澳门供水 4 043 万 m^3，向珠海主城区供水 9 346 万 m^3，确保了澳门、珠海及珠江三角洲地区供水安全，完成了珠江枯水期水量调度任务。

进入 2017 年 3 月后，随着珠江流域降雨增多，河道来水增加，珠江口咸潮上溯减弱，澳门、珠海供水安全可以得到有效保障。

（13）2017—2018 年珠江枯季水量调度

2017 年汛期—2018 年春，西江上游降雨较常年偏多 2～3 成，来水总体较好，但仍存在调水线路长达 2 000 km、沿途引水口门多达数百的不利因素。为确保枯水期期间珠江流域的生态稳定和城市供水，珠江防总提前组织编制了《2017—2018 年珠江枯水期水量调度实施方案》，按照“重在水库前蓄、强化风险管理”的总体调度方式，在确保防洪安全的前提下，组织西江上游骨干水库群和珠海当地水库有效“前蓄”，汛末天生桥一级、龙滩和百色三座骨干水库有效蓄水率达到 95.29%（枯水期最高），珠海当地水库群也抓住台风强降雨时机蓄满水库，为枯水期水量调度储备了充足的水源。此外，广东防指派出工作组督促珠海等地做好当地水库蓄水、供水管网管护和节约用水工作。广西防指和南方电网公司、广西电网公司顾全大局，督促各水电站按照国家防总批准的水量调度预案，合理调度枯水期骨干水库出库流量，保障了枯水期水量调度的顺利实施。珠江枯水期调度自 2017 年 10 月 1 日—2018 年 2 月 28 日，累计向澳门和珠海主城区供水 1.36 亿 m^3，其中向澳门供水 4 080 万 m^3，保证了澳门、珠海等三角洲地区的枯水期供水安全，完成了第 14 次珠江枯季水量统一调度任务。

进入 2018 年 3 月后，随着珠江流域降雨增多，河道来水增加，西江梧州水文站流量一直维持在 3 000 m^3/s 以上，珠江三角洲地区水库蓄水充足，澳门、珠海供水安全可以得到有效保障。

7.2 珠江河口抢淡避咸对策

珠江河口抢淡避咸对策的基本思路是：当咸潮发生期间，取水口盐度超标时，在取水口所在河道水系范围内，在距离较近的上游河段，寻找符合标准的淡水，并大量采集，通过各种渠道运至取水口处，供水厂采集，避开咸潮的影响。

目前阶段，珠江河口主动采淡避咸可以采取 3 种对策：船运水应急抢淡避咸、上移取水口抢淡避咸及“西水东调”抢淡避咸（珠江三角洲水资源配置工程）。

7.2.1　船运水应急抢淡避咸对策

船运水应急抢淡避咸曾经在密西西比河咸潮发生期间成为对抗咸潮和安全供水的主要对策，为当地供水安全立下汗马功劳。船运水应急抢淡避咸作为一种临时性保障供水安全的对策，适用于供水量较小、运距短、供水范围小、供水时间短等情况。相当于在供水区域修建的移动式水库，至今仍对枯季抑制咸潮和保证供水安全具有重要意义，是一种有效的、可操作的抑咸对策选项。该对策成本低，见效快，可供珠江河口区域的珠海、中山、南沙、深圳、东莞及澳门等地选择作为咸潮发生期间的抑咸对策。对于大范围的农业供水和大区域的工业及城市饮用水供应，抑或是长期的供水安全问题应对措施，船运水补淡不是最佳选项。

2006 年下半年，时任澳门特别行政区长官何厚铧向中央政府提出了“以船运水补淡实施方案”，水利部在认真研究后建议将此方案作为备用应急方案，并积极配合有关部门开展了相关论证和准备工作。2007 年珠江水利委员会和广东省水利厅就该方案进行了论证。

船运水路线主要是从西江水质满足取水条件的河段取水，将水采用船舶运至水厂取水口、可直接抵达取水口没有受到污染的河涌、取水口的管道、极度缺水区域的码头或岸线处。

澳门特别行政区的主要水厂有青洲水厂、大水塘一期水厂、大水塘二期水厂、路环水厂。青洲水厂每日 18 万 m^3，约合 18 万 t，按照每艘船 2 000 t 的运力，需要 90 艘船；按照每艘船 1 000 t 的运力，需要 180 艘船。广东省目前的船舶总运力约 300 万 t，可供运水的运力约总运力的 1/10，约 30 万 t，船舶数量约 200 艘，需要较大的港口集疏运能力。

澳门港口主要由内港和外港组成，此外还有九澳港、氹仔码头。内港位于澳门半岛西侧的鸭涌河西南侧入口处，水深 3.8 m，由 34 个码头组成，货物装卸都在此运作，往内港航道及内港航道均为 55 m 宽，两者海图深度都维持在 3.5 m。澳门内港与澳门青洲水厂距离较近。

澳门外港澳门半岛东面，原设于现时友谊巷和海港街位置，由于设施无法满足港口运营需求，澳门特别行政区政府在大水塘以南填海地兴建一个新客运码头，是为往来香港的定期客轮上乘客专用。外港航道宽为 120 m，其海图深度维持 4.4 m。澳门内港与澳门大水塘水厂相邻。

九澳港是位于澳门路环岛东北的九澳湾至大担角之间的深水港。又称九澳码头，主要为九澳港货柜码头，首期工程包括两个长 150 m 和 170 m 的停泊区；九澳港面积将扩大 2.8 倍，达 1.1 万 m^2；停泊码头扩大 3.2 倍，达 900 m；货仓面积扩大 20.7 倍，达 9 600 m^2，扩建后的港口水深将达 7 m，可停泊船位为 4 500～5 000 t 级。九澳港与路环水厂距离相对较近。

氹仔码头又称北安码头，位于澳门氹仔新填海区，原只属辅助性质，现提升为对外口岸，是水上对外交通的枢纽，所有来往澳门及路环的渡海轮船均在此停泊，码头有公路直通市中心。码头将设有16个载量约400人的客船泊位，另外再建造3个乘载量1 200人的客船泊位。氹仔码头与路环水厂距离相对较近。

除了港口和码头，船运水还可以停泊在水深相对较深的岸线处，满足船舶停泊条件即可。以澳门目前的港口布局和输水管路布局，为满足船运水的疏散和转运需求，还需要特区政府做很多具体的工作。

珠海和中山地区也可以在受咸潮影响通过船运水临时转运淡水至临近水域的水厂，确保受影响区域的供水安全。相对于澳门，珠海和中山等地的水厂邻近磨刀门水道，船舶的集疏运能力较大，只需要寻找合适的锚地即可方便船舶卸水。

7.2.2 上移取水口抢淡避咸对策

在西江、北江水道和广州市珠江水道，1993 年 3 月咸水进入前、后航道，广州市区黄埔水厂、员村水厂、石溪水厂、河南水厂、鹤洞水厂和西州水厂先后局部间歇性停产或全部停产。1999 年春，广州虎门水道咸水线上移至白云区的老鸦岗，沙湾水道首次越过沙湾水厂取水点，横沥水道以南则全受咸潮影响；在东江北干流，2004 年咸潮前锋已靠近新建的浏渥洲取水口，2005 年 12 月 15—29 日，东莞第二水厂连续 16 d 停水避咸；其上游不到 5 km 的第三水厂，日产自来水 110 万 m^3，取水口水中氯化物含量严重超过饮用水水质标准。

由此不难知道，随着用水量的增大，中山、珠海、澳门特别行政区、江门、番禺、广州、东莞等地现状取水口布局难以适应咸潮影响的范围扩大化。在此背景下，上移取水口是对抗咸潮的有效手段之一。

目前珠江河口受咸潮影响区域的取水口主要有珠海、澳门、中山等地的取水口。珠海市的主要取水泵站有7座，分别是洪湾泵站、广昌泵站、南沙湾泵站、平岗泵站、竹洲头泵站、黄杨泵站、南门泵站，日取水能力约550万 m^3/d。还有7大主力水厂：拱北水厂、唐家水厂、香洲水厂、南区水厂、西区水厂、乾务水厂、龙井水厂，以及小水厂5座。

中山市有神湾南镇水厂、宝元水厂、三角新涌口水厂、小榄永宁水厂、西区水厂、民众水厂、港口马大丰水厂、横栏稔益水厂、阜沙水厂、古镇水厂、新浦渔洋水厂 11 个水厂，主力水厂为取水口设于小榄水道的大丰水厂和取水口位于磨刀门水道的全禄水厂，两厂每天供水量共70万 t 左右，占中山城区供水需求的91%。

江门市受咸潮影响较轻，主要是新会区受咸潮影响。新会区的水厂有主要取水口位于潭江水道的牛勒水厂和取水口位于西江的鑫源水厂，日供水总量16.5万 t。

澳门特别行政区的主要水厂有青洲水厂、大水塘一期水厂、大水塘二期水厂、路环水厂。青洲水厂每日 18 万 m^3、水塘水厂一期投入运作，产水量为每日 6 万 m^3，大水塘水厂二期在 2008 年 9 月举行开幕式并投入生产，每日产水 6 万 m^3，路环水厂于 2006 年更新重建，并于 2007 年 3 月投入运作，产水量为每日 3 万 m^3。

澳门特别行政区和珠海是最早实施取水口上移抑制咸潮的区域之一。珠海和澳门一直共用水源系统，广东的银坑水库和竹仙洞水库正式在 1960 年开始对澳门供应原水，采用管道将水库原水供应至青洲水厂和大水塘水厂。1963 年，广东出现严重旱灾，澳门的原水供应首次出现紧张。1966 年澳门开始向珠海购买原水，即向磨刀门水道上游买水，要求启动磨刀门供水工程，相当于将澳门取水口上移。1988 年磨刀门供水工程完成，澳门取水口进一步上移。磨刀门供水工程位于珠海市西江东侧，引水闸位于挂定角；整个系统自洪湾西侧，横贯南屏、湾仔两区至竹仙洞水库；再分别流向澳门青洲原水处理厂及珠海拱北地区；由挂定角引水闸至澳门青洲水厂，全长约 20 km。冬春枯水期，磨刀门原水系统会利用位于挂定角上游 20 km 处的平岗泵站抽取原水并加压输送至挂定角引水闸内，以应付咸潮。

2006 年，为解决咸潮期间的原水供应问题，珠海市进行了“珠海市咸期应急供水工程”。该工程原名称为“西水东调一期工程”“平岗泵站咸期供水配套工程”。工程从磨刀门西岸平岗泵站引水至磨刀门东岸广昌泵站，由 4 部分组成：①平岗泵站扩建，将其输水能力由现在的 24 万 t/d 扩建为 124 万 t/d；②平岗泵站至广昌泵站输水管线铺设，沿泵站路、新港路、白蕉二期海堤铺设后顶管过磨刀门至广昌泵站，管线全长 21 km，管径为 2.4 m；③广昌泵站接口工程。在广昌泵站前增设前池，调节平岗泵站及裕洲泵站来水，改善广昌泵站吸水性能；④输水规模为 40 万 t/d 的广昌泵站接管工程，包括广昌泵站机泵设备安装及广昌泵站至挂定角水道长 2.8 km、管径 2 m 的输水管道。该工程 2007 年完成后使咸潮期间供应澳门的原水的取水口由磨刀门北移 20 km 至平岗。

2011 年，珠海进一步上移取水口，即将取水口上移到中山境内西灌河的马角水闸，在该水闸下游 2 km 处采取简单有效的工程措施，将西灌河的部分饮用水引入珠海的河涌，在裕洲泵站取水，之后进水厂或入水库。

中山于 2012 年也启动了上移取水口应对咸潮，把目前中山市南部三镇水厂取水口的位置，从西江的下游或辖区内的茅湾涌、西灌河等河涌的取水口往大涌全禄水厂取水口向北移动。中山市的取水口上移方案拟分步实施，近期南部 3 镇取水口上移至西河水闸上游一点的位置。

广州番禺市和南沙市在 2006 年起也启动了上移取水口策略，将水厂吸水口上移 6.8 km 至顺德水道工程。

东莞市则在 2004 年就计划将东莞 4 水厂（第二水厂、第三水厂、东城水厂、第六水厂）取水口于 2005 年集中上迁，并已于 2005 年年底完工。

可以认为，到目前为止，珠江河口诸多城市的水厂取水口已上移数次，起到了一定的对抗咸潮的作用。上移取水口所需成本含新建取水管路、供水管路、泵站及净水厂房等，比船运水高，而且上移距离越长，成本越高。因此选择上移取水口需要评估收益投入比。由于珠海市区和澳门处于磨刀门出口，目前取水口继续上移的空间已极其有限。

7.2.3 西水东调抢淡避咸对策（珠江三角洲水资源配置工程）

从大范围内的供水形势考虑，珠江三角地区存在产业布局与水资源分布严重不匹配问题，水资源主要集中在西部的西江流域，而经济重心分布在东部区域，目前东部城市东莞、深圳等地区的主要供水水源来自东江，其流域纵深不足，水资源开发利用率低，仅为35%，不宜再增加取水量。广州番禺和南沙及中山和珠海局部等地缺水是由于取水口受咸潮影响，取水水源品质难以保证。为此，广东计划从西江调水，实施“西水东调”工程，解决珠三角东部城市严重资源型缺水问题，此为西水东调对策，后演变为珠江三角洲水资源配置工程。珠江三角洲水资源配置工程是国务院批准的《珠江流域综合规划（2012—2030年）》提出的重要水资源配置工程，是国务院要求加快建设的全国172项节水供水重大水利工程之一，也是广东历史上投资额最大、输水线路最长、受水区域最广的水利工程。

珠江三角洲水资源配置“西水东调”工程规输水流量为 80 m^3/s，设计年调水量约20.7 亿 m^3。粗略估算，80 m^3/s 相当于每日取水近 700 万 m^3，而中山目前每日供水取水才为 180 万～190 万 m^3，也就是该每日取水量是中山每日所需水量的 3 倍多，同时超过了珠海、中山、江门 3 市的供水量之和。规划阶段，“西水东调”工程拟定有 4 个引水方案，对应于 4 条管线布置方案。

设计阶段，工程方案输水线路输水干线从广州顺德区龙江镇与杏坛镇交界处的西江鲤鱼洲取水口取水，经鲤鱼洲泵站加压后，以双线直径 4.8 m 的隧洞输水至南沙新区新建的高新沙水库，在高新沙水库设南沙分水口。在高新沙水库经泵站加压后，以 1 m×6.4 m 的隧洞向东经狮子洋输水至东莞沙溪水库南侧的沙溪高位水池，并在高位水池处设置分水口向东莞西南部片区分水。从沙溪高位水池以 1 m×6.4 m 的隧洞，自流输水至深圳罗田水库。输水干线总长 90.3 km，其中双线盾构隧洞长 40.7 km，单线盾构隧洞长 30.7 km，钻爆法隧洞长 7.8 km，TBM 法隧洞长 10.3 km，箱涵长 0.2 km、倒虹吸长 0.6 km。

珠江三角洲水资源配置工程是为优化配置珠江三角洲地区东、西部水资源，从珠江三角洲网河区西部的西江水系向珠江三角洲东部地区引水，解决广州南沙新区、深圳、东莞城市生活生产缺水问题，提高供水保证程度，并为顺德、番禺、香港等地提供应急备用供水条件。

东莞分干线从深圳罗田水库取水后以输水隧洞和盾构型式向北布置，以自流输水形式，交水至松木山水库。深圳分干线从深圳罗田水库取水后，经泵站加压后以输水隧洞和盾构隧洞型式向东南布置，交水至公明水库。

南沙区交水点高新沙水库之后，称为南沙支线。从高新沙水库取水后以盾构方式平行于本工程输水干线布置，输送至黄阁水厂。

7.3　珠江流域蓄淡防咸对策

珠江流域蓄淡防咸对策基本思路是：利用和创造各种有利条件，主动增加可供利用的淡水资源储量，以备不时之需；在咸潮发生并导致取水口盐度超标时，取用该备用水源，消除咸潮影响，确保供水安全。

珠江流域蓄淡防咸对策含 3 个实施方案：一是新建山地水库蓄淡防咸工程；二是三角洲网河区蓄淡防咸工程；三是河口滨海浮式水窖蓄淡防咸工程。

7.3.1　新建山地水库蓄淡防咸工程

新建山地水库蓄淡防咸工程是应对珠江河口咸潮所引发的供水安全问题最直接的对策。珠江流域不存在缺水的问题，只是流域内水资源分布不均导致局部地区，尤其是河口地区，供水安全受到威胁。数据表明，珠江流域枯水期径流量占全年的 13%～36%，最枯 3 个月（12 月—次年 2 月）的水量仅占年水量的 8.8%，流域内水资源时间分布不均。同时，流域内淡水储水量空间分布不均，中上游储水量占流域总储水量的 95%以上。而流域现状各类蓄水工程（不包括纯发电大型水库）的总调节库容为 256 亿 m^3，仅占水资源总量的 7.6%，低于全国 12%的平均值，径流自调节能力不足。

因此，珠江河口区域城市普遍存在淡水储量不足的问题，其中危机感最强的区域为澳门和珠海。新建水库工程可以新增有效供水库容，是蓄淡抑咸的有效手段，蓄淡水库可以建设在流域下游或河口区，也可以建设流域上中游。

（1）珠江三角洲与河口区蓄淡水库工程建设

珠江河口地区受咸潮影响较强的城市有广州番禺、中山、珠海及澳门，其中中山、珠海和澳门受咸潮影响最大，经过充分的调查研究及论证，这几个地区已筹划出资新建山地型淡水储水水库，有些正在实施中。

新建山地水库工程的蓄水量和可供水量是决定本对策实施效益的关键指标。从解决供水安全问题的直接性这个角度判断，新建山地水库工程的选址应以就近原则为主。但是由于发生供水安全的地区靠近珠江河口，这些区域往往降水量较小，山地集水面积较小，蓄水量和供水量相应也较小。因此，需要针对新建水库的地理位置、其蓄水量和供水量，以及效益等方面进行论证。新建山地水库的另外一个条件就是地形条件：需要有一个相对合理的集水面积和汇水地形，而不是全凭人工建设。通过选址和论证，针对珠江河口的咸潮及枯季供水安全问题，在充分论证的基础上，目前中山市比较可行的水库建设方案有神湾镇古宥水库、三乡镇龙潭水库和大涌镇岚田水库，珠海市的竹银水库、鹤州南平原水库。

①中山境内的新建蓄淡水库工程

中山市管辖范围内有长江水库、逸仙水库、横径水库、金钟水库 4 座大型水库，还有铁炉山水库、古鹤水库、南镇水库、平山湖水库、麻子涌水闸、马坑水库、九蔗多水库、蚐蜞塘水库、长坑三级水库、横窝口水库、暗龙上水库、暗龙下水库、箭竹山水库、石塘水库、马岭水库、龙长坑水库、宝鸭塘水库、黄泥坑水库、莲花地水库、出水象水库、大泉水库 21 座小型水库。中山市水库总库容 9 097 万 m^3，是广东省蓄水工程分布最少的两个地级市之一。

早期咸潮来袭时，这些水库的蓄水可以解燃眉之急。随着中山市社会经济的发展，需水量也逐步上升，近年来，枯季咸潮发生期间，已建水库的蓄水量已经无法满足供水需求。新建蓄淡水库工程开始被提上日程，中山神湾镇古宥水库、三乡镇龙潭水库、大涌镇岚田水库及长江水厂二期扩建工程被视为沿着西江东侧由南向北布置的最佳选址。

中山市神湾镇地处中山南端，西邻西江下游的磨刀门水道，由于本地降水产水量有限，加之受地形地貌条件限制，本地蓄水潜力有限，镇区内供水主要依靠来自西江的客水资源。随着咸情呈逐年恶化之势，近年内很难缓解咸潮灾害。为此，中山市委、市政府决定建设古宥水库，建设资金由中山市、神湾镇两级共同筹集。古宥水库建设集雨面积为 1.13 km^2，总库容 116 万 m^3。水库建成后，年最小供水量可达 90 万 m^3，可满足 1.36 万人的饮用水水量。在咸潮期间，与南镇水库联调，能有效舒缓因易受咸潮影响而造成的水质性缺水等问题。

中山市三乡镇地处位于神湾镇北侧，西邻西江下游的磨刀门水道，与神湾镇相同，三乡镇本地降水产水量有限，加之受地形地貌条件限制，本地蓄水潜力有限，镇区内供水主要依靠来自西江的客水资源。为此中山市修建龙潭水库，水库的主要功能是供水，还兼有防洪、灌溉功能。龙潭水库集水面积 2.37 km^2，总库容 175 万 m^3，有效库容 75 万 m^3。咸潮期间，该水库可以作为南龙水厂原水，按日供水 6 万 m^3 计算，可以持续供水 13 d，将有效解决三乡镇咸潮期间的供水问题。

中山市大涌镇地处中山中南部，西邻西江下游的磨刀门水道，与神湾镇相同，大涌镇本地降水产水量有限，加之受地形地貌条件限制，本地蓄水潜力有限，镇区内供水主要依靠来自西江的客水资源。为此在中山市人大的提议下，拟在大涌镇岚田社区修建岚田水库。岚田水库位于全禄水厂东侧，与全禄水厂之间的距离约 2 km，水库总库容 196.6 万 m^3，有效库容达 188 万 m^3，坝顶路面高程 39 m，最大坝高 28.5 m，坝长 520 m，正常蓄水位 36.9 m，是一座以抗咸供水为主的小（一）型水库，是迄今为止中山最大的一项抗咸民生工程。岚田水库的有效库容可使全禄水厂在咸潮期间保持 9 d 20 万 t/d 的供水能力，可以增加中山市中南部片区供水保证率。

中山市岚田水库、龙潭水库、古宥水库 3 个蓄淡抑咸水库，其中古宥水库在 2010 年投用，岚田抗咸水库在 2011 年 11 月正式投用，2012 年 9 月 7 日三乡龙潭水库正式通水，这样中山已形成抗咸“三足鼎立”的局面，大大提高了中山在咸潮期间的供水能力。

②珠海境内新建蓄淡水库工程

目前，珠海全市有中、小型水库共 54 座。其中，中型水库 3 座，总库容为 4 058 万 m^3，总集水面积为 25.34 km^2；小型水库 51 座，总库容为 4 207 万 m^3。珠海对澳门供水的水库有竹仙洞水库、银坑水库、南屏水库、竹银水库、大镜山水库、凤凰山水库、乾务水库。由于当地水资源不足，澳门特别行政区城市供水长期依靠珠海供给，其供水系统与珠海市连通。澳门自建有大水塘、石排湾水库、黑沙水库 3 座蓄水工程，总蓄水量 226 万 m^3，其中外港的大水塘蓄水量为 189 万 m^3。

从地理区位上分析，澳门和珠海的供水水源系统已基本形成南、北、西 3 个水库群系统。北系统和南系统共同承担澳门和磨刀门水道以东的珠海东区供水任务，西系统承担磨刀门水道以西的珠海西区供水任务。

A. 澳门和珠海供水水源的北、南水库系统

澳门和珠海供水水源北系统水库群有珠海市的大镜山、凤凰山、梅溪 3 座水库，总库容 2 884 万 m^3，总调节库容 2 064 万 m^3，最大供水水库为凤凰山水库，总库容 1 510 万 m^3；澳门珠海供水水源南系统水库群有珠海市的南屏、竹仙洞、蛇地坑、银坑 4 座水库，总库容 1 132.9 万 m^3，总调节库容 828 万 m^3。南北系统水库总调节库容为 2 892 万 m^3。

南北供水系统主要有广昌、南沙湾、洪湾泵站 3 座取水泵站。广昌泵站于 1995 年建成，位于磨刀门水道左岸珠海大桥上游，日取水量为 60 万 m^3（取水能力为 80 万 m^3/d），30 万 m^3 输送至南屏水库，30 万 m^3 输送到南沙湾泵站；南沙湾泵站位于前山河左岸，日取水能力 80 万 m^3，因前山河污染严重，咸潮严重时期，该泵站已基本不取水，仅作为转抽泵站，转抽广昌泵站及南屏水库的来水，输送至拱北水厂及大镜山水库，也可利用广昌—南屏管道输水至南屏水库；洪湾泵站位于洪湾涌内，由挂定角引渠抽水，输水至蛇地坑水库，日取水量仅 35 万 m^3。2004 年年底在坦洲大围内河涌建有裕洲应急泵站，取水能力为 60 万 m^3/d，输送至广昌前池，利用广昌泵站接力至供水系统。

南供水系统竹仙洞水库的原水通过两条直径 1 m 的输水管以自流方式输入澳门青洲水厂、大水塘水厂和大水塘水库；南北供水系统通过南屏水库、南沙湾泵站、大镜山水库之间的输水管道相互连通。

B. 澳门和珠海供水水源的西水库系统

澳门和珠海供水水源西系统主要供水水库有乾务、木头冲、龙井、先锋岭、月坑水库等，总库容 4 172 万 m^3，总调节库容 3 298 万 m^3。西系统最大水库为乾务水库，总库

容 1 388 万 m³，兴利库容 1 156 万 m³，现没有补水条件；龙井水库可通过黄杨泵站补水；月坑水库与平岗泵站相连。

西系统主要有平岗、黄杨、南门、大环 4 座取水泵站。平岗泵站位于磨刀门水道右岸平岗村附近，取水能力 124 万 m³/d，从磨刀门水道抽水，其中，24 万 m³/d 供水至西区水厂和月坑水库，100 万 m³/d 输水至东区广昌泵站前池；黄杨泵站取水能力 6 万 m³/d，从黄杨河抽水，向龙井水厂和龙井水库输水；南门与大环泵站日取水能力分别为 69 万 m³ 和 6 万 m³，输水至五山引渠。五山引渠全长 20.3 km，北起斗门镇南门涌口，南至平沙沙美，设计输水能力为 88 万 m³/d，最大输水能力为 148 万 m³/d。五山引渠通过南门泵站和大环泵站从虎跳门水道抽水，向平沙水厂、珠海电厂供水。现状主要供水工程情况如表 7-3 所示。

表 7-3 珠海现状供水水库特性

分区	供水系统	水库名称	集水面积/km²	多年平均径流量/万 m³	总库容/万 m³	正常蓄水位/m	相应库容/万 m³	死水位/m	死库容/万 m³	调节库容/万 m³
珠海东区	北系统	大镜山	5.73	679	1 160	20.42	1 054.3	9.17	44.6	1 009.7
		梅溪	1.43	169.9	214	23.5	150.2	21	68	82.2
		凤凰山	9.28	1 100.2	1 510	18.59	1 091.6	9.39	120	971.6
	南系统	南屏	2.43	285.1	574	33.1	501	10	21	480
		蛇地坑	2.28	267.5	154.4	57	127.5	45.1	27.5	100
		竹仙洞	2.84	334.3	256.5	19.3	195.5	9.8	32.4	163.2
		银坑	1.61	188.9	148	42.83	117	32	32	85
	小计		25.6	3 024.9	4 016.9	—	3 237.1	—	345.5	2 891.7
珠海西区	西系统	乾务	10.11	1 213.2	1 388	20.89	1 166	7.5	10	1 156
		龙井	4.33	519.6	628	16.3	495	5.5	5	490
		缯坑	2.03	239	225	23	203	7.5	13	190
		南山	4.19	500.4	390	21	289	9.78	10	279
		月坑	1.13	133	107	25	80.4	12.4	2.1	78.3
		王保	3.11	372.8	373	26.1	290.3	12.4	5.9	284.4
		先锋岭	3.82	485.4	392	17.5	324	6.47	1.9	322.1
		木头冲	7.7	906.6	508	23	390.5	9	10	380.5
		黄绿背	2.02	237.8	161.4	21.3	120.1	5	2	118.1
	小计		38.4	4 607.8	4 172.4	—	3 358.3	—	59.9	3 298.3
合计			64	7 632.7	8 189.3	—	6 595.4	—	405.4	6 190

由表 7-3 可知，珠海市 2006 年水库可调节库容为 6 190 万 m^3，加上澳门的调节库容，总量约为 6 500 万 m^3。根据 2000 年后历次咸潮发生期间的供水情况，这些水库的库容并不能完全满足供水要求。例如，2006 年 11 月初—2007 年 2 月底，咸潮影响珠海和澳门淡水供应安全，珠海市直接从河道抽取淡水共达 9 063 万 m^3，远大于可调节库容 6 500 万 m^3。在此情况下，经过充分的调查研究及论证，珠海市提出新建蓄淡水库计划，初步拟定了竹银水库和鹤洲南水库这两个方案。

竹银水源工程选址位于珠海市斗门区白蕉镇所辖磨刀门水道右岸，由新建竹银水库、扩建月坑水库及连接隧洞、泵站、输水管道等组成。按照设计，竹银水库校核洪水位 50.27 m，设计洪水位 49.95 m，正常蓄水位 49.4 m，工程水库总库容 4 333 万 m^3。工程建成后，可为澳门、珠海东区供水系统增加 4 011 万 m^3 调节库容，约为珠海和澳门之前总调节库容 6 500 万 m^3 的 62%，是澳门和珠海东区现状蓄水水库调节库容的总和，可为提高供水系统调咸蓄淡能力、改善供水水质，保障澳门、珠海供水的安全和稳定发挥重要作用。

鹤洲南水库是 2008 年国务院批复的《保障珠海澳门供水专项规划》，远期（2020 年）推荐建设工程。鹤洲南水库现为鹤洲南片垦区，位于磨刀门水道与白龙河水道之间，鹤洲岛以南，横洲岛以北，面积约为 26.5 km^2，已完成了初步设计阶段地勘工作。区内原为浅海滩涂，地形平坦，地面高程一般为−0.7～−2.2 m，东侧的磨刀门水道呈槽形，最低高程−10 m，西侧的白龙河水道底部高程一般为−3～−6 m，横洲岛西侧龙屎窟处最深，为−14 m。20 世纪 80 年代中期至 90 年代，本区筑堤围海，建成鹤洲南片垦区，现在围内主要从事水产养殖及捕捞鱼虾。四周堤围由北、西、南、东四条堤组成。鹤洲南水库库区面积为 39 807 亩，取水能力 70 万 m^3/d，相应库容 6 150 万 m^3，调节库容 4 900 万 m^3。

竹银水库与鹤洲南水库建成后，将新增约 9 000 万 m^3 可调节库容，可供珠海和澳门对抗咸潮威胁，是珠海和澳门两地有效的抑咸措施。

（2）珠江流域中下游的山区河道型水利枢纽蓄淡工程

为保障珠江流域枯季供水安全，《珠江流域综合利用规划》《广东水利规划》还确定了大藤峡、北江横岗、思贤滘等有供水功能的水利枢纽工程，作为流域内水资源分配不均的调节水库，补充枯季流域下游淡水量的不足。

①西江大藤峡水利枢纽工程

尽管珠江枯季水量调度是有效的抑咸措施，但是在这 8 次枯季水量调度抑咸的实践中，珠江防总和珠江委明显感觉到珠江流域水资源配置设施不足、配置手段有限等问题。例如，从启动调水之日至淡水前锋进入三角洲需 12 d，耗时较长，调水路线长还导致用水效率不高。因此有必要开展有效的大型水资源配置工程建设。

大藤峡水利枢纽是《珠江水资源综合规划》《保障澳门、珠海供水安全规划》《全国大型水库建设规划》和《珠江三角洲地区改革发展规划纲要》提出的流域关键性水资源配置工程，大藤峡水利枢纽的开发任务是以防洪、发电和水资源配置为主，结合航运，兼顾灌溉等综合利用。根据《珠江水资源综合规划》，大藤峡水利枢纽参与水资源配置，与天生桥一级、龙滩、百色、飞来峡等现有大型水库组成西、北江水资源的配置体系，能调节径流时空分配，改善西江下游及西北江三角洲地区的枯水期水质及供水条件，降低咸潮危害。

大藤峡水库是西江上中游离三角洲最近的骨干水库，除可调控西江洪水，保障西江中下游的防洪安全外，对保障珠江三角洲的供水安全及防治咸潮灾害有重要作用。大藤峡水库 15 亿 m^3 的调节库容，距三角洲仅 300 km，水流演进仅需 2～3 d。在珠江河口咸潮上溯严重或西江中下游发生突发性水污染事故时，可泄水抑咸或冲污。

工程建成后，可将梧州站的最小流量由龙滩建成后的 1 470 m^3/s 提高到 1 930 m^3/s，保证率 90%的最枯月平均流量由 1 700 m^3/s 提高到 2 100 m^3/s，将梧州站最枯月平均流量达到 2 100 m^3/s 的保证率由 70.5%进一步提高到 93.2%；可在西北江三角洲供水受咸潮影响时向下游补水，最大补水量达 15 亿 m^3，补水后使西北江三角洲地区咸线下移 10～20 km，保障澳门及西江、北江三角洲地区的饮水安全。因此，建设大藤峡水利枢纽对于流域水资源合理配置，调控抑咸流量、抑制咸潮、改善西北江三角洲水资源条件，保障澳门、珠海及西江、北江三角洲的供水安全具有重要作用。

大藤峡水库蓄水后，并不能立即通过释放所蓄淡水缓解河口区咸潮危机，而是要联合其他骨干水库一起，通过枯季水量调度，为珠江河口抑咸潮贡献力量。

无大藤峡水利枢纽时，西江流域天然来水过程在枯水期主要受各大型水库的正常发电运行调度的“蓄丰补枯”的影响，考虑一般枯水年份（95%及以下）无大藤峡水利枢纽时骨干水库正常发电调度运行后梧州控制断面生态及抑咸等指标的满足情况。天一、龙滩、岩滩、百色、长洲均按正常发电调度的方式运行，天一、龙滩、百色调节性能较好，其汛末蓄水过程受到调度图的约束，若遇枯水年不易蓄满，考虑偏不利的情形，设定天一、龙滩、百色的起调水位为相应月份的下调度线水位；岩滩、长洲分别为日调节和无调节能力的水库，在枯水期一般为“来多少放多少，不拦蓄上游来水”的运行方式，其起调水位设定为正常蓄水位。各水库起调水位设定详如表 7-4 所示。

表 7-4　无大藤峡时各水库起调水位设定情况（对应 10 月 1 日）　　单位：m

水库	天一	龙滩	岩滩	百色	长洲
起始水位	760.35	354.9	223	222.5	20.6
正常蓄水位	780	375	223	228	20.6
3 月末最低消落水位	743.42	336	—	203	—

各骨干水库均按正常发电调度的方式运行，生态流量以控制断面梧州站 1 800 m^3/s 为目标，抑咸流量以控制断面梧州站 2 100 m^3/s 为目标。无大藤峡时典型枯水年份各指标满足情况如表 7-5 所示。

表 7-5　无大藤峡时梧州控制断面指标满足情况

典型时间/（年.月）	梧州控制断面流量合格天数/d			
	1 800 m^3/s		2 100 m^3/s	
	天然	骨干水库正常发电后	天然	骨干水库正常发电后
1956.10—1957.3（P=95%）	66	135	45	84
1989.10—1990.2（P=91%）	56	99	37	78
1954.10—1955.3（P=89%）	57	123	48	52
2005.10—2006.3（P=83%）	94	167	74	128
2007.10—2008.3（P=78%）	137	169	64	121

由表 7-5 可知，无大藤峡时，1956—1957 年（P=95%），各骨干水库正常发电运行后将梧州控制断面的生态目标流量 1 800 m^3/s 的满足率（合格天数/调度期天数×100%）从 36.3%提高到 74.2%，将梧州控制断面的抑咸目标流量 2 100 m^3/s 的满足率从 24.7%提高到 46.2%；1989—1990 年（P=91%），各骨干水库正常发电运行后将梧州控制断面的生态目标流量 1 800 m^3/s 的满足率从 37.1%提高到 65.6%，将梧州控制断面的抑咸目标流量 2 100 m^3/s 的满足率从 24.5%提高到 51.7%；1954—1955 年（P=89%），各骨干水库正常发电运行后将梧州控制断面的生态目标流量 1 800 m^3/s 的满足率从 31.3%提高到 67.6%，将梧州控制断面的抑咸目标流量 2 100 m^3/s 的满足率从 26.4%提高到 28.6%；2005—2006 年（P=83%），各骨干水库正常发电运行后将梧州控制断面的生态目标流量 1 800 m^3/s 的满足率从 51.6%提高到 91.8%，将梧州控制断面的抑咸目标流量 2 100 m^3/s 的满足率从 40.7%提高到 70.3%；2007—2008 年（P=78%），各骨干水库正常发电运行后将梧州控制断面的生态目标流量 1 800 m^3/s 的满足率从 75.3%提高到 92.9%，将梧州控制断面的抑咸目标流量 2 100 m^3/s 的满足率从 35.2%提高到 66.5%。图 7-16 为 2005—2006 年（P=83%）骨干水库正常运行情况下（无大藤峡方案）的梧州流量过程。

考虑大藤峡水利枢纽在充分满足抑咸目标需求前提下的优化调度方案。设定天一、龙滩、百色的起调水位为相应月份的下调度线水位；岩滩、长洲的起调水位设定为正常蓄水位，各水库起调水位设定如表 7-6 所示。大藤峡水库“严格满足抑咸目标流量约束”运行方式对下游进行补水，若遇来水较大则及时进行回蓄。

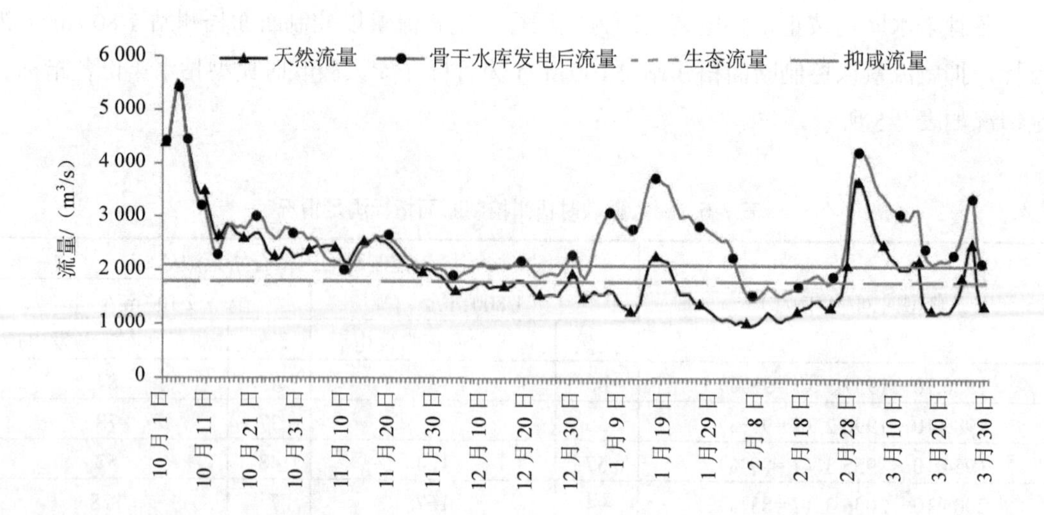

图 7-16 骨干水库正常运行（无大藤峡）方案——梧州流量过程（2005 年 10 月—2006 年 3 月）

表 7-6 各水库起调水位设定情况（对应 10 月 1 日） 单位：m

水库	天一	龙滩	岩滩	百色	长洲	大藤峡
起始水位	760.35	354.90	223	222.5	20.6	59.6
正常蓄水位	780	375	223	228	20.6	61.0
3 月末最低消落水位	743.42	336	—	203	—	47.6

各骨干水库均按正常发电调度的方式运行，生态流量以控制断面梧州站 1 800 m^3/s 为目标，抑咸流量以控制断面梧州站 2 100 m^3/s 为目标。有大藤峡时典型枯水年份各指标满足情况如表 7-7 所示。

表 7-7 大藤峡按严格满足抑咸目标约束方式运行时梧州控制断面指标满足情况

典型时间/（年.月）	梧州控制断面流量合格天数/d			
	1 800 m^3/s		2 100 m^3/s	
	无大藤峡	有大藤峡	无大藤峡	有大藤峡
1956.10—1957.3（P=95%）	135	172	84	146
1989.10—1990.2（P=91%）	99	138	78	111
1954.10—1955.3（P=89%）	123	159	52	106
2005.10—2006.3（P=83%）	167	182	128	159
2007.10—2008.3（P=78%）	169	182	121	148

由表 7-7 可知，1956—1957 年（P=95%），有大藤峡对比无大藤峡时，梧州控制断面的生态目标流量的满足率 1 800 m^3/s（合格天数/调度期天数×100%）从 74.2%提高到 94.5%，抑咸目标流量 2 100 m^3/s 的满足率从 46.2%提高到 80%；1989—1990 年（P=91%），有大藤峡对比无大藤峡时，梧州控制断面的生态目标流量 1 800 m^3/s 的满足率从 65.6%提高到 91.4%，抑咸目标流量 2 100 m^3/s 的满足率从 51.7%提高到 73.5%；1954—1955 年（P=89%），有大藤峡对比无大藤峡时，将梧州控制断面的生态目标流量 1 800 m^3/s 的满足率从 67.6%提高到 87.4%，抑咸目标流量 2 100 m^3/s 的满足率从 28.6%提高到 58.2%；2005—2006 年（P=83%），有大藤峡对比无大藤峡时，梧州控制断面的生态目标流量 1 800 m^3/s 的满足率从 91.8%提高到 100%，抑咸目标流量 2 100 m^3/s 的满足率从 70.3%提高到 87.4%；2007—2008 年（P=78%），有大藤峡对比无大藤峡时，梧州控制断面的生态目标流量 1 800 m^3/s 的满足率从 92.9%提高到 100%，抑咸目标流量 2 100 m^3/s 的满足率从 66.5%提高到 81.3%。

图 7-17 为大藤峡水库按抑咸目标严格满足优化调度方案，与骨干水库调度一起工作后的出库流量过程，图 7-18 为大藤峡水库按抑咸目标严格满足优化调度方案，与骨干水库调度一起工作后的梧州流量过程。

大藤峡水库建成后，各典型年梧州控制断面生态流量 1 800 m^3/s 的保证率接近 100%，抑咸指标保证率也大大提升，充分地凸显了大藤峡水利枢纽水资源配置作用的战略地位。

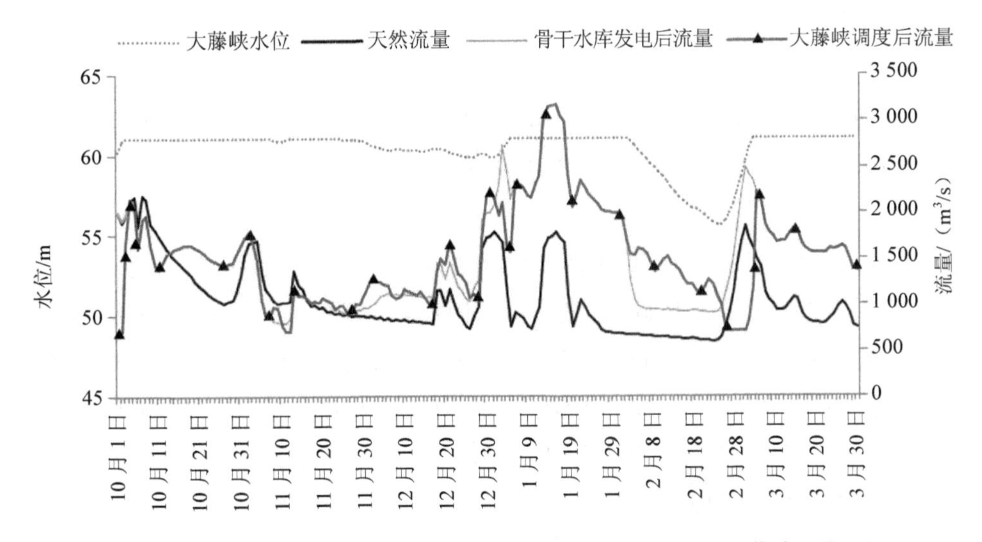

图 7-17 大藤峡水库按抑咸目标严格满足优化调度方案——大藤峡流量过程

（2005 年 10 月—2006 年 3 月）

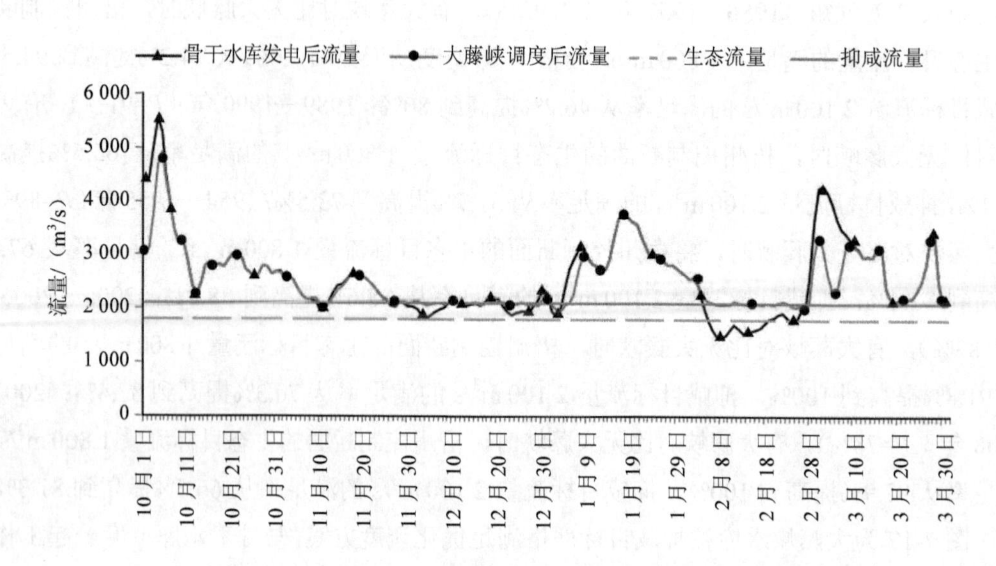

图 7-18　大藤峡水库按抑咸目标严格满足优化调度方案——梧州流量过程

（2005 年 10 月—2006 年 3 月）

②北江横岗水利枢纽工程

根据《北江干流飞来峡—河口河段梯级开发补充规划报告》，推荐有横岗（4 m）开发方案，坝址位于北江下游绥江河口上游 1.7 km 处的勒竹洲头，其功能是航运、灌溉、供水，兼顾发电、改善水环境和养殖。横岗坝址位于绥江出口上游约 2.25 km 的勒竹洲头，下距马房（二）水位站 3.58 km，坝址以上集雨面积 39 275 km^2。横岗梯级正常蓄水位 6.0 m，装机容量 3.0 万 kW，年均发电量 1.31 亿 kW·h。

③思贤滘水利枢纽

思贤滘位于广东省三水市河口镇西北面约 2 km 处，地处西、北江三角洲的顶部。思贤滘以上西江流域面积 35.3 万 km^2，北江流域面积 4.7 万 km^2。思贤滘水利枢纽将包括两座双向调节的防洪水闸、两座 1 000 t 级船闸和两岸连接堤。建设思贤滘水利枢纽的目的是调节洪、枯水流量，初步方案确定思贤滘水利枢纽的建设任务是：适度控制西江流量通过思贤滘进入北江，确保西江下泄流量不丢失，增加江门、中山和佛山的枯季淡水总量，改善该区域的供水条件及水环境质量。

7.3.2　珠江三角洲网河区蓄淡防咸调度工程

珠江河口为一淤积型河口，是西江、北江共同冲积成的大三角洲与东江冲积成的小三角洲的总称，是放射形汊道的三角洲复合体。在亿万年的时间内，随着河口的慢慢演化，珠江三角洲终于形成目前网河密布、三江汇流、八口出海的独特水系，是世界上最复杂的河口之一。珠江三角洲网河众多，网河密度达 0.8 km/km^2 左右，网河范围面积达 9 500 km^2，是较为典型的河网型三角洲，这些网河区的储水量是比较大的，按平均河宽 200 m、平均水深 3 m 计算，储水量约 55 亿 m^3，咸潮重灾区的河涌储水量约 6 亿 m^3。若这些储水量能通过引导后得到充分利用，且能用于城市供水，咸潮期间完全可以不需要从西江、北江和东江干流中取水，从而可以解决咸潮引发的供水安全问题。

现实情况是，三角洲网河区，尤其是咸潮重灾区的网河区，水污染严重，水质严重不合格，无法用于城市供水。珠江三角洲河道水系原本四通八达，相互连通，若某些河道本身没有污染，上游西江和北江的来水可以到达河口区的水厂取水口处，使得水厂可以在河涌内直接取水，化解咸潮影响下的供水危机。

澳门和珠海可供选择的连通河道方案有右岸方案和左岸方案。右岸方案为：睦洲水闸→劳荷麻溪→泥湾门水道→取水管。左岸方案有 3 个选择，第一：东海水道→凫洲河→横琴海→戙角涌→拱北河→取水管；第二：西海水道→白濠头水闸→进洪河→中部排灌渠→狮滘河→岐江河→西河水闸→取水管；第三：横门水道→东河水利枢纽→岐江河→西河水闸→取水管。左岸的方案三在横门水道也发生咸潮时不能启用。

当前河道水污染、水生态环境破坏等问题严重影响珠江三角洲水系水质，上述 4 个水系连通方案涉及的河道，除起点及靠近起点的河涌原水水质达标外，其余河道水质均不达标，需要净化。若净化，则需要按与西江天河南华等处同等的水质标准进行，如此，才能满足将西江水通过河道连通，直接进入水厂取水口的要求。

（1）河涌水系净化方法

目前净化河涌的方法有很多，如化学处理方法、微生物处理方法、电絮凝法、生态修复技术方法等。

化学处理方法即在需要处理的河涌内加入絮凝剂、聚沉剂、氧化剂、分解剂、还原剂等，将水质净化。因为化学处理剂使用方便，效果较好，这种方法主要用于处理污水和废水。对于受咸潮影响的以上河涌，采用这种方法化学处理方法可以收到良好的效果，这是因为这些河涌受污染的周期较短，必须使用短时间就能凑效的短周期处理方式，使河涌不至于积污过厚而难处理。例如，若采用近年开发的高分子絮凝聚沉剂，经过工艺优化，即可实现水体污染物的快速絮凝后的固液分离，然后通过处理分离出来的化学絮凝物和沉淀物净化河涌。

微生物处理方法主要是借助于微生物的分解吸食作用把污水中的有机物转化为简单的无机物，使污水得到净化。按照微生物对氧气的需求情况，该方法可以分为厌氧生物处理和好氧生物处理两大类厌氧生物处理时，把有机物分解成甲烷、二氧化碳和氢气等。好氧生物处理时，采用机械曝气或自然曝气为污水中好氧微生物提供活动能量，促进好氧微生物降解污水中的有机物为无机物。此方法主要适用于受污染的封闭水域，在受咸潮影响区域的水系内使用将达不到预期的效果，原因在于，该段水系为感潮水系，潮起潮落造成水体流动性大，会降低微生物的处理机制。另外，这些水系内的污染物浓度随季节和气候变化而变化，有时无机物居多，有时有机物占优。这种变化不利于微生物处理，因为微生物主要以有机物为营养物质。

电絮凝法主要通过改变水体的电极特性，将受污染的水体中的有机物迁移和去除。电絮凝法是靠电流的传递使污染物发生氧化还原反应，以期达到降解的方法，是一种崭新的废水、污水处理技术。其效果与常规絮凝近似，但是无须添加任何化学物品，极大地减小了沉降量和沉淀物。电絮凝法对高污染浓度水体，特别是含油污污水效果较好。对受咸潮影响的感潮水系，可以有选择地应用该法净化水体。

生态修复技术方法主要从保护和恢复生物多样性入手，引入植物和动物中的一些关键物种，重建物种的食物链结构，将受损水体的水环境彻底改善和恢复，是水环境修复的一种重要方法。该方法主要在河涌水面、河底、河岸的适当部位建造生物滤床、滤墙，引进水生植物、水生动物，通过生物生长过程中的水体净化能力，在较长的时间水体净化累积效应下，修复和净化水体。该方法成本低，不用机械、能源、不引入化学物质，没有二次污染，是目前水环境修复和净化的趋势之一，不足之处在于周期较长。

若采用以上方法，将河涌水系净化的范围扩大至珠江河口区全部河涌水系，使河涌水质全面满足和西江水同等水质要求，则无须水系连通，也可满足咸潮发生期间的供水需求。若净化和连通河涌水系成功，可满足供水要求。

以中山市为例，针对中山市南部片区咸潮问题，该市有意加快实施南部镇的内河涌整治，将这些内河打造成天然的“储水仓”。其中南部镇区的坦洲镇内就有大小河涌 35 条，内涌容量近 3 000 万 m^3，对其实施冲污后，可引淡水入内河涌，让其构成一个可储水的平原大水库，有效增加应对咸潮的蓄、供水能力。

在具备蓄淡且满足取水水质标准的前提下，然后通过珠江三角洲闸泵群联合调度，即可为各取水口所用，最终确保供水安全。

（2）珠江三角洲闸泵群联合调度

珠江三角洲闸泵群联合调度主要以三角洲联围区内的单闸或简单多闸组合为调度的基本单元，以珠江三角洲网河区的水量增加和水质改善为目标，采用闸泵群联合调度水量模拟技术，根据上游来水、围外水位、河口盐度及河涌水质，合理确定联围内河涌引水冲污、开闸蓄淡、释淡抑咸时机，制定了不同潮型、不同潮时、不同径流下泄模式，以及上游径流、工程运用多重约束条件影响下的闸泵群联合调控方案，确定抑咸调度关键时机，保证取水口盐度达标，有效抑制咸潮威胁。

7.3.3　珠江河口滨海浮式水窖蓄淡防咸

咸潮仅发生在上游径流量不足的时期，上游径流量足够时，不仅不发生咸潮，还会有多余的淡水进入外海，没有被充分利用。如新加坡由于水资源缺乏，在该国沿海近海区新建堤坝，在近岸 300 m 范围内形成环海水库，积蓄淡水，形成海上淡水储水库。参考这一点，可在珠江河口区滨海水域建设临时性浮式蜂巢型水窖蓄水供淡工程（简称河口滨海浮式蜂巢型水窖供淡工程）。具体来讲，河口滨海浮式蜂巢型水窖供淡工程指在受咸潮影响比较严重地区的近海挑选合适的水域，在该水域建立围栏和蜂巢型浮箱，形成浮式蜂巢型储水窖，将非咸潮期多余的淡水导入浮式水窖并储存起来。这些被存储在浮式水窖中的淡水可在咸潮发生时作为城市供水的有效补充，如图 7-19 所示。

俯视图

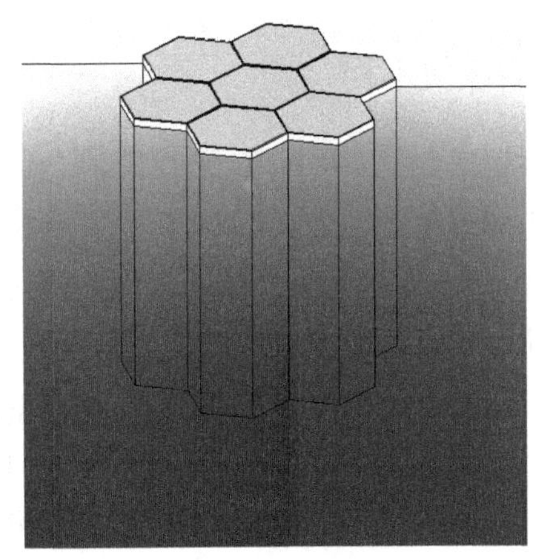

侧视图

图 7-19　河口区浮式蜂巢型储水窖示意

蜂巢型浮式水窖为漂浮在受海洋动力（如波浪和潮汐动力）影响区域的临时性储水建筑物。浮式水窖可为柔性结构，也可为刚性结构。柔性水窖类似于帆布帐篷，其优势在于成本低，耐盐水，抗风浪，而且由于水窖是临时性建筑物，不需要被布设在水域时，可以很方便地收拢、折叠，所需要的存储空间小，便于打理，维护费用较低。刚性结构类似于水箱，可以为塑料材质，也可以为其他耐盐水腐蚀的轻质材料。刚性水箱经过周密的外形设计后，具有易拼装、耐腐蚀、成本低，维护费用低等特点；不需要被布置在水域时，可以叠成一串，所需的存储空间也不大，但是抗风浪能力稍弱。

按照河口区受咸潮影响 20 d，每天需水 18 万 m^3 计算，浮式水库的储水量需要达到 360 万 m^3。按照每个水窖储水量为 36 m^3（例如，外形尺寸为 3 m 长、3 m 宽、4 m 深）计算，需要储水水窖 10 万个，需要的储水水域面积为 90 万 m^3，约为 1 351 亩，相当于 125 个标准世界杯足球场的面积。若仅考虑受咸潮影响 10 d 左右，所需储水水域面积仅为 45 万 m^3，相当于 63 个足球场的大小。

目前，浮式水窖暂时无参考借鉴的实例，因此修建浮式水窖需要较全面的论证和研究，关键研究内容含储水水质的维持方法、水窖抗风浪的方法等。

7.4 珠江河口工程阻咸对策

珠江河口工程措施阻咸对策的基本思路为：通过某种措施，在咸潮发生期间，阻止盐度随水流运动向上游输运，将咸界控制在取水口下游邻近水域，确保取水口不受咸潮影响，从而保证供水安全。珠江河口工程阻咸措施和对策包含挡咸闸工程、挡咸潜坝工程及空气帷幕挡咸工程。

7.4.1 挡咸闸工程

我国包括台、琼及其他一些大岛在内的长达 21 000 km 左右的海岸线上分布着大小入海河口 1 800 余个。新中国成立后，发展农业首先面临农业用水问题，把河口的防潮蓄淡问题摆在首要地位。同时为防止土地盐碱化，在历史上潮灾严重的地区，建造了很多挡潮闸。目前，我国沿海地区已修建挡潮闸的入海河口有 500 多个。

河口建闸主要基于 3 个目的：①御卤蓄淡；②抵挡暴潮；③抬高上游水位。国外在河口建闸多以防风暴潮为目的，如荷兰莱茵河三角洲及英国泰晤士河口伦敦附近的挡潮闸，我国上海黄埔江支流的苏州河闸也属于此类。此类河口挡潮闸常年处于开启状态以保持通航和潮流进退，只有在暴潮来临时才关闭闸门。在河口建双导堤可以拦截近岸区含沙浓度较高的海水随潮上溯，减少闸下河段的淤积，这种技术思路已被工程实践证明是行之有效的。在无航运要求的河口建闸通常以前两者为目的，我国苏北的入海河流及海河流域各河口均属于此类。

沈汉堃和朱三华等研究珠江三角洲建闸方案对咸潮的影响。在该研究中拟通过三角洲建闸改变枯水分配，达到改善供水条件的目的。根据珠江三角洲水系特点，东四口门片和西四口门片河网分流调节的主要汊口有马口—三水，天河—南华，因此拟在思贤滘、南华建闸控制珠江三角洲主要节点分配比。随着澳门和珠海经济崛起，澳门和珠海的供水需求增幅较大，供水安全是三角洲咸潮治理的一个重点。针对此情况，拟在睦洲口和螺洲溪建闸，以增加磨刀门主干的净泄量。为达到更好的效果，还对上述几种建闸方案进行联合调度。

根据水动力计算结果可知，思贤滘建闸方案使得西北江来流无法通过思贤滘沟通，三水马口的来流就是北江和西江的来流，由于减少了西过北的水量，大虎的净泄量减少，但由于东西海水道相通，横门、冯马庙和南沙由于南华的分流加大而净泄量加大；南华建闸方案改变了天河南华分流比，天河的分流比加大，导致灯笼山的净泄量增加很大，由于南华无分流，横门、冯马庙、南沙 3 站的净泄量减少很多，而大虎由于三水分流比加大而加大；睦洲口和螺洲溪建闸方案，减少了天河的净泄量，增加南华净泄量，西江主干灯笼山的净泄量加大很多；对于其他组合方案，规律也是如此。

磨刀门随着净泄量的加大，咸潮下移，思贤滘、南华、睦洲口和螺洲溪一起建闸，磨刀门咸界下移 10.68 km，但沙湾水道、洪奇门水道和鸡鸦水道咸界分别上溯 6.76 km、13.14 km 和 22.37 km；磨刀门联石湾泵站含氯度达标时间增加 266 h，但鸡鸦水道的大丰水厂和沙湾水道的沙湾水厂、东涌水厂达标时间相应减少 276 h、171 h 和 68 h（统计时段 360 h）。

通过计算，珠江三角洲建闸方案中，思贤滘建闸方案对三水马口的分流比变化较大，而下游南华的分流相应加大，故磨刀门灯笼山净泄量增加不大；南华建闸方案，灯笼山净泄量增加较大，使东四口门由于南华无分流，咸潮上溯较强，广州、中山受咸潮影响较大。因此对三角洲建闸方案论证应从全局的观点进行研究。

7.4.2　挡咸潜坝工程

挡咸闸对河口水动力与水环境的改变较大，从生态角度而言，挡咸闸的修建会带来一些负面影响。相比之下，挡咸潜坝的影响较小。

1988 年，美国陆军工程师团采用一维和二维数学模型，设计临时性的潜坝，用来限制密西西比河盐水楔向上游入侵。潜坝成功的保护了新奥尔良地区的淡水供应，节约投资 5 000 万美元。1999 年 9 月，陆军工程师团第二次修建挡盐潜坝来阻止盐水楔入侵，潜坝位置与 1988 年相同。

荷兰则利用河口拦门沙在盐淡水混合中的作用，于 1958 年起沿着莱茵河河口人工堆筑形成 5 道人工沙坎，形成梯级拦咸潜坝，成功地抑制了莱茵河的咸潮上溯，确保了莱茵河的供水安全和生态安全。

目前，磨刀门水道存在和密西西比河或莱茵河相似的条件，因此有可能采取沙质挡咸潜坝抑制咸潮上溯。

7.4.3　空气帷幕挡咸工程

珠江河口咸潮上溯也是一种异重流为主的现象。采用空气压缩机将一定气压的气流输向一排或多排沿着河口底部横断面布置的通气管道，通气管道上侧有细孔将气流排入含盐水体，形成空气帷幕，也是抑制咸潮入侵的方法之一。空气帷幕挡咸工程需要配置的设备包括气泵站和设孔排气管道。因此相对于挡咸闸和挡咸坝工程，空气帷幕挡咸工程具有成本低、可操作性强、可进行原型试验等优势。

空气帷幕挡咸系统由铺设在需要挡咸的水道接近水底处的喷气孔管和装设在工作船上或岸上的压气站组成。该系统在工作状态时，压气站产生具有一定压强的压缩空气沿导管或干管输移至孔管部分。送入孔管的压缩空气从管上小孔中冒出，形成大量的气泡，这些气泡在水中逐渐上升、膨胀，并在沿孔管的全长范围形成气泡帷幕。在气幕的作用下，一方面在水体表面形成两个方向相反的水平流，咸潮入侵侧的水平流水质点轨迹运动受气泡影响，遭到破坏，使咸潮上溯能量衰减，导致咸潮上溯长度减小。

在咸潮运动期间，空气帷幕与咸潮的相互作用可以用以下3幅图来描述，其中图7-20（a）表示空气帷幕成功将咸潮阻隔在河口下游，图7-20（b）表示空气帷幕仅将部分咸潮阻隔在河口下游，图7-20（c）表示河口上游径流刺破空气帷幕，淡水排向在河口下游。其中图7-20（b）和图7-20（c）交替出现，形成空气帷幕与咸潮相互作用的整个过程。

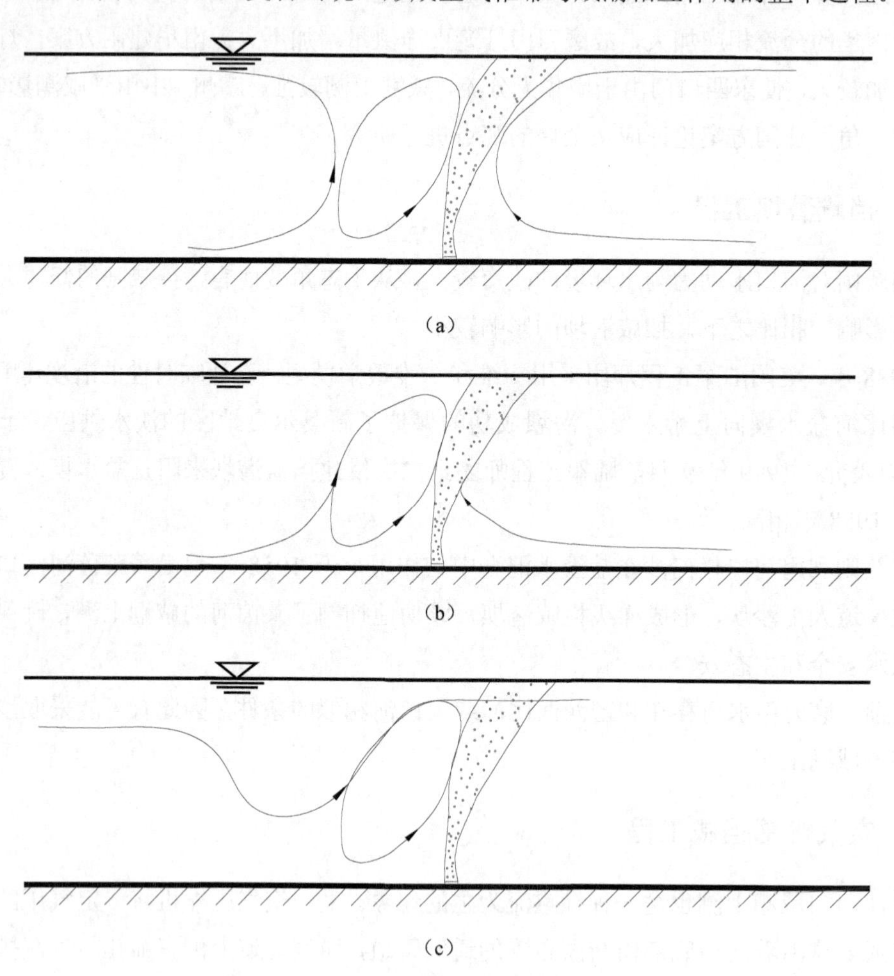

图7-20　空气帷幕与咸潮相互作用示意

7.5　珠江河口新生水脱咸对策

珠江河口新生水脱咸对策主要思路为：充分利用珠江河口现有各种水资源，将其转化为可供利用的淡水资源，弥补因取水口受咸潮影响而减小的取水量，确保供水安全。珠江河口新生水脱咸对策主要有海水淡化脱咸对策及雨水污水重复利用脱咸对策，这两种对策均属于增量对策，是实现水资源可持续利用的根本途径。

7.5.1　海水淡化脱咸

珠江河口区咸潮对供水的影响主要在于盐度或者氯化物含量超过工农业及生活用水的标准。根据《生活饮用水水源水质标准》（CJ 3020—1993），无论一级或二级生活饮用水，氯化物含量均应小于 250 mg/L。因此只要将受咸潮影响的取水口处所抽取的水淡化，使其满足工农业及生活用水的标准，即可消除咸潮对供水安全的影响。

海水淡化在淡水资源缺乏的新加坡极为兴盛，是解决新加坡淡水供应的主要办法之一。海水淡化的优势在于①变废为宝，增加淡水资源的总量，不受季节和气候影响；②随着技术的不断进步，其产水质量不断提高，成本不断下降，发展空间较大；③在得到淡水的同时，有助于源水区生态环境改善，对环境的负面影响小于远距离调水。

人类利用海水得到淡水的历史比较悠久，证据表明，公元前 1400 年，居住在海边的居民就已经掌握了通过蒸馏海水获得淡水的方法。目前，我国的海水淡化技术与发达国家相比，存在一定的距离。海水淡化的方法达数十种，但是真正可以工业化的仅局限于电渗析、反渗透、低温多效蒸馏、多层闪蒸、压汽蒸馏等技术。其中电渗析、反渗透属于膜法，低温高效蒸馏、多级闪蒸、压汽蒸馏属于热法。

电渗析法是开发较早且取得重大工业成就的膜分离技术之一，其机理是在直流电场的作用下，离子透过选择性离子交换膜而迁移，从而将电解质离子自溶液中部分分离出来。电渗析法具有价格便宜的优势，但是脱盐率较低。

反渗透法是目前主流的海水淡化技术之一，其原理是在压力驱动下，溶剂通过半渗透膜进入膜的低压侧，而溶剂中的其他成分，如盐，被阻挡在高压侧，并随浓缩水排出，从而实现高效分离的过程。反渗透法价格稍高，但是脱盐率较高。

低温多效蒸馏是 20 世纪 60 年代以前的最主要的海水淡化技术，以一定量的蒸汽输入，通过多次蒸发和冷凝，得到相当于加热蒸汽量好几倍的淡水，其原理是将蒸馏产生的二次蒸汽作为加热蒸汽来对溶液进行加热，使蒸发所消耗的热能充分被再利用，以降低能耗。低温多效蒸馏克服了此类技术常见的结垢问题，正在恢复其海水淡化的主流地位。

多级闪蒸法起步于 20 世纪 50 年代，是针对早期的多效蒸馏传热管结垢严重的缺点发展起来的，其原理是将原料海水预先加热，然后引入闪蒸室进行闪蒸，闪蒸室内的压力控制在进料海水的温度对应的饱和蒸气压以下，当热海水进入闪蒸室后，由于过热而急速部分汽化，从而降低海水温度，产生的蒸汽冷凝后即为淡水。多级闪蒸过程中加热面和蒸发面分开，从而减少传热面上的结垢，该技术在中东产油国得到了广泛的应用。

压汽蒸馏是将蒸发产生的二次蒸汽经过机械压缩机压缩，并提高温度后，再返回蒸发器中作为加热蒸汽的蒸馏淡化方法，也称为热泵蒸发。压汽蒸馏海水淡化中蒸汽可以循环利用，因此其正常工作时，不需要外界提供加热蒸汽。由于压汽蒸馏流程简单，蒸汽的利用效率高，且不需要冷却冷凝水，在 20 世纪 70 年代推出时，被认为是非常有前途的淡化技术。但是该技术消耗电能较多，目前和其他技术相比，已经无优势可言。

对于珠江河口，风能、潮汐能、波浪能均比较丰富，可以充分利用这些能源，开展海水淡化，增加珠江河口枯季的淡水总量，联合现有的蓄淡水库，即可解决咸潮上溯导致的淡水采量减小的问题。经初步估算，欲解决珠海和澳门枯季的受咸潮影响减小的淡水供应，预期的海水淡化装机容量要达到 20 万 m^3/d。

7.5.2 雨水污水重复利用脱咸

珠江河口区的用水量较大，雨水及污水排放量也很大，如果能将这些没有被充分利用的雨水和污水转化成可以供工业、农业及日常生活饮用的新生水，那么也可以在一定程度上缓解因咸潮影响而减小的淡水不足的问题。

关于这一点，可以参考新加坡的做法。新加坡尽管没有地下水，但可以得到很多雨水，年降水量在 2 400 mm 左右。不管是街道、池塘，甚至高大的建筑物，都会成为积水区域，然后由排水管道输送到蓄水池，进行清洁处理。从最小的雨滴到滂沱大雨，尽可能都收集起来。新加坡的雨水收集区域如同一个巨大的海绵有效地散布在这个城市花园国家，在基本能满足新加坡供水需求 20%的前提下，积水成为该国第一个水喉。

新加坡的集水区域占到了整个国土面积的一半，随着滨海堤坝的落成和功能的发挥，2011 年整个集水区域将占到整个国土面积的 2/3。滨海堤坝横贯滨海水道河口，集水区域达到 667 hm^2，相当于新加坡国土面积的 1/6。它不仅是最大的集水区域，也是最现代化的城市区域。该大坝不仅储蓄了淡水，增加了水供应，而且可以起到防潮水侵入作用，有效地防止了城市内涝。根据新加坡对水资源管理的整体理念，滨海堤坝上安装了绿色顶棚，形成隔热层，双层玻璃板减少了热量向内渗入，防止了水的蒸发散失。太阳能公园发电则为室内提供照明，为雨水和净水在管道的流动提供动力。该大坝作为一项公共设施，也是人们休闲娱乐的最佳去处，大坝没有出口和进口，反映了水资源的理念——欢迎、拥抱、开放。基于此，居民不仅可以在此举行各种活动，作为休闲的好去处，人们可以在此划船、泛舟，而且增加了居民的主人翁意识。尽管新加坡天然缺水，但仍然用水的灵性来使生活丰富多彩。在建筑长廊内，则用各种形式讲述水的过去与未来，起到了宣传教育公民的作用，而且吸引了国际上的大量游客。新加坡计划把国土面积的 90%都用来做集水区域，不放过任何一滴水，当然这对地面环境提出更高的要求。任何滴落在屋顶、庭院还是停车场的水，都会最终得到回收利用，而且保持了环境的干净卫生。

迫于水源不能自给给国家独立、经济发展带来的不利影响，新加坡人把目光投向了污水利用。在新加坡，没有废水的概念，只要是含有水的成分，即使是污水，也可重新利用。新加坡是岛国，周围是海，不管是生活污水还是工商业污水都可以排向大海，但这也可能为其环境带来不利影响。基于多方面考虑，从 20 世纪 70 年代以来就开始进军污水处理利用。所谓污水处理利用即通过双层膜技术（微过滤和逆向渗透）及紫外线技术，把所有污水进行再处理，只有那些难以除掉的杂质最终排放到海中。污水再利用的初衷是能为企业和商用提供可以不达到饮用标准的水源，现在不仅可以供工商业做循环水使用，而且水质还达到了饮用水标准，由污水处理而来的水取名为“新生水”。不断探索，不断追求，新生水已经通过 65 000 次科学试验。高科技的大量应用，使新生水的各项指标都优于目前使用的自来水，清洁度比世界卫生组织规定的国际饮用水标准高出 50 倍。水质不仅达标，而且还超过了世界卫生组织规定的饮用水标准。因此新加坡把新生水与大坝和水库中处理过后的水供人使用。

正因为没有地下蓄水层，以及岛国的独特地理特点没有海水倒灌和渗入地下层的可能性，新加坡在地下 2 055 m 范围内建造了类似高速公路网路的水路系统，用来对污水进行回收。该系统把新加坡东部和北部的水汇集到樟宜进行处理。按照新加坡公用事业局的理念，保证这套水路系统的设施 100 年不过时，其排水系统借助重力作用把家庭污水和工业废水收集起来，通过地下 48 km 的地下排水管道输送到处理中心。新加坡人形象地把排水管道称为“高速公路”。目前可处理 80 万 m^3 的污水，把少部分难以分离的废水排入深海，或者进一步处理。

7.6　珠江河口抑咸政策保障措施

以上抑咸对策涉及地方区域利益与国家利益之间的矛盾、投入与产出之间的矛盾、水利行业与电力行业及交通行业之间的矛盾、长远效益和短期效益之间的矛盾，因此在执行方面均存在较大的难度，无相应的政策保障措施，根本无法顺利实施。

例如，珠江流域已实施多年的补淡抑咸水量调度，既存在地方利益与国家利益之间的矛盾，也存在水利行业与电力行业及交通行业之间的矛盾，还存在投入与产出之间的矛盾，其顺利实施与水利部的相关政策保障是分不开的。以下将按照法律法规、区域协调制度、市场机制、生态补偿机制及节水政策 3 个方面进行叙述珠江河口抑咸政策保障措施。

7.6.1 法律法规

防灾减灾很大程度上是一种政府行为，而现代政府都是法治政府，应当依法行政，因此法律法规的保障可以说是构建流域性咸潮灾害减灾机制的核心内容。现有的《水法》等在珠江河口抑咸方面不适用。需新的法律法规的出台。这里的法律法规主要包括流域性咸潮灾害减灾法律体系的健全和流域性咸潮灾害减灾法律机制的完善。

2002年，国务院办公厅在批转《水利部关于珠江流域近期防洪若干意见》中明确提出："针对流域骨干水库陆续建成的实际，要研究制定珠江骨干水库调度管理办法"。在珠江流域多次成功的枯季水量调度形势的鼓舞下，珠江水量调度条例的制定和法制化受到珠江水利委员会的高度重视。

2005年初，珠江水利委员会在总结首次实施的珠江水量应急调度工作经验的基础上，提出要加快研究制定珠江骨干水库统一调度管理办法（曾定名"珠江骨干水库调度条例""珠江枯水期水量调度条例"，最后定名"珠江水量调度条例"）。目前《珠江水量调度条例》已经进入立法程序阶段。

由于自然和地理条件的限制，香港与澳门地区的用水问题基本依靠内地解决。香港通过东江水量调度，经深圳供水，约占70%用水通过内地提供；澳门通过西江、北江水量调度，经珠海供水，约占97%用水靠内地提供。最为突出的是，近十多年来，因咸潮引发供水安全问题，引起澳门社会各界人士的极大关注，甚至曾因用水问题出现市民集会游行的情况。为此，澳门特别行政区政府不得不于2006年采取应急临时性措施，搭建临时码头，征集了几十条商船，准备通过用船运的办法到河口上游运水以解决市民生活用水问题。近年来，咸情不断加剧，如不解决好吃水问题，势必引起澳门社会的动荡，进而影响到澳门经济稳定发展和社会安定团结，有损国家的国际形象。因此，解决香港与澳门地区用水问题，同样需要通过优化流域上游水资源调度，更需要用法律作保障。

由于历史原因，珠江上中游的骨干水库电站大多未赋予水资源配置的功能，相关法律也没有赋予国家防汛抗旱总指挥部在常态下调度水资源的职权，应急调度是一种临时性行政措施，过多采用涉及相关水库电站行政相对人主体利益，根据公共政策所应遵循的效率与公平原则，需要通过立法予以规范。自此形势下，珠江水量调度条例的法制化建设是将枯季水量调度有效、长期实施的一个保障和实现珠江流域水资源优化配置的武器，更是保障枯季抑咸对策成功的关键。

2011年国家"一号文件"《中共中央　国务院关于加快水利改革发展的决定》提出要推出最严格的水资源管理制度，并将其定义为推进经济结构调整、发展方式转变的一个重要抓手。建立健全与最严格水资源管理相适应的法律制度，首要任务是把中央关于实行最严格水资源管理制度的政策措施，以法律法规形式固定下来，通过完善现有流域水资源管理法规体系，尽快制定与水资源配置、节约相应的配套法规。结合珠江流域实际，要做好枯水期水量调度，提高供水保障能力，必须着力做好“以总量控制为核心，抓好水资源配置”“以加强立法和执法监督为保障，规范水资源管理行为”“加强省界控制断面流量控制”等工作。要做好以上工作，必须通过立法，强化珠江流域水资源统一调度，优化各项调度方案，完善调度管理制度，健全调度机制和手段，更好地贯彻落实最严格的水资源管理制度，保障流域中下游和三角洲地区城乡生活、生产和生态用水需求，实现水资源的优化配置和可持续利用。在此背景下，建议批准“珠江流域管理法”，给珠江河口抑咸工作提供有力的法律保障。

7.6.2 区域协调制度

珠江流域水量分配不均匀，淡水资源尤其如此。珠江河口区城市群庞大，受咸潮影响的区域较大，西有中山、珠海、江门、澳门和广州，东有东莞、深圳和香港，这些区域经济发达，因此咸潮对这些区域社会经济的影响较明显。

咸潮作为一种自然现象，有其原因和触发因子。其中最主要的触发因子是上游径流量，即上游流量。在枯季，由于降水量偏低，加上上游水库蓄水发电或者保证最低通航水深，从而导致进入三角洲的流量进一步减少；由此触发咸潮加剧，影响河口区供水安全。当然，如果上游不拦截淡水下泄量，任其自由下泄，河口区也不一定能彻底消除咸潮的影响。最佳的办法是开展水资源统一调度，通过水资源优化配置，在适当的时候提供河口区足够的淡水量，才能解除咸潮的影响，保障供水安全。因此咸潮虽然只影响河口区和珠江三角洲，但是其原因却是全流域性的。从这个意义上来讲，抑制咸潮，保障供水安全，是一个流域性的问题。

根据国家发改委、水利部和广东省政府等有关部门的指示，破解咸潮危机，需尽快成立珠江河口抵御咸潮、保障供水的统一协调小组。即成立由水利部牵头，珠江水利委员会、广东省水利厅、澳门、珠海、中山等地有关部门参加的统一协调小组，组织开展珠江河口地区有关抵御咸潮确保供水的规划和前期工作，组织研究制定抵御咸潮、确保供水安全的方案、配套措施及有关工程建设、经营管理模式，组织研究制定抵御咸潮危害的应急措施预案等。

这就要求建立完善有效的区域协调制度，即行政干预和协调。构建有效的区域协调制度，需要我们确立新的抑咸减灾观念。它包括抑咸减灾由过去主要依靠工程性抑咸减灾为主转变为依靠非工程性抑咸减灾为主；由视咸潮为猛兽的观念转变为承认咸潮为正常的自然现象，提倡人与咸潮可以和谐相处；由过去强调咸潮来临时组织应急措施，转变为重视咸潮的致灾因子作用，从控制人的致灾性来预防和减少咸潮灾害的危害性。这些防咸减灾新观念的确立，都为我们建立起科学有效的咸潮灾害减灾机制提供了积极的指导作用。

具体到珠江河口咸潮灾害防治的实践中，区域协调制度的构建需要从以下几方面进一步完善。

（1）流域性咸潮灾害区域协调机制的构建

在区域的机构设置方面，我国的国家防汛抗旱总指挥部、各大流域设立的流域管理机构成为我国流域防咸减灾的最高协调机构。因此，我国的区域协调机制通常是不同区域的共同上级来协调下级，而这种协调模式在应对珠江咸潮灾害时，是有其局限性的。珠江咸潮灾害局限在珠江河口区域，这种自然灾害在发生之前，通常是各地暴雨偏低，诱发河口地区的咸潮灾害。

咸潮灾害在当地只需启动一般的应急机制，尚达不到启动较高层级防咸应急预案的条件，而咸潮灾害一旦发生遭遇，便可能导致区域经济的较大损失。如果这个时候再逐级上报，启动流域性或全国性的应急预案，有可能延误防咸减灾的最佳时机，导致严重的危害后果。灾害发生后，第一时间最有效的救助便是灾区的自救，这是无数灾害救援工作中总结出来的一条基本原理。因此，珠江河口咸潮灾害的减灾机制首先需要关注的便是地方政府之间的机制协调，我国当前防咸减灾工作中的减灾协调往往是纵向被动的协调，而缺乏同级政府或部门之间的横向主动的协调。因此，区域协调机制的建立，应当注重同级政府或部门之间的横向协调，要让它们相互之间打破各自为政的局面，摒弃地方主义的思想，主动地进行减灾协调。例如，建立先进的通信传输设备和数据网络，保障灾时信息通信的畅通；建立信息资源共享平台，将各地的水文站、雨量站、咸情站的监测数据以及收集的咸情、水情、雨情信息都应当进行共享。关键断面流量的变化、咸界何时到达取水口都应当有准确及时的预测，为流域内的其他区域提供可靠的信息资源。

（2）流域性咸潮灾害应急管理的协调

按照我国相关应急法律规范的规定，在珠江河口咸潮灾害发生时，受影响区各级政府应当在第一时间启动应急响应，成立由当地政府负责人担任指挥、有关部门作为成员的灾害应急指挥机构，负责统一制定灾害应对策略和措施，组织开展现场应急处置工作，并及时向上级政府和有关部门报告咸情和抗灾救灾工作情况。因此，可以说应急预案应当是在咸潮灾害发生时第一个启动的程序。完善我国区域咸潮灾害的应急管理机制，应当从建立科学合理的应急预案体系着手。

首先，应当专门针对珠江流域制定相关的流域洪水灾害应急预案。目前流域咸潮灾害的应急预案主要是国家防汛抗旱应急预案和各地方的防汛应急预案，形成我国防咸减灾的应急预案体系。考虑到珠江河口咸潮灾害的发生特征和流域的跨区域性，需要针对不同的咸情制定相应的流域性咸潮灾害应急预案。预案中要将国家的相关部门和流域内的地方政府部门纳入进来，在咸潮灾害发生时，进行统一的协调。

其次，咸潮灾害应当制定更加具体化、可操作性更强的应急预案。应急预案不同于一般的社会规范，它所应对的是瞬息万变的咸潮灾害，需要同时具备灵活性和可操作性。一方面，我们需要针对咸潮灾害的特征专门制定出应对这类灾害的应急预案的范本，有一套统一的预案形式，具体的内容可以根据不同区域的情况而不同。这样，在咸潮灾害发生后，相关部门可以迅速找到自己的位置，明确各自的职责。另一方面，咸潮灾害的应急预案应当具体，提高预案的可操作性。尤其是直接面对咸潮灾害的政府部门，需要制定更加细化的应对措施，但是又不能失去灵活性，要确保应急部门能在咸潮灾害发生变化后做出迅速和有效的反应。

最后，具体到特定的抑咸对策，船运水应急抢淡避咸和三角洲网河区蓄淡防咸调度避咸需要流域机构建立咸潮期间的取水应急许可制度，为跨区域取水提供制度保障；还需要不同区域或城市在咸潮发生期间，跳出区域分割及行政分割的局限，协调一致，设定共同目标和共同行为，有效执行抑咸决策。这其中包括共同行为规则的制定、跨地界的基础设施建设、共有资源的利用、生态环境保护等。在区域协调制度的执行方式上，应采用经济、法律、政策和社会等多种调控手段，并注意强制性、指导性和协商性等不同层次、不同力度的调控方式的综合运用，防止重回计划经济时期依赖行政指令统筹一切的老路，完善区域协调制度的出发点应立足于降低区域协调工作的交易成本，包括信息成本、决策成本、协商谈判成本和监督实施成本等。

7.6.3　市场机制、生态补偿机制及国家政策

在相关法律法规目前还未出台的前提下，区域协调制度等行政资源并不能完全地保障珠江河口抑咸和供水安全的顺利实施。在这个阶段，市场机制和经济手段的引入、生态补偿机制的实施和国家建设节水型社会的节水政策的激励，是有效的补充，是保障抑咸成功的关键。

（1）市场机制

市场机制和经济手段是一种分散决策的自发形成、自由竞争的交换体系，市场机制已经被证明对资源的高效利用和配置具有十分重要的作用。市场机制最直接的手段为经济手段，主要发挥市场的调节作用，促进流域水资源的有效利用和合理配置，刺激淡水资源向河口咸潮影响区转移，达到保障河口受咸潮影响区域供水安全的目的，因此有必要建立政府宏观调控下的市场机制。对于珠江河口抑咸而言，市场机制有 3 个作用。

①对于珠江流域的补淡抑咸及抢淡避咸对策，可从珠江河口受咸潮影响所在区域的财政收入中提取一定比例，建立珠江河口抑咸取淡基金，由流域内地方政府和共同上级政府的有关部门组成管理机构负责资金的管理和使用，完善取淡政策的制定、取用标准和对象的确定、取淡基金的管理等经济措施，通过减免淡水取用区域的淡水资源税和征收淡水供应目的区域的淡水转移税来调控珠江流域各地区的经济利益，使珠江流域各地区在利益激

励下自觉为珠江流域枯季抑咸贡献自己的力量，减少珠江流域各地区跨界水资源配置矛盾的产生。

②在蓄淡防咸、工程阻咸及新生水脱咸对策的实施当中，利用市场机制，多渠道筹集资金，珠江河口受咸潮影响区域的政府要逐步提高用于抗咸取淡的资金投入，稳步提高抑咸投入占同期国内生产总值的比例。通过取淡基金和水价调控市场，获得修建水库、开展相关调度基础设施建设、修建闸坝、修建气幕装置、开展海水淡化和雨水污水利用的投资或经费。制定有利于提高供水保证率的经济政策，实现抑咸投入的多元化、社会化。提高城镇生活生产用水水费征收标准。鼓励跨行政区域共同规划、建设、使用、经营淡水储备设施和淡水生产设施，合理配置资源。按谁投资、谁受益的原则，鼓励企业投资建设、经营抑咸项目，建立自主经营、自负盈亏、自我发展的良性机制，促进抑咸取淡的市场化。

③在珠江流域逐步培育水权交易市场，建立规范的水市场秩序，制止囤积居奇和垄断行为。珠江三角洲经济社会发展较快，而且市场经济繁荣，水资源供需矛盾将日益突出，是比较理想的建立水权交易市场的试水区。要逐步提高水价，尤其是水污染严重、水环境容量超载的珠江三角洲地区应较大幅度地提高水价，水价不仅反映供水成本，还应包括水资源费和排污费，实行阶梯水价、超计划定额用水加价等科学合理的水价制度，并对国家产业政策中限制类、淘汰类的高耗水行业实行惩罚性水价，使水价能够反映水资源的稀缺程度，促进节水型社会建设。

（2）生态补偿机制

流域是一个从源头到河口的完整、独立、自成系统的水文单元，是一种整体性极强的自然区域，其内各自然要素的相互关联密切，地区间影响明显，上下游间的相互关系密不可分。然而，大流域往往又被不同的行政区域所分割。作为经济利益相对独立的地方政府，其经济活动一般以本地区利益为导向，这不可避免地在各行政区域之间产生利益冲突。特别是上下游地区之间在水资源分配、生态环境整治、经济开发上存在的实施主体与受益主体不一致的矛盾，因此需要建立区际生态补偿机制，以实现流域内各行政区域的共赢和共享，推动流域区际的协调发展。

由于珠江全流域的枯季缺水，本来只是作为非常手段和应急措施的调水抑咸行动，今后几年甚至更长的时间里可能成为经常性的措施。从珠江流域中上游采取补淡抑咸解决流域下游的咸潮问题，需要考虑流域中上游地区在调水过程中的损失并给予补偿。如不从根本上改善珠江流域中上游的生态环境，从长远看，将来将面临无水可调的局面。为解决这一问题，有必要在珠江流域设立流域生态补偿机制，由珠江下游的广东省向流域中上游的广西、云南、贵州、江西提供生态补偿，使得上游4省有更多的资金用于生态环境建设，加大珠江流域中上游的生态环境建设，以森林保护为重点，建设水源林，保护森林，培育和恢复森林植被为手段，以保护水土、涵养水源为目的，加大保护和建设水源林的力度，逐步恢复流域中上游生态平衡，保护珠江流域水质，增加水量。

加大珠江流域中上游的生态环境建设，加大保护和建设水源林，需要大量资金。除国家继续给予大力支持，珠江流域中上游地区的广西、云南、贵州 3 省区的有限自筹外，建立珠江流域生态补偿机制，由珠江流域下游地区的广东省向流域中上游的广西、云南、贵州 3 省区提供生态补偿，使 3 省区有更多的资金用于生态环境建设，加大保护和建设水源林，这对保证广东尤其是珠江三角洲地区的供水安全包括供水水质、增加水量，势在必行。

流域生态补偿机制，即流域下游地区生态收益者在合法利用自然资源的过程中，对流域中上游地区自然资源所有人或为生态保护付出代价者付相应费用的做法。在实施流域生态补偿机制的过程中，要注意以下 4 点：一是补偿标准以流域中上游地区为水质达标和增加水量所付出的努力为依据，主要包括流域中上游地区为涵养水源而保护和建设水源林、修建水利设施等项目的投资，今后流域中上游地区为进一步改善水环境质量和增加水量而新建生态保护和建设项目；二是在广东省财政建立珠江流域中上游地区水源林保护建设专项资金，专款专用；三是在广东珠江三角洲发达地区按地税的 0.3%征收珠江流域中上游地区水源林保护建设基金；四是作为“泛珠”合作事项，协调广东、广西、云南、贵州尽快建立 4 省区政府珠江流域中上游地区生态补偿联席会议制度，启动关于实施生态补偿的具体措施和标准，流域中上游的广西、云南、贵州三省区确保提供稳定优质水源和增加水量的责任及全流域大宗工程项目用水补偿机制等问题的协商进程。

（3）国家建设节水型社会的节水政策

建设节水型社会，减少对淡水的需要是珠江河口抑咸的重要保障措施。根据中山市公用水水务相关负责人介绍，自 2006 年以来，陆续投入的抗咸工程有效保障了咸潮期间的居民用水，但随着珠海、澳门及中山经济社会的不断发展，用水量还会不断增大，排污量也会随之增加，市民节水仍是抗击咸潮的主旋律，要从身边的点滴节水做起。

节约用水指通过行政、技术、经济等管理手段加强用水管理，调整用水结构，改进用水方式，科学、合理、有计划、有重点地用水，提高水的利用率，避免水资源的浪费。

水，并不是取之不尽，用之不竭的，节约水，我们要从身边的每一件事做起，从生活的点点滴滴做起。一滴水，微不足道。但是不停地滴起来，数量就很可观了。据测定，“滴水”在 1 h 里可以浪费到 3.6 kg 水；1 个月里可集到 2.6 t 水。这些水量，足可以供给一个人的生活所需。可见，一点一滴的浪费都是不应该有的。至于连续成线的小水流，每小时可集水 17 kg，每月可集水 12 t；哗哗响的“大水”，每小时可集水 670 kg，每月可集水 482 t。此外，地下管道的暗漏更是触目惊心，多数用水单位内部都有暗漏的发生，个别单位的每月漏水量甚至可达万吨以上。一个滴水的水龙头，一个月可以浪费 1～6 L 的水，一个漏水的马桶，一个月要浪费 3～25 L 的水。

资料表明，我国目前在水资源方面的浪费使人惊叹，水资源往往就在“指尖”流走，尤其是在珠江河口这样水系遍布的区域。珠海约有100万只水龙头，60余万只马桶，如果有1/4漏水，一年就要损失近亿吨的水；算上中山和澳门，一年将损失数亿吨水。

所以如果我们珍惜每一滴水，我们就可能将原本浪费的储存起来，供受咸潮威胁时使用。当前，我们国家提倡建设“节水型社会”，其目的就是珍惜当前我们能获取的水资源，提高水资源的利用效率，建立以水权，水市场理论为基础的水资源管理体制和形成以经济手段为主的节水机制；促进水资源的高效率利用，提高水资源承载能力；通过水资源的可持续利用，全面满足社会生产、生活、生态的用水需求，从而能够实现资源、经济社会、环境生态协调发展；促进全民资源价值观念的普遍确立，节水活动全民普遍参与，成为社会生产方式和生活方式的根本变革；促进水资源工程由“工程水利”向“资源水利”、由“劣治”向“良治”的根本转变过程；实现从“要我节水”到“我要节水”的根本性转变；通过节水型社会建设使全民节水意识大大增强，政府管理水资源的能力和手段大大提高，从而达到全社会节水的目的。

节约用水抑制咸潮，不仅不花成本，还可以实现成本的节约、社会的进步、文明的发展，可谓当前抑制咸潮的良策。当前，我国社会经济发展处于粗放型向集约型转变的过程中，人民素质正在逐步提高，社会意识和生产力正在慢慢发展和进步。建立和实现“节水型社会”可能还需要一段时间。可以预见，“节水型社会”的建立可以从根本上解决咸潮引发的供水安全问题。

根据资料统计，广东省年总用水量持续多年递增，年递增幅度约5%，居全国榜首；全省用水消耗量（即浪费量）为167.49亿m^3，浪费率之大占总用水量的37.5%。用水的严重浪费加重了咸潮的影响和危害。所以，应提倡人们节约用水，提高水的利用效率，以减轻威潮的危害。

受咸潮影响较严重的区域，如珠海市、澳门及番禺市，自2001年起，就开始布局“节约用水，应对咸潮”。

2001年以来，珠海市政府多次紧急启动全市供水应急预案第三级，为减少现有原水消耗，强制节约用水。香洲区范围内采取如下紧急措施：政府部门、事业单位将采取小流量、低压供水；珠海市水务集团加强测漏队伍的人员设备，对该市供水管道进行全面“查缺补漏”；绿化、园林、环卫等行业暂停使用自来水，改用污水处理厂出厂水；暂停洗车、桑拿、洗浴等特殊行业的供水；降低局部片区供水压力。珠海市有关部门同期还吁请珠海市民，在咸潮期间提倡使用桶装水和其他用水，特别是老幼和体弱多病者应根据自身的健康状况选择饮用，并就桶装水的供应作好安排，保障数量充足，不会出现“水荒”；另外，珠海市已安排消防车、供水车，在有必要时为一些小区供水，有关部门也将采取措施，保障困难群众的用水；同时还呼吁市民大力节约用水，共渡难关。要求每个工厂、每个家庭要节约20%以上的用水，如果还是达不到目标的话，可能会对一些没有达标的工厂实行拉闸限水等一些非常严厉的措施。企业或个人若用水超标将停止供水。

珠海市民则购买瓶装水煮饭、煲汤和饮用；为应对咸潮，珠海市最近到各山泉取水点打水的人也有所增加。还有市民介绍洗菜、淘米水都用来冲厕所、浇花。市区居民在家里平常就喝桶装水，做饭就用小区的直饮水，暂时停止烧开水泡茶喝。

澳门特别行政区政府和珠海市同步，自 2001 年起就开始着手布局“节约用水，应对咸潮”，呼吁市民提高节约用水的意识，还成立了“澳门推动构建节水型社会工作小组”，在咸潮期间计划提早推出节水回赠活动，鼓励社会各界节约用水；针对社团及商业用水户，会考虑通过环保与节能基金等措施，协助他们普及节水器具及提高用水效益，以抑制用水量增长。会尽力减少使用自来水，并与居民共抗咸潮。咸潮期间市政部门会抽取本地湖水以清洗渠道和沙井，尽量减少种植耗水量较多的植物，减少灌溉街道及公园植物的次数。此外，澳门大部分公厕已使用节水龙头；民政总署也会派员加强用水设施的检查与维修，防止出现渗漏情况。

澳门特别行政区政府表示，政府部门主要通过电视、电台、报章及小册子等媒体广泛宣传，提高居民节约用水的意识。小组会到多个小区向居民宣传节水的重要性及推广节水器具的效益，并会即场示范节水器具的安装方法。一旦自来水咸度踏入黄色中咸度级别（即高于 250 度）并持续超过 5 d，便会启动纾咸补助措施，向弱势社群发放瓶装水补贴及派发瓶装水，减低咸潮对长者、长期病患者及弱势社群的影响。住宅用户只要咸潮期间节约用水，用水量与上年同期相比减少一成或以上，均可获得一次性水费回赠，回赠金额将以实际节省的水量计算，即水费回赠金额随节水量增加而增加，回赠上限为每户 50 澳门元（2009 年）。如果咸潮加剧，市政部门将停止种植花卉及灌溉草地，必要时会关掉喷泉和水池设施。澳门现在有一个水塘，水塘的用途主要是用来在咸潮发生期勾兑咸水。而且澳门正着手第三期雨水收集工程，以期在建成后将大部分山水引入水塘作灌溉绿化用途。

广州番禺市也经历过数次咸潮导致的水荒，主要表现在农业灌溉用水方面，日常生活饮用水水荒则出现在农村无自来水居住区，咸潮来袭时，受影响区域能主动节约用水，减少灌溉用水和日常生活用水，日常的洗菜、淘米水还用于冲厕所、浇花。

此外，还需要加强水资源统一管理。节水管理工作复杂，牵涉面广，涉及部门多，要根据具体情况，建立健全节水管理协调机制，加强行政监督检查，真正做到管理严格，分工明确，责任落实，配合密切，具体措施如下。

①制定进一步加强水资源管理的政策。坚决执行取水许可证制度，积极推进建设项目水资源论证制度；建立广东全省行业取水定额指标体系，提出水资源宏观指标，科学有效地对建设项目的取用水及节水进行管理；建立健全省、市二级水资源利用的节约责任制，完善节约用水的管理体制和技术开发推广体系。

②实行梯级水价收费，充分发挥市场经济与价格杠杆的作用，促进节约用水和水资源保护，尽快制定“广东省供水价格管理办法”。要把保护好饮用水水质放在优先的位置，严格控制水源地污染。

③加强饮用水水源地保护管理工作，切实做好饮用水水源地保护区内水土保持、造林绿化、涵养水源等工作。

④严格控制工业废水和生活污水的排放，加强监督管理，防止水质恶化。城市节水要积极推广节水设备、器具，特别是加快用水管网改造、中水回用设施建设和污水处理再生利用。

⑤农业节水要推进节水灌溉，大力推进大中型灌区节水改造和农业末级渠系节水改造等工作；工业企业要大力推进高耗水行业技术改造，加大产业结构调整优化力度。

⑥在污水治理中按“谁污染、谁付费”的原则全面征收污水处理费，充分发挥市场的融资作用，吸纳社会资本建设污水处理设施，加快污水治理步伐。建立各流域的气象水文资料、污染企业的类型及分布、供水工程的规模和分布等信息库，为全流域的管理提供依据。

⑦加强泛珠三角区域水利合作，共同保护和利用水资源，协调上下游的关系、流域内外的关系，提高水资源利用的能力。抓好节水型城市、节水型社会的试点建设工作。开展节水型社会指标体系的研究工作，探索广东特色的节水型社会建设途径和运行机制。

大量用水既浪费水资源加大供水压力，又增加污水量加重水环境压力，导致水资源短缺的恶性循环。必须全面推行节水制度，根据经济市场机制，运用经济杠杆优化水资源配置。以水权、水市场理论为基础，形成以经济手段激励为主的节水机制，建立合理的供水价格体系，完善的水市场，发展水产业，提高水资源利用效率。建立以节水为中心的农业生产体系、工业生产体系和生活服务体系，降低单位生产的水资源消耗。建设防渗渠道，推广先进灌溉技术来节约农业用水，政府可提供资金，为农业灌溉大户安装新型节水器，大力推广节水灌溉技术；优化工业结构、改进技术，提高水重复利用率来节约工业用水；对于生活用水，应建设、改进供水管网和设施以减少水损失。大力发展循环经济，强化科学发展观，依靠科技进步解决水全面问题，以水资源的永续利用，支持流域社会经济的可持续发展。

参考文献

[1] 施源，邹兵. 体制创新：珠江三角洲区域协调发展的出路[J]. 规划研究，2004，28（5）：31-36.

[2] 王学明. 加强珠三角区域协调机制的建议[J]. 广东经济，2004（5）：35-36.

[3] 宋永会. 莱茵河流域综合管理成功经验的启示[J]. 世界环境，2005（4）：25-27.

[4]　周丽燕，潘照春. 建立生态补偿机制联手治理珠江咸潮[J]. 人民政协报，2006（C01）：1-2.

[5]　钟世坚. 区域资源环境与经济协调发展研究——以珠海市为例[D]. 长春：吉林大学，2013.

[6]　赵琳琳，柯学东，等. 应速建跨行政区域协调机制[N]. 广州日报，2006-03-04.

[7]　邹兵. 建立和完善我国城镇密集地区协调发展的调控机制[J]. 城市规划汇刊，2004（3）：9-15.

[8]　K.拉姆. 莱茵河水资源管理的创新[J]. 水利水电快报，2009（9）：59-60.

[9]　陈庆秋. 珠江压咸补淡跨地区应急调水的政策探讨[J]. 中国给水排水，2006，22（2）：1-4.

[10]　周慧杰，吴良林. 珠江三角洲咸潮灾害及防灾减灾对策[C]. 中国可持续发展研究会 2006 学会年会，2006：264-268.

[11]　幸红. 流域生态补偿机制相关法律问题探讨：以珠江流域为例[J]. 时代法学，2007，5（4）：38-44.

[12]　毛恩检. 流域洪水灾害的减灾协调机制研究[C]. 2012 年全国环境资源法学研讨会论文集，1170-1177.

[13]　崔树彬. 珠江河口城市水源地问题及对策探讨[J]. 中国水利，2010（1）：32-35.